高等职业教育"十四五"规划教材

禽 病 防 治

关文怡　于凤芝　主编

U0219473

中国农业大学出版社
·北京·

内 容 简 介

本教材基于动物医学、动物防疫与检疫等相关专业的人才培养目标及禽病防治职业岗位的知识、能力、素质的需求,分为 3 个项目,项目一为禽病防治总论,项目二为常见禽病防治,项目三为禽病防治技能训练。教材内容采用了项目加任务的形式,把教学和生产实际相结合,着眼于规模化养禽场的禽病防治综合措施。教材内容新颖,系统全面,既可作为职业院校相关专业的教材,也可作为官方兽医、执业兽医、村级动物防疫员及养禽场技术人员的培训教材和学习用书。

图书在版编目(CIP)数据

禽病防治 / 关文怡,于凤芝主编. --北京:中国农业大学出版社,2021.10(2023.1 重印)
ISBN 978-7-5655-2631-2

Ⅰ.①禽⋯ Ⅱ.①关⋯ ②于⋯ Ⅲ.①禽病-防治 Ⅳ.①S858.3

中国版本图书馆 CIP 数据核字(2021)第 208245 号

书　名	禽病防治		
作　者	关文怡　于凤芝　主编		
策　划	张 玉　郭建鑫	**责任编辑**	陈颖颖　郭建鑫
封面设计	郑 川		
出版发行	中国农业大学出版社		
社　址	北京市海淀区圆明园西路 2 号	**邮政编码**	100193
电　话	发行部 010-62733489,1190	**编辑部**	010-62732617,2618
	出版部 010-62733440	**读者服务部**	010-62732336
网　址	http://www.caupress.cn	**E-mail**	cbsszs@cau.edu.cn
经　销	新华书店		
印　刷	北京时代华都印刷有限公司		
版　次	2022 年 2 月第 1 版　2023 年 1 月第 2 次印刷		
规　格	185 mm×260 mm　16 开本　12.25 印张　305 千字		
定　价	37.00 元		

图书如有质量问题本社发行部负责调换

编写人员

主　编　关文怡　于凤芝

副主编　雷莉辉　胡　平

编　者　关文怡（北京农业职业学院）

　　　　　于凤芝（北京农业职业学院）

　　　　　雷莉辉（北京农业职业学院）

　　　　　胡　平（北京农业职业学院）

　　　　　景建武（青海农牧科技职业学院）

　　　　　孙宝胜（遵义职业技术学院）

　　　　　霍红卫（北京金星鸭业有限公司）

　　　　　王明利（北京农业职业学院）

　　　　　何　航（重庆三峡职业学院）

　　　　　郭海龙（北京市房山区农业技术综合服务中心）

前　言

禽病防治是高等职业教育动物医学及相关专业的一门专业核心课。随着我国职业教育"校企合作,工学结合"人才培养模式改革的不断深入,职业技术教育必然走向理实一体化教学模式。本教材的编写坚持职业教育的"工作过程导向原则",按照高职院校面向生产一线培养高素质技能型专门人才的目标,根据我国禽病防治岗位的工作要求,设计项目化、任务式体例结构。全书包括 3 个项目共 10 个任务,系统地介绍了禽病防治总论、常见禽病防治和禽病防治技能训练。本教材根据生产实际的岗位需求,包含一定的理论知识,更注重应用和生产实践,强调禽病防治相关岗位职业技能的培养。

本教材的主要特色如下:

(1)按照"以能力为本位,以职业实践为主线,工学结合,教学做一体"的总体设计要求,以"突出培养学生的实际操作能力、自主学习能力和良好的职业道德"为基本目标,紧紧围绕完成工作任务的需要来选择和组织教学内容,突出任务与知识的紧密性。

(2)与兄弟院校及行业专家共同设计开发学习内容,包括了鸭坦布苏病、鸡安卡拉病等新发禽病的防治技术。同时,也包括了最新的禽病血清学诊断技术和免疫技术。

本教材编写分工如下:项目一由北京农业职业学院关文怡、遵义职业技术学院孙宝胜、北京市房山区农业技术综合服务中心郭海龙编写,项目二由北京农业职业学院王明利、胡平、雷莉辉编写,项目三由北京农业职业学院于凤芝、青海农牧科技职业学院景建武、重庆三峡职业学院何航、北京金星鸭业有限公司霍红卫编写,本书的思政案例由北京农业职业学院关文怡编写,全书由关文怡统稿、审稿。

感谢北京农业职业学院及参编院校领导对本教材编写工作的支持,感谢北京市房山区农业技术综合服务中心、北京金星鸭业有限公司等行业相关单位对本教材编写出版的帮助。本教材在编写过程中还参考了大量的相关资料,吸取了许多同人的宝贵经验,在此深表谢意!

由于编者水平有限、成稿时间仓促,本教材不可避免会存在一些不当之处,请广大读者批评指正。

编　者

2021 年 6 月

目　　录

项目三　禽病防治技能训练

项目一
禽病防治总论

任务一

禽病的预防

【知识目标】

了解禽病预防的基本原则与方法。

掌握禽病的主要传染来源和传播途径。

掌握禽病的免疫方法和免疫监测技术。

掌握禽场的卫生消毒和杀虫灭鼠技术。

【能力目标】

能够准确判断禽病的传染来源和传播途径。

能够熟练进行家禽的免疫接种和免疫监测操作。

能够熟练进行禽场的卫生消毒和杀虫灭鼠操作。

【素质目标】

培养严谨的科学态度和良好的职业道德。

培养爱护动物、注重动物福利的职业素养。

培养好学敬业和吃苦耐劳的精神。

【相关知识】

子任务一　家禽的解剖生理特点

家禽属于鸟纲动物，在血液、呼吸、消化、体温、泌尿、淋巴、生殖和神经等方面有着独特的解剖生理特点，与哺乳动物之间存在较大的差异。了解家禽的解剖生理特点，对正确饲养家禽、认识家禽疾病、分析家禽致病原因，以及提出合理的治疗方案和有效预防措施有重要的意义。

一、家禽血液的生理特点

家禽的血浆蛋白含量较哺乳动物的低。家禽血浆中非蛋白含氮物在成分上与哺乳动物存

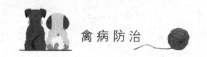

在明显的差别,家禽主要为氨基氮和尿酸氮,尿素氮甚少,肌酸几乎没有,而哺乳动物则主要为尿素和肌酸,氨基氮和尿酸氮含量极少。

家禽血糖与哺乳动物血糖成分虽然都是 D-葡萄糖,但家禽的血糖含量比哺乳动物高。

家禽在产蛋期间,血浆的含钙量高,比哺乳动物的血钙要高出许多。另外,家禽血浆始终保持高钾低钠状态。

家禽血浆中的胆碱酯酶贮量很少,因此对抗胆碱酯酶的药物(如有机磷)非常敏感,容易中毒。

家禽的红细胞为卵圆形,有核,这点与哺乳类红细胞有着显著的不同。家禽红细胞的体积也比哺乳动物的大。家禽红细胞的数量常因家禽品种、性别、龄期和生理状态不同而变化,但红细胞的数量比哺乳动物少。

二、家禽呼吸系统的生理特点

家禽的呼吸频率常因家禽个体大小、品种、性别、日龄、环境温度和生理状态的不同而有较大差异。如在常温下,成公鸭的呼吸频率为 42 次/min,而成母鸭的呼吸频率为 110 次/min。

鸡在炎热的环境中容易发生热喘呼吸,导致 CO_2 严重偏低,出现呼吸性碱中毒而死亡,因此夏季要做好鸡舍的防暑通风工作。

家禽有 9 个气囊与肺脏连接。因此,在空气中含有较多的一氧化碳、硫化氢等有害气体和灰尘、饲料碎屑、羽毛碎屑时,很容易造成气囊损伤,使曲霉菌、支原体、大肠杆菌、巴氏杆菌等进入机体引发疾病。同时,禽无膈肌,胸腔与腹腔连通为一个腔体,若腹腔发生感染,很容易造成大面积炎症,影响心脏、肺脏等重要的器官。

饲养管理提示:①应及时打扫禽舍,搞好消毒。②禽无膈肌,不会咳嗽,发生呼吸道感染时,使用镇咳药无效,可以使用氯化铵帮助排出痰液,并及早使用抗菌药控制炎症。③气囊扩大了呼吸面积,既有利于散热,也有利于吸收药物。因此,在发生感染时可以通过喷雾法给药,既方便,又容易吸收。接种预防呼吸系统疾病的疫苗,如传染性支气管炎疫苗、传染性喉气管炎疫苗时,最好使用喷雾法。

三、家禽消化系统的生理特点

由于家禽腺胃的体积小,食物在腺胃停留的时间较短,胃液的消化作用主要是在肌胃内进行。除了充分发挥胃液的消化作用外,肌胃坚实的肌肉及其较坚实的角质膜、肌胃内所含的一定数量的砂粒及其有节律性的收缩使颗粒较大的食物得到磨碎,有助于食物消化。

家禽的肠道长度与体长的比值比哺乳动物的小,食物从胃进入肠后,在肠内停留时间较短,一般不超过一昼夜,食物中许多成分还未经充分消化吸收就随粪便排出体外。

家禽无牙齿,无味觉,消化道较短。鸡的肠管约为体长的 5 倍,鸭、鹅的肠管为体长的 4～5 倍,虽利于消化食物,但肌胃肌肉收缩压力大(肉食性的禽类肌胃不发达)。

饲养管理提示:①治疗消化道感染时,有些药物,如链霉素、庆大霉素、卡那霉素等在消化道内不易吸收,易产生中毒反应,应慎重使用,严格控制剂量。②家禽的饲料应易于消化吸收,防止造成浪费。为帮助肌胃更好地磨碎食物,提高对饲料的消化率,应在饲料内加入适量干净的砂石。为产蛋期母鸡补饲碎贝壳,既能补充钙,也可起到类似的作用。③鸡对饲料营养物质的消化吸收率低,因此鸡粪常可再利用。

四、家禽体温的生理特点

家禽的体温普遍要比哺乳动物的高。家禽没有汗腺而有丰厚的羽毛，因此，家禽产热、散热以及体温调节方式与哺乳动物存在较大的差异。当环境温度低于 26.7 ℃时，家禽主要以辐射、对流、传导为散热方式；当温度高于 26.7 ℃时，则以呼吸蒸发散热为主。家禽的肺和气囊在体温调节方面起着重要作用，湿度过高会妨碍呼吸蒸发散热，因此适当的空气流通，有利于家禽耐受高温。

家禽羽毛保温性能好，无汗腺。气温较高时，家禽主要通过加大呼吸量散发热量。因此，炎热季节气温超过 30 ℃时，家禽就容易发生热应激，严重影响其生长发育和生产性能。家禽羽毛厚密，皮屑不易脱落，容易寄生虱、螨等体外寄生虫，所以鸡喜欢沙浴，水禽则喜欢在水中沐浴。

饲养管理提示：①为有效防止家禽热应激，夏季应努力搞好降温工作，如开窗通风、使用空调、喷洒凉水、搭建凉棚或在养殖场周围栽种藤蔓植物，尽量减少水泥路面和墙面等的反射热。高温季节应加大维生素 C 用量，可在饲料中添加 0.04% 的维生素 C 或 0.4% 的碳酸氢钠，同时用 0.01%～0.02% 的维生素 C 水溶液供家禽饮用。②家庭散养或小规模饲养时，应尽量留出活动场地，适当堆积清洁沙堆，让家禽能及时沙浴。水禽饲养场应留有一定的水面，让水禽有嬉戏交配的场所。

五、家禽泌尿系统的生理特点

家禽没有膀胱，尿在肾脏中生成后，经输尿管直接输送到泄殖腔，与粪便一起排出。禽尿为奶油色，较浓稠，呈弱酸性（如鸡尿 pH 为 6.2～6.7）。

家禽尿生成的特点是：肾小球的有效滤过压比哺乳动物低，蛋白质代谢的主要终产物是尿酸，而且 90% 的尿酸是通过肾小管分泌作用排入小管腔，因此许多学者认为家禽的肾小管的分泌机能比哺乳动物旺盛。由于尿酸盐不易溶解，当饲料中蛋白质过高、维生素 A 缺乏，而家禽肾损伤时，大量的尿酸盐将沉积于肾脏，甚至关节及其他内脏器官表面，导致痛风。

鸭、鹅和一些海鸟有特殊的鼻腺，能分泌大量氯化钠，故又称盐腺，其作用是补充肾脏的排盐功能，以维持体内水、盐和渗透压的平衡。

鸡、鸽和其他一些家禽由于没有鼻腺，其氯化钠的排出全靠肾脏泌尿来完成，对氯化钠较鸭、鹅和一些海鸟敏感，较易出现食盐中毒。

家禽的肾脏结构较简单，没有单独的尿道，只有一个共用的泄殖腔，直肠也很短，粪、尿都蓄积在泄殖腔的背侧，经吸收水分后一同排出体外。家禽的肾脏结构较简单，滤过面积小，有效滤过压较低，因而对经肾脏排泄的物质（包括药物）很敏感，容易造成损害，引起肾功能不全。又因为粪和尿液混在一起，所以在腹泻时，不容易搞清是消化道病变引起的，还是肾脏病变或大量饮水造成的。

饲养管理提示：①在对家禽的腹泻原因进行分析时，应注意进行发散思维，在热应激、饲料霉变、饲料含水量过高、肠道寄生虫、肠道感染、全身性感染等诸多因素之间进行鉴别诊断，慎重做出判断。②链霉素、磺胺类药物大多经过肾脏排出，易对肾脏造成危害，临床上应尽量避免使用。

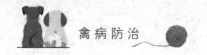

六、家禽淋巴系统的生理特点

家禽的淋巴管和淋巴组织在功能上与哺乳动物的一样,一方面将血管外的体液送回血液,另一方面对异体抗原做出反应。

家禽虽然也存在淋巴管,但数量上较哺乳动物少,多以单独的淋巴小结存在于所有的实质器官(胰、肝、肺、肾等)及其导管内,或以集合淋巴小结存在于消化道壁,如盲肠淋巴结。

法氏囊是家禽所特有的中枢免疫器官,主导体液免疫。鸡传染性法氏囊病主要侵害此部位,引起家禽免疫抑制,导致早期的免疫接种失败和对病原微生物的易感性增强。

七、家禽生殖系统的生理特点

处于性成熟期的雌禽,其发达的左侧卵巢产生许多卵泡,每一个卵泡内有一个卵子,每成熟一个卵泡就排出一个卵子。由于卵泡能依次成熟,雌禽在一个产蛋周期中能连续产蛋。

光线刺激丘脑能影响垂体的内分泌活动,因此,光照是影响禽类产蛋周期的最重要的环境因素。目前在养禽业中,一般运用人工延长光照的办法来提高家禽的产蛋率。

八、家禽神经系统的生理特点

家禽神经敏感。禽类都属神经敏感型动物,突然出现的噪声以及犬、猫、鼠、蛇等小动物,都容易引起家禽产生尖叫、飞跳等惊慌现象,导致全群出现减食、产软壳蛋、抵抗力减弱等应激反应,严重影响生产力。

饲养管理提示:①养禽场应设在僻静之地,远离闹市、公路、铁路、码头;②饲养员不可随意更换,在日常的管理工作中,如打扫卫生、投喂饲料和饮水、拣拾蛋、防疫注射、分群、开关门窗、喷洒药物时,要小心轻捷,防止动作粗暴、声音过大而惊扰禽群;③做好灭鼠工作,防止其他动物进入。

子任务二 禽病的发生和传播

一、禽病的发生原因

家禽疾病的发生是由一定的原因作用于机体而引起的,这些原因包括存在于外界环境中的各种致病因素和家禽机体的某些内在因素两大部分,前者称为疾病的外因,后者则称为疾病的内因。如病原微生物的感染和寄生虫的侵袭,是传染病和寄生虫病发生的外因;而家禽机体的易感性较高、抵抗力较差,则是发病的内因。除了内、外因之外,影响家禽疾病发生的还有一些辅助因素,通常称之为诱因,如气候骤变、环境改变等。

家禽疾病的发生既受外界致病因素和周围环境条件(外因)的影响,又与家禽机体本身的特性(内因)有关。外界致病因素的存在和环境因素的影响,是引起家禽疾病的必需条件。但是,有了上述外因的作用是否会一定引起疾病,则要决定于家禽机体抵抗力(内因)的强弱。如没有新城疫病毒(外因)存在,鸡不会患新城疫。而有新城疫病毒存在,鸡也不一定患新城疫,这主要取决于机体的内因。由此可见,外因是家禽疾病发生的条件,内因是家禽疾病发生的基础。外因往往通过内因而起致病作用,但有时外因也会起致病的决定作用,如机械力作用引起外伤等。因此,我们既要重视外因,把它清除或消灭,又要调动家禽机体的内因来防御疾病的发生,促使病禽尽早康复。

(一)家禽发病的内因

家禽疾病发生的内因包括家禽机体防御机能的降低、机体应激机能的降低和机体反应性的改变等因素。

1.机体防御机能的降低

机体屏障机能的降低。家禽的羽毛、皮肤、黏膜、骨骼、肌肉、淋巴结等有保护内脏器官和防止病原体入侵的机能。当这些组织器官受到损伤、生理机能出现障碍时,机体的屏障机能即会降低或消失,从而有利于外界致病因素对机体的作用,容易引起疾病的发生。

吞噬细胞机能的降低。家禽体内的吞噬细胞和血液中的白细胞能吞噬和杀灭突破机体屏障结构而侵入体内的病原微生物。当家禽机体的骨髓造血机能遭到破坏时,白细胞生成减少或单核巨噬系统的机能降低,易于发生全身性感染。

淋巴细胞机能的改变。淋巴细胞是家禽特异性免疫机能的基础,当家禽的免疫器官(如法氏囊等)受到损伤时,淋巴细胞的产生和功能受到影响,家禽的特异性免疫机能降低,易引起传染性疾病的发生。

2.机体应激机能的降低

在生理状态下,家禽机体的各器官系统在神经及体液的调节下协调活动,与外界环境保持平衡状态。当家禽受到创伤、中毒、惊群、过冷、过热等强烈应激因子刺激时,各种机能和代谢改变,并出现系列的神经内分泌反应来适应应激因子的刺激,维护机体的平衡,这就是所谓应激机能反应。这是家禽机体的一种适应能力,是一种非特异性防御反应。当家禽机体的神经调节机能和内分泌机能出现障碍紊乱时,机体的应激机能降低,容易发生疾病。

3.机体反应性的改变

家禽机体的反应性是机体对各种刺激的反应能力,是家禽在长期进化过程中形成的遗传、免疫等方面的特性。家禽机体的反应性,一方面表现为对各种刺激的抵抗力,另一方面表现为对各种致病因素的感受性。不同品种的家禽对同种致病因素的抵抗力和感受性不同;同种家禽,因品种、年龄、性别和个体的不同,对同种致病因素的抵抗力和感受性也不同。家禽机体的抵抗力和感受性发生改变,对疾病的发生将产生不同的影响。

(二)家禽发病的外因

造成家禽疾病发生的外因很多,概括起来有生物性致病因素和非生物性致病因素两类。

1.生物性致病因素

(1)病原微生物 自然界的微生物种类很多,能使家禽机体发病的微生物称为病原微生物。有些病原微生物只能在家禽组织细胞内生活,如病毒等;有些病原微生物只有在家禽机体抵抗力降低时才有致病作用,通常称之为条件性致病菌,如巴氏杆菌等。大多数病原微生物既能在家禽体内生存,又能在适宜的外界环境中生长繁殖。病原微生物常引起家禽的传染病,常见的主要有病毒病、细菌病、支原体病及真菌病等。

(2)寄生虫 生活在家禽体表或体内,靠吸取家禽的营养生活并给家禽造成损伤和危害的

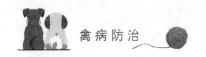

较小的动物称为寄生虫。由其所引起的家禽疾病称为寄生虫病。寄生虫的种类很多,家禽常见的寄生虫包括吸虫、绦虫、线虫、棘头虫、原虫和昆虫,其中原虫和绦虫的危害较大,可引起家禽的大批死亡。

(3)其他动物 由于饲养管理不善,一些野生动物如野猫、狐狸、鼠类等,也可能咬伤家禽而引起家禽发病。

2.非生物性致病因素

非生物性致病因素种类很多,包括物理性、化学性、机械性及营养代谢性致病因素等。非生物性致病因素引起家禽的普通病,主要有营养代谢病、中毒病及其他疾病。

(1)营养代谢病 主要是营养物质缺乏或过多,引起禽体营养物质平衡失调,导致新陈代谢障碍,从而造成禽体发育不良、生产能力下降和抗病能力降低,甚至危及生命的一类疾病。

(2)中毒病 主要有霉菌和肉毒梭菌毒素中毒,以及食盐、农药、杀虫剂、灭鼠药和治疗时药物过量而引起的中毒。

(3)其他疾病 科学的饲养管理是保证家禽健康的根本,不良的管理则可能引起禽的大批发病。不良的管理因素包括不适当的温度、湿度、光照、通风和垫料等。

不同的病因可引起不同类型的疾病。在实践中,病因往往不是单一的,有时一开始就是多种病因;有时是随着病情的不断发展,机体抵抗力降低,很容易伴发或继发多种疾病。例如,发生传染病或寄生虫病时,由于家禽采食、消化、吸收以及代谢障碍,虽然饲料是全价的,也很容易继发代谢病。

二、禽病传播媒介

凡是由致病性微生物因素引起的禽病,都有一定的传染性,这类禽病的传播必须具备3个基本环节,即传染源、传播途径和易感禽群。这3个环节一旦联系起来,就构成了传染病的流行。在禽传染病的传播中,传播媒介起到了重要的作用。家禽传染病的传播媒介,有些是比较特殊的,有些与其他动物相似。家禽的传播媒介比较多,归纳起来,在疾病传播中起重要作用的媒介因素有以下几个方面。

(一)禽蛋

经蛋传播是禽传染病中的一种特殊传播形式。凡能通过蛋传播的疾病称为蛋媒性传染病,其传播形式为垂直传染。病原微生物进入蛋内的途径主要有两种:一种是病原体在蛋形成过程中直接进入蛋内;另一种是病原体经粪便等污染蛋壳后,穿透蛋壳进入蛋内。

病原体在蛋的形成过程中直接进入蛋内:病原体直接通过卵巢、卵泡或输卵管进入蛋内的,一般都是带菌(毒)或正在发病的禽只,有时候正在发病的禽只通过蛋传递病原体的传递率是十分高的。例如,鸡慢性呼吸道病在感染后1个月内,其病原体的蛋传递率可高达30%,而1个月以后会逐渐下降,3个月以后,可以下降到1%左右,并维持相当长的一段时间。成年母鸡的鸡白痢和鸡伤寒,在产蛋期,蛋的病原体传递率也相当高,一般长期维持在20%左右。

病原体从被污染蛋壳进入蛋内:病原体经粪便、产箱、盛蛋用具以及孵化用具污染蛋壳,然后穿透蛋壳进入蛋内,一般称为蛋壳穿透,其病原大部分是沙门氏杆菌、大肠杆菌等。引起蛋壳穿透的因素,有时是产蛋后蛋内温度下降,造成负压,把病原吸入;有时是能运动的病原运动而穿入;有时是微生物生长繁殖向蛋内推进而穿入。蛋壳穿透的严重程度,主要取决于蛋壳的脏污程度、湿润度、蛋壳厚薄、气孔大小、有否蛋壳裂纹、病原的运动性及蛋贮存温度等。种蛋应及时收集,收集后必须及时检查与消毒。

已知可以由蛋传递的疾病有:鸡白痢、禽伤寒、禽副伤寒、大肠杆菌病、禽败血支原体病、传染性滑膜炎、火鸡支原体病、病毒性关节炎、病毒性肝炎、禽传染性脑脊髓炎、淋巴白血病、包涵体肝炎、产蛋下降综合征、鸭传染性浆膜炎和鹌鹑支气管炎等。

(二)孵化室

孵化室是雏禽传播疾病的重要场所。孵化室传播疾病,主要发生于开始破壳到雏禽出壳完成,并运送到待运室期间。因为这段时间,雏禽已可直接呼吸到环境空气,并开始活动,彼此接触。在此期间,雏禽之间不但可以直接接触传染,还可通过啄食排出的粪便和黏附于雏禽身上的蛋壳碎片,吸入脱落的绒毛、羽屑和空气中的尘埃等传播疾病。为此,加强出壳箱和待运室的环境与空气消毒是非常重要的。

由孵化室传播的疾病有:曲霉菌病、大肠杆菌病、鸡白痢、禽副伤寒、马立克氏病和雏鸡传染性脑脊髓炎等。

(三)空气

空气中的主要媒介物是带有病原的飞沫和被污染的各种混合分泌物、排泄物经干燥后所形成的尘埃以及霉菌孢子等。通过空气直接由飞沫或带有病原的尘埃传播疾病的形式,一般称为"气源性传播"。

病禽在正常呼吸状态下,很少能把病原体从呼吸道排出,即使排出,由于它不能形成飞沫,在空气中停留很短,一般不易被其他禽只直接吸入。如果飞沫中的水分迅速蒸发,形成细小飞沫核,则可在空气中长时间停留,因而具有很大传播性。

被污染的尘埃和霉菌孢子等随着气流运动,飞扬至空气中,往往可以由一个禽群传到另一禽群,一个禽舍传到另一个禽舍,甚至还可以由一个禽场传到相邻的禽场。

可以通过空气传播的疾病,往往发病迅速,群体感染和发病率高,而且难于预防。一般,禽舍小气候环境不良,舍内尘埃飞扬,空气混浊,则易发生呼吸道病和其他可以通过呼吸道感染的疾病。为此,在平时饲养管理中,必须注意禽舍空气的净化。

由空气传播的疾病有:鸡败血支原体病、传染性支气管炎、传染性喉气管炎、火鸡传染性窦炎、鸡传染性鼻炎、新城疫、禽流感、马立克氏病、禽痘、大肠杆菌病、曲霉菌病、禽巴氏杆菌病、鸭传染性浆膜炎等。

(四)羽毛、皮屑

家禽脱落的皮屑,常是传染病的传播因素之一。家禽的羽毛也是禽传染病的传播来源。在育雏阶段,雏鸡脱落的绒毛,常被粪便污染,被污染的绒毛在舍内飞扬,常成为雏鸡阶段呼吸道病、大肠杆菌病、沙门氏杆菌以及马立克氏病感染或发病的重要原因。幼年鸡或育成阶段的鸡,如感染马立克氏病,则脱落的羽毛囊上皮中常存在马立克氏病毒的非细胞结合病毒,成为马立克氏病的主要传播来源。

由羽毛、皮屑传播的疾病主要有:鸡马立克氏病及一些呼吸系统疾病。

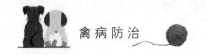

(五)饲料和饮水

家禽很多传染病都可通过消化道感染。由消化道传播的主要媒介物是饲料与饮水。在饲料中,有些成分可能就含有传播因素,特别是动物性饲料,如鱼粉等。它们往往是沙门氏菌、大肠杆菌的主要传播源,有的可在原料状态或加工后在贮藏过程中被污染,发霉变质;也可在生产单位配料过程、生产线的任何阶段、使用单位的运输或贮存过程中被污染。颗粒饲料由于在加工过程中需加热,相对地说,要比一般粉粒料污染程度低,但绝对不是没有污染。

饮水被污染,除了原始水源由于处理不当、消毒不严而被污染外,一般污染可发生于贮水池、供水管道以及饮水槽或饮水盆等处。禽舍中的饮水槽或饮水盆有时被垫料、粪便所污染,有时还常受到啮齿类动物侵入而带入病原,以及贮水池及供水管道长期的不清理和不清洗,都可能使滋生的细菌污染饮水。

因此,在饲养过程中,设法保护饲料和饮水不被污染是一项十分重要的管理工作。

由饲料和饮水传播的疾病主要有:沙门氏菌病、大肠杆菌病、曲霉菌病、禽巴氏杆菌病、鸭传染性浆膜炎等。

(六)垫料与粪便

除了饲料与饮水是消化道感染的主要传播来源以外,垫料与粪便也是消化道感染的重要传播媒介。垫料常被带有各种病原体、寄生虫卵的分泌物和排泄物所污染。病禽常从粪便排出病原。垫料与粪便有时可以直接被禽只摄食,有时可以间接通过污染饲料或饮水被摄入,所以在平时的饲养管理中,如果不注意垫料清洁与消毒,不经常清理和更换是非常危险的。特别是球虫病、沙门氏菌病以及大肠杆菌病等,往往可连续不断地发生。

通过垫料与粪便传播的疾病主要有:禽球虫病、禽蠕虫病、鸡马立克氏病、传染性法氏囊病、沙门氏菌病、大肠杆菌病、曲霉菌病等。

(七)设备用具

禽舍内的设备用具,常可通过媒介的污染而带有病原和寄生虫。例如,禽舍的清洁和运输工具,通常会有垫料与粪便的积垢物,如果几个禽群共用,又在使用前不加以清洗与消毒,则常可传播疾病。外寄生虫螨常藏身于一些设备与用具的缝隙中,从一处传到另一处。寄生虫卵、痘病毒、马立克氏病毒以及球虫都可通过用具和运输工具携带并传播。

通过设备用具传播的疾病主要有:禽痘、鸡马立克氏病、禽球虫病、新城疫、禽巴氏杆菌病、鸡慢性呼吸道病、传染性鼻炎、传染性法氏囊病、传染性支气管炎等。

(八)动物与昆虫

动物与昆虫在禽病传播中都是重要的媒介,如人、犬、猫、鼠、野禽、蛇、蚊、螨与虱等。动物媒介常可起到机械性的传播作用。有的病原可以在媒介的体内生长繁殖,媒介起着第二宿主或中间宿主的作用。动物与昆虫的禽病传播举例如下:鼠是沙门氏菌的携带者,它们的粪便等排泄物污染饲料和饮水并传播疾病。犬、猫除了携带对家禽有传染性的肠道病原微生物外,还能在身体上带有污染物到处散布病原。野禽和观赏鸟类携带许多致病微生物和寄生虫,一般它们都可构成病原体的机械携带者,在很多烈性传染病如禽流感、新城疫、禽霍乱等的传播中起着重要作用。人的传播主要是从业者具有最大威胁,因为他们往往带有各种病原,通过污染的手、衣服和鞋携带病原并进行传播。禽痘常可由蚊、蝇叮咬病禽后传播。

(九)人工授精

通过人工授精传播疾病,在生产实践中并不广泛,只限于进行人工授精的禽场或禽群。人工授精最容易传播的疾病是一些粪便中可以带毒(菌)的传染病,如禽伤寒、禽副伤寒等。

子任务三　免疫接种及免疫监测

家禽免疫接种,是用人工的方法,把有效的生物制剂(疫苗、菌苗等)导入家禽体内,从而刺激机体产生特异性抗体,使原来对某一病原微生物易感的禽只,转化为对该种病原微生物具有抵抗能力的禽只,避免疾病发生。因此免疫接种的目的,是提高禽只对传染性疾病的抵抗能力,预防疾病感染与发生。对于种禽,免疫接种还能起到减少蛋媒性疾病的传播、提高母源抗体水平、提高雏禽在育雏阶段的免疫能力和降低传染病发生概率的作用。

一、免疫程序制订

免疫程序制订是指管理者根据一个禽场或一个禽群的具体情况与可能发生的疾病,预先对需要接种的疫苗种类、接种时间和方法等,做出一个方案或计划。免疫程序在制订和实施时,一般需要考虑和注意以下几个方面的问题。

(一)疾病预防选择

一个禽场需要预防哪些疾病,一般根据本地区、本单位或不同禽群可能经常发生并具有威胁的疾病而定。对于本地区、本单位没有的或不常见的疾病的疫苗,一般可以不予接种,尤其是有些疾病的疫苗是毒力强的活毒,更不应轻率引入。

(二)首次免疫时间

在1~3周对雏禽进行首免,需注意首免时间的安排。首免时间的确定,需要掌握母源抗体水平的高低以及可能存在的传染因素的威胁。通常在母源抗体水平低、传染因素威胁大时,则需早接种。如果母源抗体水平高、可能发生的传染威胁小,则可推迟接种,因为有些疾病的母源抗体,常可妨碍疫苗接种后的免疫反应或中和疫苗病毒。雏禽获得母源抗体水平高低、存留时间长短,随疾病种类及母禽免疫状况而异。例如:传染性法氏囊病的母源抗体,在母禽接受免疫的情况下,一般都可维持3周左右,并能保护雏禽避免发病;而传染性支气管炎、传染性脑脊髓炎等,通常只能维持2周左右。母禽的抗体水平,常可影响雏禽母源抗体水平。母禽免疫接种后,在一定时间内传递给雏禽的母源抗体水平高,以后逐渐降低。不同禽群、不同免疫时间的种蛋孵出的后代,母源抗体水平常有较大的差异,给首次免疫时间的确定带来困难。为了准确的确定首免时间,有条件的应建立抗体监测,母源抗体的半衰期一般在4~5日龄。

(三)重复免疫时间

家禽传染病中,多数疾病的免疫接种往往需要进行多次,如新城疫、传染性支气管炎、传染性法氏囊病等。需要重复接种的次数与间隔时间,首先取决于某一疾病流行的严重程度和易发时期;其次是疫苗的类型与接种后禽只产生抗体的水平及维持时间;再次是接种方法,如同样的接种新城疫Ⅳ系苗,饮水方式与滴鼻或注射相比,饮水方式免疫抗体水平低,维持时间短;最后是为了达到某种目的,如为了使某一疾病对后代获得较高母源抗体,当母禽在开产时或在

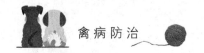

用作种蛋时,需进行重复接种。在制订免疫程序时,一般对重复接种的时间都是估测性的,所以为了达到相应的正确性,必须参考有关资料,以减少差错,避免发生意外。

(四)疫苗选择

对于已有某一种疾病发生和流行的禽场,一般在制订免疫程序时,使用什么样类型的疫苗,也应仔细考虑。如果流行情况较轻,则可选用比较温和的疫苗;而疾病流行严重,则可选用毒力较强的疫苗。总之,要使疫苗接种后产生的抵抗力与疾病流行情况相适应。一般疫苗的接种原则,都是由弱毒到强毒,也就是说,幼龄阶段的基础免疫都用弱毒苗,以后重复接种时可逐渐增强。有时由于接种方法不同,使用疫苗类型亦有不同。例如:饮水、气雾免疫时都用弱毒活苗,而注射接种都用灭活苗或加入一定佐剂的灭活强毒苗。

(五)接种方法

家禽免疫接种方法较多,但由于家禽是群体性饲养,在不同情况下,需注意不同接种方法。一般在雏鸡阶段进行首次免疫,除特殊情况外,都以个体接种为主,即用滴鼻与滴眼的方法。在幼龄期或育成期,为了减少抓鸡会引起的应激以及占用很多劳力,以群体饮水或气雾接种为主。到成年阶段,需进行强化免疫时,都安排在上笼或种鸡选种定群时个体注射接种,而在开产后需要强化免疫时,一般都安排群体饮水接种。

(六)疫苗配合

为了减少频繁接种疫苗,节省人力以及减少对禽只的应激,在制订免疫程序时,可考虑将某些疫苗相互配合,同时使用。各种疫苗进入机体内以后,均能由 T 细胞识别并刺激不同 B 细胞转化为浆细胞,产生相应的特异性抗体。因此,在同时接种两种以上疫苗时,可以同时刺激机体产生两种以上的抗体。但是在配合使用疫苗时也应注意,有些疫苗在同时接种时可能彼此会产生影响,甚至可能发生拮抗,如 1 日龄雏鸡同时接种马立克氏和新城疫苗,新城疫的免疫效果常受到影响。通常,为了节省人力可以把相互间没有干扰作用的疫苗同时接种。但是如果在同时或间隔较短的时间内给机体接种多种疫苗,超过了机体所能接受的刺激反应,反而使机体不能产生良好的免疫应答。因此,在制订免疫程序时,如果需要免疫接种的病种较多,一般尽可能安排在不同时间内进行,尤其是流行严重的疾病,最好能单独接种,以免影响免疫效果。

二、免疫途径和方法

家禽免疫接种的途径与方法比较多,有的可用于群体免疫,有的只适用于个体免疫。一般常用的免疫途径与方法有:滴眼、滴鼻、刺种、羽毛囊涂擦、滴肛或擦肛、皮下注射、肌内注射、饮水免疫以及气雾免疫等。

(1)滴眼、滴鼻　这是使疫苗通过眼、鼻腔、口腔、咽、喉、气管黏膜以及扁桃体等的接触而进入体内的接种方法。它一般适用于 3 周龄以内幼龄雏的免疫。这种免疫接种方法可以避免疫苗病毒被母源抗体中和与干扰,并且也可以产生良好的局部免疫反应。由于滴眼、滴鼻是逐只进行接种,也能保证每羽禽只得到免疫的剂量一致,从而使群体免疫水平达到均匀一致。

用作滴眼、滴鼻的疫苗,都为弱毒活苗。在接种时,一般可用灭菌的生理盐水、蒸馏水或冷开水稀释,每 1 000 羽份的疫苗可用 50 mL 稀释液稀释,充分摇匀后,用标准滴管于每羽禽的眼结膜或鼻孔上滴一滴疫苗。有时也可把 1 000 羽份的疫苗用 100 mL 稀释液稀释,然后于每羽禽的眼结膜与鼻孔上各滴一滴。滴眼、滴鼻操作一定要准确，务必使滴入的疫苗进入眼内或吸入鼻腔中，以保证免疫效果。

(2)刺种　刺种适用于禽痘、新城疫弱毒疫苗等的接种。例如，接种禽痘疫苗时，每支1 000 羽份的疫苗，用20～25 mL 灭菌生理盐水稀释，然后用特制的接种针蘸取疫苗刺种于翼膜下无血管处。接种针的形式多样，但必须每次能蘸取 0.025 mL 的容量，以保证有足够的剂量进入皮内。

(3)羽毛囊涂擦　此法适用于禽痘等疫苗的接种，部位可选择在腿部内侧。接种时需先拔除腿内侧部的羽毛，然后用棉签蘸取疫苗逆向涂擦，使疫苗进入羽毛囊中。疫苗稀释方法同刺种。此法由于手续比较复杂，除特殊需要外，一般已很少使用。

(4)滴肛或擦肛　此法一般适用于传染性喉气管炎强毒型疫苗的接种。接种时先将禽的肛门向上并将肛门黏膜翻出，然后用棉签蘸取疫苗，用力于肛门黏膜上涂擦3～5 次，或用特殊小拭子蘸取疫苗涂擦。疫苗稀释方法同刺种。擦肛用的疫苗一般都是强毒型的活苗，因此使用时必须注意防止疫苗病毒的散播。

(5)皮下注射　此法适用于含有佐剂的灭活苗和马立克氏病的火鸡疱疹病毒苗等的接种。注射部位，如马立克氏疫苗，在雏鸡，一般可在颈背部皮下；在育成鸡或成年鸡，可注射于股内侧皮下，如禽霍乱氢氧化铝疫苗、新城疫油佐剂疫苗等注射时常用此方法。马立克氏病的火鸡疱疹病毒苗有专用稀释液，通常把 1 000 羽份的疫苗稀释于 200 mL 专用稀释液中，然后每羽注射 0.2 mL。禽霍乱氢氧化铝疫苗、新城疫油佐剂疫苗，一般都应按照说明用量使用。

(6)肌内注射　此法适用于弱毒疫苗和不带佐剂的灭活疫苗的接种，如新城疫 I 系苗、鸭瘟弱毒苗、传染性法氏囊弱毒苗等。注射部位可选择大腿外侧、胸部肌肉，或者翅膀的肩关节部。肌内注射由于剂量准确、作用迅速，经接种后的抗体水平比较一致且较高。对小群或需要有坚强免疫力的种鸡群，可采用此法，以保证免疫效果。肌内注射的疫苗用量，应按说明书稀释后的用量使用，但稀释后的疫苗用量最好控制在 0.5～1.0 mL，育成或成年禽每次注射量不少于 1 mL。稀释后使用量大一些，相对地说，比较容易控制，剂量损失要少，因此免疫效果要比剂量小的效果好而确切。

(7)饮水免疫　此法适用于大群饲养的免疫，是一种群体性免疫方法。一般一个 5 000 羽以上的禽群，在3～4 周龄以后，非特殊情况下都采用饮水免疫法接种。饮水免疫的优点是无须逐只捉提，不会骚扰禽群，省时省力，方法又比较简便，而且在短时间可使不同禽群同时免疫。新城疫Ⅳ系苗、传染性支气管炎弱毒苗、传染性法氏囊弱毒苗等都可做饮水免疫。饮水免疫虽被广泛采用，但在实施过程中，由于每羽禽饮入的疫苗病毒量的不一致，饮水免疫所引起的免疫应答也要比滴眼、滴鼻小，一般可低 4 倍左右。饮水免疫后群体免疫水平参差不齐，抗体水平不高，维持时间不长，缺乏对抗强毒株感染的能力，有时在免疫群体中仍可感染强毒并发病，所以饮水免疫必须重复接种，而且间隔时间一般不宜太长，有条件的，需定期进行抗体监测。

饮水免疫是一项技术性工作，为了使免疫保证达到预期效果，在实施时必须注意以下几点：

①用于饮水免疫的疫苗　必须是高效价的，使用疫苗的剂量，应为滴眼、滴鼻的倍量以上。饮水免疫只有当疫苗进入鼻腔，与口腔黏膜、淋巴小结、咽喉周围、上呼吸道黏膜接触并停留，才能进入体内，刺激机体产生免疫应答。而进入食道经嗉囊到达腺胃的疫苗病毒，一般都迅速

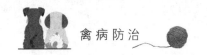

死亡,不起免疫反应作用。鸭饮水免疫效果要比鸡好,因为鸭饮水时,常将鼻孔整个浸入水中,使水在口中进出流动,这样就增加了鼻、咽等的黏膜接触疫苗的机会。

②饮水免疫稀释疫苗的水 必须是无离子水。使用疫苗前,根据气候与饲料等情况,需停止饮水3~4 h。稀释疫苗的用水量,如1 000羽份疫苗,5~15日龄雏鸡饮用,则可用5~10 kg水稀释,16~30日龄,用10~15 kg,31~59日龄,用20~25 kg,60日龄以上,用30~40 kg,供500羽鸡使用。饮水中最好加入0.2%的脱脂奶粉或山梨醇,以保护疫苗病毒。

③饮水免疫的用具 必须干净,凡黏附的脏物必须事前彻底清除。一般不能用金属制成的容器作饮水用具,以免影响疫苗病毒,降低疫苗效价。为了保证禽只都能在短时间内饮到疫苗,不论饮水盆或长水槽饮水器,都应增加数量,一般要求增加1倍左右。

(8)气雾免疫 此法适用于一些对呼吸道有亲嗜性的疫苗接种,如新城疫Ⅱ系弱毒疫苗、传染性支气管炎弱毒疫苗等。气雾免疫的方法是用一种专用的气雾喷射枪,距所需免疫的禽只1~1.5 m,对准喷射,使受免疫禽只上方周围形成一个良好的雾化区。一般要求喷射出的雾滴在10 μm以上,能在空间悬浮片刻,不立即沉降。一般需要适当控制雾滴大小,因为在实践中,雾粒过小,会深入呼吸道深部,常可激发呼吸道的感染与发病,所以对存有呼吸道感染的禽群行气雾免疫时,雾滴应适当加大。如果雾滴过大,超过100 μm以上,则空间悬浮时间短,不易被呼吸道黏膜黏附,影响免疫效果。实施喷雾前,应关闭门窗、通风口及排风设备等,喷雾完毕后15~20 min,即可打开门窗及通风设备。

用作气雾免疫的疫苗应是高效价的,用苗量应为常量的倍量。例如,新城疫Ⅳ系苗1 000羽份,加灭菌蒸馏水250 mL,供500羽使用。在高密度全舍饲养的禽群施行气雾免疫时,应根据饲养舍内实际总羽数计算用苗量,可以忽略饲养舍空间容积。但房大禽少时,应适当增加疫苗量。疫苗稀释应用蒸馏水或去离子水,稀释液中不应含有任何盐类。为了保护疫苗病毒,稀释液中可加入0.1%的脱脂奶粉或明胶。

三、紧急预防接种

紧急预防接种是指一个禽场或禽场中的一个禽群发生传染病,特别是一些急性传染病,如新城疫、鸭瘟等,威胁到其他禽群或全场时,为了迅速控制疾病传播与流行,对发病禽群和尚未发病禽群进行免疫接种。紧急预防接种一般都使用活的弱毒疫苗,这些弱毒疫苗注入机体内,疫苗病毒可以在短时间内刺激机体产生特异抗体,抵抗侵入的病毒,发挥一种直接的干扰作用。因此,在发病禽群中使用疫苗,常可以防止疫病扩散与流行,降低发病禽群的死亡率与损失。但是在发病禽群实施紧急预防接种,对发病禽群中已在发病或正处于潜伏期的禽只,一般会加快或促使其发病。因此,在疫苗接种后3~5 d,禽群的发病与死亡数会先急剧增加,然后再慢慢下降并逐渐停息。

紧急预防接种的程序,原则上是先接种不发病的群,然后再接种发病群。对一个禽场来说,首先应接种不发病的核心群,然后接种一般不发病的生产群,最后接种发病群。如果在人力、物力以及疫苗使用方法上允许同步进行,则可以对全场不同禽群进行同步紧急接种。

为了保证接种效果,紧急预防接种的疫苗剂量应不低于正常规定用量,有时可以倍量使用。用作紧急预防接种的疫苗必须是高效价的,并且选用疫苗必须正确。例如,在一个幼龄鸡群中发生新城疫时,一般不宜用Ⅰ系苗进行紧急预防接种,应选用Ⅱ系或Ⅳ系苗。又如,一个鸭群发生禽霍乱时,应用禽霍乱弱毒疫苗,而不应用禽霍乱氢氧化铝疫苗。紧急预防接种时,为了保证每一禽只都能接受免疫并达到免疫水平一致,在免疫方法上一般采用注射法,尽量少用饮水等群体免疫方法。

四、免疫接种失败原因

在临床上,免疫接种失败是指禽群免疫接种后,经实验室血清学抽检达不到要求,或在临床上不能抵抗特定疫病的发生与流行,或在特定的要求下抽检攻毒的保护率低于标准要求。免疫接种失败的原因比较复杂,包括机体自身对免疫的反应、免疫时机体自身状态以及机体自身以外的因素等。

(1)机体自身对免疫的反应 是一种生物学过程,它受许多遗传和环境因素的影响。在一个大的随机挑选的动物群体中,免疫应答强弱是呈正态分布的,这就是说,大多数动物是趋向对抗原产生平均程度的免疫应答,一小部分免疫应答可能高于平均水平,而另一小部分则可能产生非常弱的免疫应答。后者虽经过免疫接种,但由于反应低弱,免疫水平低,常不能保护机体抵抗病原入侵。所以一个随机挑选的动物群体中,疫苗接种不可能使100%禽只都得到保护。家禽免疫是群体性的,当使用不适当的免疫方法接种疫苗时,禽群常常对高度传染性疾病的抵抗力较差,甚至会在免疫禽群中发生已经被免疫接种的疾病。

(2)免疫时机体自身状态 是指禽只在接受免疫接种时,由于受某些因素影响,如禽只处于营养状况不良、严重寄生虫感染、母源抗体干扰,受到影响免疫功能疾病的隐性侵袭以及当时机体处于应激状态之下,使机体免疫应答受到抑制或免疫水平不高。例如,鸡传染性法氏囊病在雏鸡阶段,常常由于受到母源抗体的保护,在一般低毒力法氏囊病毒入侵或强毒力法氏囊病毒轻微感染的情况下,它可以在临床上形成亚临床症状,而不被人们所注意。但由于病毒入侵,法氏囊常可受到病毒的攻击受损而影响免疫机能,使接种疫苗以后不能产生足够的B淋巴细胞,形成所谓的免疫抑制。雏鸡母源抗体是由母体通过卵黄传给雏鸡,它是一种被动免疫抗体,所以可以干扰或中和弱毒疫苗病毒,特别是在母源抗体高的情况下,更可产生这种现象。因此,2~3周之内给雏鸡进行免疫接种时,特别是对新城疫、传染性法氏囊病、传染性支气管炎等进行首免疫时,更应注意母源抗体对疫苗的干扰作用。

(3)机体自身以外的因素 是指在执行免疫接种时的一些免疫技术与方法、疫苗选择以及疫苗质量等因素。这些因素包括:

①疫苗选择不当 在一个严重疾病流行地区或禽场选用低毒力品系疫苗,如在有速发性嗜内脏型新城疫的发病场,在重复免疫时只选用Ⅱ系或Ⅳ系苗,或有强毒型马立克氏病的,只选用低毒力的火鸡疱疹病毒疫苗等。

②接种方法与操作不当 有些疫苗不应同时接种或需相隔一定时间方可使用,如果同时接种或相隔时间太短,会出现相互干扰现象。有时应该用滴鼻或滴眼接种,却用了饮水接种,这种方法上的不当,常可影响免疫效果。另外,有时在执行免疫接种时,工作不细致。例如:在饮水免疫时,不注意对水的要求,用水量不足,饮水器不够;疫苗稀释不符合要求,稀释液计算错误,疫苗混合不匀;气雾免疫时喷雾不匀,有空白点;疫苗稀释后使用时间过长等。一般疫苗一经稀释,疫苗中的活毒在高温条件下极易死亡,马立克氏病疫苗经稀释后应于2 h内用完,其他疫苗如超过4 h,应一律不再使用。

③疫苗质量受影响 疫苗质量可以受到多种因素的影响而下降,其中主要有疫苗保存温度不当。一般灭活疫苗要求保存于2~15℃的阴暗处;非经冻干的活弱毒苗,应保存于4~8℃的

条件下;真空冻干的活弱毒苗,除个别要求外,一般都应在0℃以下保存,而且温度越低,越可以减少疫苗病毒或细菌的死亡。此外,疫苗在保存期间温度应保持稳定,尤其不能反复冻融,多次冻融会促使疫苗病毒或细菌大量死亡。其他,如运输过程达不到低温要求,并且在不合温度要求下运输时间过长,疫苗到期或过期使用等都会影响疫苗质量,降低免疫效果。

五、家禽常用疫苗

疫苗,即利用病原微生物本身,设法除去或减弱它对机体的致病作用而制成的一类自动免疫用生物制品。疫苗接种后能使机体自动产生特异性免疫力,以达到预防疫病的目的。

1.禽用疫苗的一般分类

禽用疫苗一般可分为活苗和灭活苗两大类。

(1)活苗 又称弱毒疫苗,指利用通过人工诱变获得的弱毒株或筛选出的自然弱毒株所制成的活疫苗。人工诱变是指将病原微生物的自然强毒株通过物理的、化学的或生物的方法进行处理,使其对原宿主的致病性丧失或减弱,但仍保持其良好的免疫原性。用这一弱毒毒株或菌株所制备的疫苗,如新城疫Ⅰ系、新城疫Ⅱ系、新城疫Ⅳ系疫苗,传染性法氏囊弱毒疫苗或中等毒力疫苗等。

弱毒疫苗是用致弱的活病毒或活细菌制备的,当其接种后进入禽只体内,可以生长繁殖,既能增加相应抗原量,又可延长和加强其抗原刺激作用。根据弱毒疫苗的特性,归纳其优点为:免疫接种途径多、方法简便、用量小、使用方便且费用低等。缺点是:易发生接种反应和呼吸道反应,有时对蛋鸡产蛋有影响;有些弱毒苗的毒株不稳定,可能发生毒力返祖返强现象,造成散毒或引起明显的不良反应;在对雏鸡进行免疫时,还容易受母源抗体的影响。

目前,弱毒疫苗有冻干苗和湿苗2种。冻干苗保存时间长,一般-15℃保存1年以上,也有的要求2~8℃保存;湿苗保存时间短,一般2~3个月,且运输不方便。

(2)灭活苗 又称死苗,指将含有细菌或病毒的材料应用灭活剂进行处理后而制备的一类疫(菌)苗。其毒(菌)株虽然失去了致病性,但仍保持着良好的免疫原性。这类疫(菌)苗常配以免疫佐剂(氢氧化铝佐剂、油佐剂、蜂胶佐剂等)以提高其免疫效果,如鸡新城疫油乳剂灭活苗、禽霍乱氢氧化铝佐剂灭活苗等。

其优点是:安全性好、不散毒,给雏鸡免疫不受母源抗体的影响,免疫抗体持续的时间长,易保存(4~10℃或常温保存),适用于多毒株或多菌株联合苗;与弱毒疫苗共同免疫后,其免疫力强,维持时间长,可减少免疫次数。缺点是:用量大,产生免疫力较慢,一般需10~15 d才产生免疫力;免疫接种方法只能用注射法,比较费时费工,而且捕捉鸡时鸡群的应激反应较大,免疫费用也较高。

根据制苗用材料的不同,灭活苗又可分为:

①一般灭活苗 菌、毒种是标准强毒或免疫原性优良的弱毒株经人工大量培养后,应用物理或化学方法将其灭活后所制成的疫苗,需加佐剂提高其免疫力。一般灭活苗包括组织苗、鸡胚苗和细胞苗等。

②自家灭活苗 指从患病禽只自身病灶中分离出来的病原体经培养、灭活后制成,再用于该种禽只本身的灭活疫苗。该类疫苗用于治疗慢性、反复发作而用抗生素治疗无效的细菌性或病毒性感染。

③自家脏器灭活苗(组织灭活苗) 利用病死禽只的含病原微生物的各脏器组织制成乳

剂,加甲醛等灭活脱毒所制成的疫苗。

2. 新型疫苗

近年来,随着生物工程技术、生物化学以及分子生物学的发展,疫苗制品的类型有了很大的进展,新疫苗不断研制成功。除上述疫(菌)苗外,又研制了单价苗、多价苗、多联苗、亚单位疫苗、基因工程苗等。

（1）单价苗　指利用同一种微生物毒(菌)株或同一种微生物中的单一血清型毒(菌)株所制备的疫(菌)苗。单价苗对单一血清型病原微生物所致的疾病有免疫保护效能;但在由多种血清型病原微生物所致疾病中,仅对相应型有保护作用,而不能使免疫禽体获得安全的免疫保护。单价苗如禽流感 H_9 型灭活疫苗、H_5 型灭活疫苗等。

（2）多价苗　指用同一种微生物中若干血清型的毒(菌)株制备的疫(菌)苗。多价苗有二价苗、三价苗、四价苗之分,也有弱毒多价苗和灭活多价苗之分。它可使免疫禽获得较为安全的保护,且可在不同地区使用,效果明显优于单价苗,如马立克氏病 814 + SB-1 二价苗、814 + SB-1 + FC_{126} 三价苗、鸡大肠杆菌多价灭活苗等。

（3）多联苗　指将 2 种或 2 种以上的毒株或菌株混合培养或者分别培养后再混合,按一定规程制备,用于预防相应的 2 种或 2 种以上的病毒或细菌性传染病的疫(菌)苗。常见的有二联苗、三联苗,也分弱毒联合苗和灭活联合苗,如新城疫与鸡传染性支气管炎弱毒二联苗或灭活二联苗,新城疫、传染性支气管炎、产蛋下降综合征灭活三联苗等。多联苗的优点主要是减少免疫接种次数,省工、省时,并能降低免疫成本;缺点是有些联苗在免疫时,有可能存在不同抗原相互干扰作用。

（4）亚单位疫苗　将病原微生物经物理的或化学的方法进行处理,除去其无效的毒性物质,提取其有效的抗原成分,如细菌的荚膜、鞭毛,病毒的囊膜、衣壳蛋白等,而制备的疫苗。抗原成分均具有明确的生物化学特性和免疫活性,无遗传性,故亚单位疫苗安全有效。但由于亚单位分子量小,免疫原性较差,且制造技术复杂,限制了其推广应用。

（5）基因工程苗　又称生物技术疫苗,即利用基因工程技术所制备的疫苗,是目前世界各国致力于研究的一个重要领域,是未来疫苗发展的主要方向。根据研制的技术路线和疫苗组成的不同,目前基因工程苗可分为基因工程亚单位苗、基因缺失苗或突变苗、基因工程活载体疫苗和 DNA 疫苗四大类。

①基因工程亚单位苗　指利用基因工程技术所构建的重组表达载体,在高效表达系统中表达出来的强毒病原体的某种免疫原性成分而制成的疫苗。具体来说,基因工程亚单位苗是应用基因工程技术提取微生物编码保护性抗原肽段的基因,将此基因片段与质粒等载体重组后导入受体菌或细胞,使之在受体菌或细胞内表达,产生大量的保护性肽段,利用此肽段所制成的疫苗。基因工程亚单位苗克服了一般亚单位疫苗制备时需大量培养病原体的缺陷。

②基因缺失苗或突变苗　利用基因工程技术,在 DNA 水平上造成毒力有关基因的缺失或突变,即切去基因组中编码致病性物质的某一片段核苷酸序列或使其突变失活,使该微生物致病性丧失,但仍保持其免疫原性及复制能力。这种基因缺失株比较稳定,不易发生返祖现象,从而可以制成免疫原性好且又安全的疫苗。

③基因工程活载体疫苗　将病原体的保护性抗原基因片段插入活载体病毒或细菌的基因非必需区内而获得重组活载体疫苗。即利用基因工程技术,将某种病原体的免疫相关基因整合进另一种载体基因组 DNA 的复制非必需片段中而构成的重组活载体疫苗,包括活载体病

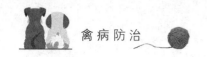
毒疫苗和活载体细菌疫苗。常作为载体的病毒和细菌有痘病毒、疱疹病毒、腺病毒、大肠杆菌、沙门氏菌等。

④DNA疫苗 又称核酸疫苗,是应用基因工程技术将编码某种抗原蛋白质的外源基因与载体重组后直接导入动物体内,利用免疫原基因在宿主体内表达出的抗原蛋白质引起机体的免疫应答,以达到预防和治疗疾病的目的。

六、免疫监测

免疫监测有两个含义。一是接种后检验疫苗是否接种有效。受疫苗的质量、接种方法和操作过程、机体的健康状况等因素的影响,接种了疫苗并不等于肯定有效,所以在接种疫苗后2~3周要抽样进行监测。但需要注意的是,并不是所有接种的疫苗都能进行监测,因缺乏行之有效的便于操作的检验方法,目前能被广泛监测的有新城疫、禽流感、产蛋下降综合征、鸡痘等。二是对整个免疫期监测是否有足够的免疫力。这在规模化养禽场受到高度重视,特别是对危害严重的传染病要经常进行抽样检查,确保有足够的免疫力。

(一)常用疫苗免疫效果监测方法

免疫监测的主要方法是血清学方法,包括血清中和试验/病毒中和试验(SNT/VNT)、血凝抑制试验(HI)、琼脂凝胶扩散试验(AGP)、快速血清平板凝集试验、酶联免疫吸附试验(ELISA)等方法。免疫效果的血清学评价必须以某种传染病发生时保护性抗体的最低值(保护性抗体临界值)作为依据,该法应用的主要指标是抗体的转化率和抗体的平均滴度。免疫接种前后动物群血清抗体的转化率,即被接种动物抗体转为阳性者所占的比例,是衡量疫苗接种效果的重要指标之一。抗体转化率的计算通常由传染病种类和抗体测定方法决定,但一般是通过测定免疫动物群血清抗体的平均滴度,比较接种前后滴度升高的幅度及其持续时间来评价疫苗的免疫效果。如果接种后的平均抗体滴度比接种前升高4倍以上,即认为免疫效果良好;如果低于4倍,则认为免疫效果不佳或需要重新进行免疫接种。

(二)常用疫苗免疫效果监测的频率

养殖场建立某种病的抗体监控程序要充分考虑本场的饲养管理情况和免疫程序等因素,不同的养殖场应建立适合自己的监控程序,但要注意采用正确的采样方法和样品数量,同时还要保证一定的频率。

一般监测母源抗体应从1日龄开始,每周检测1次,14日龄后,2周检测1次,直至母源抗体消失;接种免疫疫苗后2~3周开始检测免疫效果,直至6~8周,每隔2~4周检测1次;对于种用动物,至少每半年进行1次抗体检测,评估其健康状态和抵抗力,并预测其后代的母源抗体水平;对预备种用的动物,要先进行抗体检测,以确保其状态和抗体水平。

(三)常用疫苗免疫效果监测的应用

(1)确定最佳免疫剂量 免疫剂量原则上必须以说明书的剂量为标准。剂量不足,不能激发机体产生免疫反应;剂量过高,产生免疫麻痹而使免疫力受到抑制。目前,在生产中多存在宁多勿少的偏见,接种时任意加大免疫剂量,往往造成免疫负应答,不仅不能起到很好的免疫效果,还会造成非典型病例的出现。所以监测同种疫苗不同剂量的免疫抗体水平,可以确定最佳免疫剂量。

(2)确定疫苗的保护率 动物免疫后,存在带毒动物或无抗体反应动物,在动物群体中产生一定比例的免疫动物的同时,也产生一定比例的非免疫动物,从而使疫苗的保护率达不到100%。评价疫苗保护率可以通过免疫抗体监测,计算免疫接种前后动物群血清抗体的转化率,即被接种动物抗体转为阳性者所占的比例来进行。一般认为疫苗的保护率达到70%以上,表示该疫苗质量较好,可以有效抵御疫病的侵袭。如果发现免疫没能达到预期效果,则要检查疫苗质量、免疫程序和管理措施,并及时进行补免。

子任务四　卫生消毒和杀虫灭鼠

消毒的目的是预防和控制传染病的发生、传播和蔓延。禽场只有制定一整套严密的消毒措施,才能有效地消灭散播于环境、禽体表面及工具上的病原体,切断传染途径。

一、消毒的主要方法

(一)物理消毒法

物理消毒法是指通过机械性清扫、洗刷、通风换气、高温、干燥、照射等物理方法,对环境和物品中病原体的清除或杀灭。

(1)机械性清扫、洗刷　通过机械性清扫、洗刷等手段清除病原体是最常用的消毒方法,也是日常的卫生工作之一。采用清扫、洗刷等方法,可以除去圈舍地面、墙壁以及家禽体表污染的粪便、垫草、饲料等污物。随着这些污物的消除,大量病原体也被清除。

(2)日光、紫外线和其他射线的辐射　日光暴晒是一种最经济、有效的消毒方法,通过其光谱中的紫外线以及热量和干燥等因素的作用,能够直接杀灭多种病原微生物。在直射日光下经过几分钟至几小时可杀死病毒和非芽孢性病原菌,反复暴晒还可使带芽孢的菌体变弱或失活。因此,日光消毒对于被传染源污染的鸭舍外的运动场、用具和物品等具有重要的实际意义。

(3)高温灭菌　是通过热力学作用导致病原微生物中的蛋白质和核酸变性,最终引起病原体失去生物学活性的过程,它通常分为干热灭菌法和湿热灭菌法。禽场消毒常用火焰烧灼灭菌法。

(二)化学消毒法

在疫病防控过程中,常常利用各种化学消毒剂对病原微生物污染的场所和物品等进行清洗、浸泡、喷洒、熏蒸,以达到杀灭病原体的目的。消毒剂是消灭病原体或使其失去活性的一种药剂或物质。各种消毒剂对病原微生物具有广泛的杀伤作用,但有些也可破坏宿主的组织细胞。因此,消毒剂通常仅用于环境的消毒。

(1)消毒剂的选择　临床实践中常用的消毒剂种类很多,根据其化学特性分为酚类、醛类、醇类、酸类、碱类、氯制剂、氧化剂、碘制剂、染料类、重金属盐和表面活性剂等,进行有效与经济的消毒必须认真选择适用的消毒剂。优质消毒剂应符合以下各项要求:

①消毒力强,药效迅速,短时间即可达到预定的消毒目标,如灭菌率达99%以上,且药效持续的时间长。

②消毒作用广泛,可杀灭细菌、病毒、霉菌、藻类等有害微生物。

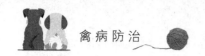

③可用各种方法进行消毒,如饮水、喷雾、洗涤、冲刷等。

④渗透力强,能透入裂隙及鸡粪、蛋的内容物、尘土等各种有机物内杀灭病原体。

⑤易溶于水,药效不受水质硬度和环境中酸碱度变化影响。

⑥性质稳定,不受光、热影响,长期贮存效力不减。

⑦对人、禽安全,无臭、无刺激性、无腐蚀性、无毒性、无不良副作用。

⑧价廉、低浓度也能保证药效。

(2)保证消毒效果的措施 保证消毒效果最主要的是用有效浓度的消毒药直接与病原体接触。一般的消毒药会因有机物的存在而影响药效,因此消毒之前必须尽量去掉有机物等。为此,须采取以下一些措施:

①清除污物 当病原体所处的环境中含有大量的有机物,如粪便、脓汁、血液及其他分泌物、排泄物时,受到有机物的机械性保护,大量的消毒剂与这些有机物结合,消毒的效果将大幅度降低。所以,在对病原体污染场所、污物等消毒时,要求首先清除环境中的杂物和污物,经彻底冲刷、洗涤完毕后再使用化学消毒剂。

②消毒药浓度要适当 在一定范围内,消毒剂的浓度越大,消毒作用越强,如大部分消毒剂在低浓度时只具有抑菌作用,浓度增加才具有杀菌作用。但消毒剂的浓度增加是有限度的,盲目增加其浓度并不一定能提高消毒效力,如体积分数为70%的乙醇溶液的杀菌作用比无水乙醇强。而稀释过量,达不到应有的浓度,消毒效果也不佳,甚至起不到消毒的作用。

③针对微生物的种类选用消毒剂 微生物的形态结构及代谢方式不同,对消毒剂的反应也有差异。如革兰氏阳性菌较易与带阳离子的碱性染料、重金属盐类及去污剂结合而被灭活;细菌的芽孢不易渗入消毒剂,其抵抗力比繁殖体明显增强。各种消毒剂的化学特性和化学结构不同,对微生物的作用机理及其代谢过程的影响有明显差异,因而消毒效果也不一致。

④作用的温度及时间要适当 温度升高可以增强消毒剂的杀菌能力,而缩短消毒所用的时间。如当环境温度提高10℃,酚类消毒剂的消毒速度增加8倍以上,重金属盐类增加2~5倍。在其他条件都相同时,消毒剂与被消毒对象的作用时间越长,消毒的效果越好。

⑤控制环境湿度 熏蒸消毒时,湿度对消毒效果的影响很大,如过氧乙酸及甲醛熏蒸消毒时,环境的相对湿度以60%~80%为最好,湿度过低会大大降低消毒的效果。而多数情况下,环境湿度过高会影响消毒液的浓度,一般应在冲洗、干燥后喷洒消毒液。

⑥消毒液酸碱度要合适 碘制剂、酸类、来苏尔等阴离子消毒剂在酸性环境中的杀菌作用增强,而阳离子消毒剂如新洁尔灭等则在碱性环境中的杀菌力增强。

(三)生物热消毒

生物热消毒是指通过堆积发酵、沉淀池发酵、沼气池发酵等产热或产酸,以杀灭粪便、污水、垃圾及垫草等内部病原体的方法。在发酵过程中,粪便、污物等内部微生物产生的热量可使温度上升达70℃以上,经过一段时间后便可杀死病毒、病原菌、寄生虫卵等病原体,从而达到消毒的目的;同时发酵过程还可改善粪便的肥效,所以生物热消毒在各地的应用非常广泛。

二、禽场消毒措施

(一)禽舍的消毒

禽舍消毒是清除前一批家禽饲养期间累积污染最有效的措施,使下一批家禽开始生活在一个洁净的环境。以全进全出制生产系统中的消毒为例,空栏消毒的程序通常为粪污清除、高压冲洗、干燥、消毒剂喷洒、干燥后熏蒸消毒或火焰消毒、再次喷洒消毒剂、清水冲洗、晾干后转入动物群。

(1)粪污清除 家禽全部出舍后,先用消毒液喷洒,再将舍内的禽粪、垫草、顶棚上的蜘蛛网、尘土等扫出禽舍。平养地面粘着的禽粪,可预先洒水等软化后再铲除。为方便冲洗,可先对禽舍内部喷雾,润湿舍内四壁、顶棚及各种设备的外表。

(2)高压冲洗 将清扫后舍内剩下的有机物清除以提高消毒效果。冲洗前先将非防水灯头的灯用塑料布包严,然后用高压水龙头冲洗舍内所有的表面,不留残存物。彻底冲洗可显著减少细菌数。

(3)干燥 干燥可使舍内冲洗后残留的细菌数进一步减少,同时避免在湿润状态使消毒药浓度变低,有碍药物的渗透,降低灭菌效果。

(4)消毒剂喷洒 喷洒消毒剂一定要在冲洗并充分干燥后再进行。用电动喷雾器,其压力应达 30 kg/cm²。消毒时应将所有门窗关闭。

(5)干燥后熏蒸消毒或火焰消毒 禽舍干燥后进行熏蒸。熏蒸前将舍内所有的孔、缝、洞、隙用纸糊严,使整个禽舍内不透气,禽舍不密闭影响熏蒸效果。每立方米空间用福尔马林溶液18 mL、高锰酸钾 9 g,密闭 24 h。经上述消毒过程后,进行舍内采样细菌培养,灭菌率要求达到 99% 以上;否则再重复进行药物消毒—干燥—甲醛熏蒸过程。

育雏舍的消毒要求更为严格。平网育雏时,在育雏舍冲洗晾干后用火焰喷枪灼烧平网与铁质料槽等,然后再进行药物消毒,必要时需清水冲洗、晾干后再转入雏禽。

(二)设备用具的消毒

(1)料槽、饮水器 塑料制成的料槽与自流饮水器,可先用水冲刷,洗净晒干后用 0.1% 的新洁尔灭刷洗消毒,在禽舍熏蒸前送回去,再经熏蒸消毒。

(2)蛋箱、蛋托 反复使用的蛋箱与蛋托,特别是送到销售点又返回的蛋箱,传染病原的危险很大,因此必须严格消毒。用 2% 的苛性钠热溶液浸泡与洗刷,晾干后再送回禽舍。

(3)运鸡笼 送肉鸡到屠宰厂的运鸡笼,最好在屠宰厂消毒后再运回,否则肉鸡场应在场外设消毒点,将运回的鸡笼冲洗晒干再消毒。

(三)环境消毒

(1)消毒池 池液用 2% 苛性钠,每天换 1 次;用 10% 的漂白粉,每 3 d 换 1 次。大门前通过车辆的消毒池宽 2 m、长 4 m,水深在 5 cm 以上;人行与自行车通过的消毒池宽 1 m、长2 m,水深在 3 cm 以上。

(2)禽舍间的空隙地 每季度先用小型拖拉机耕翻,将表土翻入地下,然后用火焰喷枪对表层喷火,烧去各种有机物。定期喷洒消毒药。

(3)生产区的道路 每天用 0.2% 次氯酸钠溶液等喷洒 1 次,如当天运家禽,则在车辆通过后再消毒。

(四)带鸡消毒

鸡体是排出、附着、保存、传播病原的根源,是污染源,也会污染环境,因此须经常消毒。带鸡消毒多采用喷雾消毒。

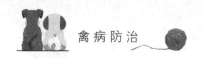

（1）喷雾消毒的作用　杀死和减少鸡舍内空气中飘浮的病原体，使鸡体体表（羽毛、皮肤）清洁。沉降鸡舍内飘浮的尘埃，抑制氨气的发生和吸附氨气，使鸡舍内较为清洁。

（2）喷雾消毒的方法　消毒药品的种类和浓度与鸡舍消毒时相同，操作时用电动喷雾装置，每平方米地面喷 60～180 mL，每隔 1～2 d 喷 1 次。对雏鸡喷雾，药物溶液的温度要比育雏器供温的温度高 3～4 ℃。当鸡群发生传染病时，每天消毒 1～2 次，连用 3～5 d。

三、杀虫、灭鼠、控制飞鸟

（一）杀虫

家禽场重要的害虫包括蚊、蝇和蜱等节肢动物的成虫、幼虫和虫卵。常用的杀虫方法分为物理杀虫法、化学杀虫法和生物杀虫法 3 种。

（1）物理杀虫法　对昆虫聚居的墙壁缝隙、用具和垃圾等，可用火焰喷灯喷烧杀虫；可用沸水或蒸汽烧烫圈舍和工作人员衣物上的昆虫或虫卵；当有害昆虫聚集数量较多时，也可选用电子灭蚊、灭蝇灯具杀虫。

（2）化学杀虫法　是指在养殖场舍内外的有害昆虫栖息地、滋生地大面积喷洒化学杀虫剂，以杀灭昆虫成虫、幼虫和虫卵的措施。但应注意化学杀虫剂的二次污染。

（3）生物杀虫法　主要是通过改善饲养环境，阻止有害昆虫的滋生，达到减少害虫的目的。通过加强环境卫生管理、及时清除圈舍地面上的饲料残屑和垃圾以及排粪沟中的积粪，强化粪污管理和无害化处理，填埋积水坑洼，疏通排水及排污系统等措施来减少或消除昆虫的滋生地和生存条件。生物杀虫法由于具有无公害、不产生抗药性等优点，日益受到人们的重视。

（二）灭鼠

鼠类除了给人类的经济生活带来巨大的损失外，对人和动物的健康威胁也很大。作为人和动物多种共患病的传播媒介和传染源，鼠类可以传播许多传染病。因此，灭鼠对兽医防疫和公共卫生都具有重要的现实意义。

在规模化养禽生产实践中，防鼠灭鼠工作要根据害鼠的种类、密度、分布规律等生态学特点，在圈舍墙基、地面和门窗的建造方面加强投入，让鼠类难以藏身和滋生；在管理方面，应从圈舍内外环境的整洁卫生等方面着手，让鼠类难以得到食物和藏身之处，并且要做到及时发现漏洞、及时解决。由于规模化养殖中的场区占地面积大、建筑物多、生态环境非常适合鼠类的生存，要有效地控制鼠害，必须动员全场人员挖掘、填埋、堵塞鼠洞，破坏其生存环境。

通过灭鼠药杀鼠是目前应用较广的方法。按照进入鼠体的途径，灭鼠药分为经口灭鼠药和熏蒸灭鼠药两类。通过烟熏剂熏杀洞中鼠类，使其失去栖身之所，同时在场区内大面积投放各类杀鼠剂制成的毒饵，常常能收到非常显著的灭鼠效果。

（三）控制飞鸟

为防止飞鸟进入禽舍，一般采用密闭式禽舍。如果是开放式的禽舍，则要在禽舍上空设置铁丝防护网。另外，要用人工驱赶或捕捉等方法，赶走在禽舍上空及在附近建筑物上筑巢的飞鸟。

【思与练】

一、填空题

1.鸡在炎热的环境中发生热喘呼吸,导致 CO_2 严重偏低,出现_____而死亡,因此夏季要做好鸡舍的防暑通风工作。

2.凡能通过蛋传播的疾病称为蛋媒性传染病,其传播形式为_____。

3.饮水免疫适用于大群饲养的免疫,它是一种_____免疫方法。

4.饮水免疫时水中最好加入_____脱脂奶粉或山梨醇,以保护疫苗病毒。

5.消毒的目的是预防和控制传染病的发生、传播和蔓延,主要是切断_____。

二、判断题

1.法氏囊是家禽所特有的中枢免疫器官。(　　)

2.禽病的病因多是单一的。(　　)

3.刺种适用于禽痘的免疫。(　　)

4.雏鸡母源抗体可以干扰或中和弱毒疫苗病毒。(　　)

5.带禽消毒应选用高效、低毒、广谱及对禽只无害的消毒药品。(　　)

三、简答题

1.家禽为什么容易出现尿酸盐沉积的症状?

2."气源性传播"疾病的特点有哪些?

3.家禽常用的免疫方法有哪些?

4.免疫接种失败的原因有哪几方面?

任务二

禽病的诊断

【知识目标】

了解禽病诊断的主要方法与检验原理。

掌握禽病的流行病学诊断方法。

掌握禽病的临床诊断和病理剖检诊断方法。

掌握禽病的常用实验室诊断方法。

【能力目标】

能够运用禽病的流行病学调查技术。

能够熟练进行临床诊断和病理剖检技术。

能够熟练运用禽病实验室诊断仪器。

【素质目标】

培养严谨的科学态度和良好的职业道德。

培养综合运用各项信息的职业素养。

培养好学敬业和吃苦耐劳的精神。

【相关知识】

子任务一　禽病的流行病学诊断

流行病学调查对禽病的预防和控制十分重要,研究对象为家禽群体,主要方法是对禽群中的疾病进行调查研究,收集、分析和解释资料,确定病因、阐明分布规律、制定防制对策并评定其效果,以达到预防、控制和消灭禽病的目的。以诊断为目的的流行病学调查主要是为了解既往病史、防疫情况、当前的流行情况和特点等,为疾病的诊断提供依据。具体的调查内容和方法主要有以下几个方面。

一、现病情调查

对本次病情的调查,就是同熟悉情况的饲养员详细询问发病情况、饲养管理和治疗情况,查阅有关饲养管理和疾病防治的资料、记录和档案,并做好流行病学调查、饲料情况调查、用药情况调查等。

(1)发病时间　询问家禽何时生病,病了几天。如果发病突然,病程短急,可能是急性传染病或中毒病;如果发病时间较长,则可能是慢性病。

(2)发病数量　病禽数量少或零星发病,可能是慢性病或普通病;病禽数量多或同时发病,则可能是传染病或中毒性疾病。

(3)生产性能　对肉禽,只了解其生长速度、增重情况及均匀度;对产蛋禽,应观察产蛋率、蛋重、蛋壳质量、蛋壳颜色等。

(4)发病日龄　禽群发病日龄不同,可提示不同疾病的发生:

①各种年龄的家禽同时或相继发生同一疾病,且发病率和死亡率都较高,可提示新城疫、禽流感、鸭瘟及中毒病。②1月龄内雏禽大批发病死亡,可能是沙门氏菌感染、大肠杆菌感染、法氏囊炎、肾传染性支气管炎等;如果伴有严重呼吸道症状,可能是传染性支气管炎、慢性呼吸道病、新城疫、禽流感等。③若雏鸭大批死亡,多为鸭病毒性肝炎、沙门氏菌感染;成年鸭大批发病,多为鸭瘟、流感、禽霍乱或鸭传染性浆膜炎等。④若雏鹅大批发病,多为小鹅瘟、球虫病、副黏病毒感染;成年鹅大批发病,多为大肠杆菌引起的卵黄性腹膜炎、流感或霍乱等。

(5)饲养管理情况　了解病禽发病前后采食、饮水情况,禽舍内通风及卫生状况等是否良好。

(6)用药情况　若用抗生素类药物治疗后症状减轻或迅速停止死亡,可提示考虑为细菌性疾病;若用抗生素药无作用,可能是病毒性疾病、中毒性疾病或代谢病。

(7)饲料情况　对可疑营养缺乏的禽群要进行饲料检查,重点检查饲料中能量、粗蛋白、钙、磷等情况,必要时对各种维生素、微量元素和氨基酸等进行成分分析。

(8)中毒情况　若饲喂后短时间内大批发病,个体大的禽只发病早、死亡多,个体小的禽只发病晚、死亡少,可怀疑是中毒病。要对禽群用药进行调查,了解用何种药物、用量、药物使用时间和方法、是否有投毒可能、舍内是否有煤气、饲料是否发霉等。

二、既往病史调查

(1)了解既往病史　了解畜禽场或养禽专业户的禽群过去发生过什么重大疫情,有无类似疾病发生,其经过及结果如何等情况,借以分析本次发病和过去发病的关系。如过去发生大肠杆菌感染、新城疫,而未对禽舍进行彻底的消毒,禽也未进行预防注射,可考虑旧病复发。

(2)调查附近的家禽养殖场的疫情　调查附近家禽场(户)是否有与本场相似的疫情,若有,可考虑空气传播性传染病,如新城疫、禽流感、鸡传染性支气管炎等。若禽场饲养有两种以上禽类,单一禽种发病,则提示为该禽的特有传染病;所有家禽都发病,则提示为家禽共患的传染病,如禽巴氏杆菌病、禽流感等。

(3)调查引种情况　有许多疾病是引进种禽(蛋)传递的,如鸡白痢、霉形体病、禽脑脊髓炎等。进行引种情况调查可为本地区疫病的诊断提供线索。若新进带菌、带病毒的种禽与本地禽群混合饲养,常引起新的传染病暴发。

(4)了解平时的防疫措施落实情况　了解禽群发病前后采用何种免疫方法、使用何种疫

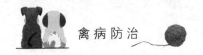
苗。通过询问和调查,可获得许多对诊断有帮助的第一手资料,有利于做出正确诊断。

三、流行病学分析

流行病学分析是以流行病学调查所获得的资料为依据,运用统计学的方法,揭示传染病流行过程的本质,从而提出预防和控制传染病流行的基本措施。

(一)流行病学分析目标

资料分析必须目标明确,有的放矢,明确预计要解决什么问题,通过哪些项目、指标或数据来说明问题。例如,为了了解某种传染病在不同年龄家禽的发生情况,应分析不同日龄家禽的发病率;为了判断流行强度,应将流行期间的发病率与历年相关数据进行比较;为了了解某种传染病的流行特征,应分析发病率在时间上、地区上和禽群中的分布动态。调查人员通过分析研究,找出流行规律。

(二)流行病学分析常用的指标

数,指绝对数,如感染数、发病数、死亡数等。

率,指一定数量的动物群体中发病的动物的数量,可用百分率表示。

比,是指构成比,也用百分率表示,但不能与率一同使用于相互比较。

(1)发病率 指在一定时期内,发生某病新病例数占同期禽群平均数的百分率。发病率较完全地反映出传染病的流行情况,但不能说明整个流行过程,因为常有许多家禽呈隐性感染。

$$发病率 = 某期间内某种疾病新病例数/某期间该禽群的平均数 \times 100\%$$

(2)感染率 是指用临床诊断法和各种检验法检查出来的所有感染家禽羽数占被检查的家禽总羽数的百分比。感染率能较深入地反映流行的全过程,特别是对某些慢性传染病具有重要实践意义。

$$感染率 = 感染某传染病的家禽数/检查总羽数 \times 100\%$$

(3)患病率 是指在某一指定时间内禽群中存在新旧病例的总数占同一指定时间内禽群总数的百分比。

$$患病率 = 在某一指定时间禽群中存在的病例数/在同一指定时间禽群总数 \times 100\%$$

(4)死亡率 是指某病病死数占禽群总羽数的百分比。

$$死亡率 = 因某病死亡羽数/同时期禽群总羽数 \times 100\%$$

(5)病死率 是指因某病死亡家禽羽数占该病患禽总数的百分比。

$$病死率 = 因某病病死羽数/同时期该病患禽总数 \times 100\%$$

【思政园地】

科学研究出创新,禽病路上为先驱

—— 中国禽病科学开拓者甘孟侯

甘孟侯,男,1930 年 5 月生,四川大竹县人。教授、博士生导师,教育家,著名的家畜传染病学家,中国禽病科学开拓者之一。1956 年毕业于北京农业大学兽医系,并留校任教,曾任家畜传染病学与兽医微生物学教研室副主任、主任,中国畜牧兽医学会常务理事,原农业部畜牧专家顾问,北京市人民政府兽医顾问,中国畜牧兽医学会禽病学分会名誉理事长、动物传染病学分会名誉理事长。现任中国畜牧兽医学会动物微生态学分会副理事长、中国科普作家协会农林委员会委员。培养硕士、博士多名。

甘孟侯先生是我国著名的禽病学家,为我国禽病科学的发展做出了突出的贡献。20 世纪 70 年代后期,我国的规模化养鸡产业得到发展。随着国外优良种鸡的引入,国外禽类的疫病也传了进来,致使我国禽类疫病种类增多,危害日益加大,严重地威胁着我国养禽业的发展。当时的情况引起了甘教授的高度关注,对从事教学工作的甘教授来说,提高教学质量和业务水平,仅仅停留在讲好课、教好书是远远不够的,还必须进行科学研究工作。于是,在我国禽业发展的关键时期,甘教授凭着对行业发展的强烈责任心和对本职工作的热爱,对当时危害我国养禽业较大的疫病,如鸡葡萄球菌病、禽沙门氏菌病、鸡传染性支气管炎等进行了专题研究。

甘教授出版专业著作 40 余部,主编的《中国禽病学》和《中国猪病学》等重要科技图书,为提高我国禽、猪疾病的诊断和防治水平做出了重要贡献。甘教授编写的国内外第一部《禽流感》专著,被指定为防控禽流感指导用书,为我国禽流感的防治提供了重要的参考。

子任务二　禽病的临床诊断技术

临床检查是禽病诊断中的基本技术,通过临床检查,对禽群整体状态进行观察,能够尽早发现禽群病症,及时采取防治措施。禽病的临床检查主要有群体检查和个体检查两个方面。

一、群体检查

家禽群体检查的目的主要在于掌握禽群的基本状况。群体检查主要包括禽群精神状态检查、运动状态检查、采食状态检查、粪便观察、呼吸系统检查、生长发育及生产性能检查等。可以在禽舍内一角或外侧直接观察,也可以进入禽舍对整个禽群进行检查。禽类是一个相对敏感的动物,特别是山鸡、鸡,因此进入禽舍应动作缓慢,以防止惊扰禽群。

(一)禽群精神状态检查

(1)正常状态下的检查　家禽对外界刺激比较敏感,听觉敏锐,两眼圆睁有神。有一点刺激,家禽就会头部高抬,来回观察周围动静;严重刺激会引起惊群、压堆、乱飞、乱跑、发出鸣叫。

(2)病理状态下的检查　家禽首先出现精神状态变化,包括精神兴奋、精神沉郁、嗜睡。

①精神兴奋　家禽对外界无刺激或轻微的刺激表现出强烈的反应,引起惊群、乱飞、鸣叫,临床多表现为药物中毒、维生素缺乏等。

②精神沉郁　禽群对外界刺激反应轻微,甚至没有任何反应,表现为家禽离群呆立、头颈卷缩、两眼半闭、行动呆滞等。临床上许多疾病均会引起精神沉郁,如雏鸡沙门氏菌感染、禽巴氏杆菌病、法氏囊病、新城疫、禽流感、肾型传染性支气管炎、球虫病等。

③嗜睡　重度的萎靡、闭眼似睡、站立不动或卧地不起,给以强烈刺激才引起轻微反应甚至无反应,可见于许多疾病后期,往往预后不良。

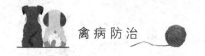

(二)运动状态检查

(1)正常状态下的检查　家禽行动敏捷、活动自如,休息时往往两肢弯曲卧地,起卧自如,有一点刺激马上站立活动。

(2)病理状态下的检查　家禽运动异常,具体有如下几种:

①跛行　是临床最常见的一种运动异常,临床表现为腿软、瘫痪、喜卧地,运动时明显跛行,临床多见钙、磷比例不当,维生素 D_3 缺乏,痛风,病毒性关节炎,滑液囊支原体病,中毒病。小鸡跛行多见于新城疫、脑脊髓炎、亚硒酸钠维生素 E 缺乏;肉仔鸡跛行多见于大肠杆菌、葡萄球菌、绿脓杆菌感染;刚接回雏鸡出现瘫痪多见于小鸡腿部受寒或禽脑脊髓炎等。

②劈叉　青年鸡一腿伸向前,一腿伸向后,形成劈叉姿势或两翅下垂,多见于神经型马立克病;小鸡出现劈叉多为肉仔鸡腿病。

③观星状　鸡的头部向后极度弯曲形成所谓的"观星状"姿势,兴奋时更为明显,多见于维生素 B_1 缺乏、新城疫等。

④扭头　病鸡头部扭曲,在受惊吓后表现更为明显,临床多见于新城疫后遗症。

⑤偏瘫　小鸡偏瘫在一侧,两肢后伸,头部出现震颤,多见于禽脑脊髓炎。

⑥肘部外翻　家禽运动时肘部外翻,关节变短、变粗,临床多见于锰缺乏。

⑦企鹅状姿势　病禽腹部较大,运动时左右摇摆幅度较大,像企鹅一样运动。临床上肉鸡多见于腹水综合征;蛋鸡多见于早期传染性支气管炎或衣原体感染导致输卵管永久性不可逆损伤引起的"大档鸡",或大肠杆菌引起的严重输卵管炎(输卵管内有大量干酪物)。

⑧趾曲内侧　两脚趾弯曲、卷缩、趾曲于内侧,以趾关节着地,并展翅维持平衡,临床多见于维生素 B_2 缺乏。

⑨两腿后伸　产蛋鸡早上起来发现两腿向后伸直,出现瘫痪,不能直立,个别鸡舍外运动后恢复,多为笼养鸡产蛋疲劳症。

⑩蹼尖点地　水禽运动时蹼尖着地,头部高昂,尾部下压,多见于葡萄球菌感染。

⑪角弓反张　小鸭若出现全身抽搐,向一侧仰脖,头弯向背部,两腿阵发性向后踢蹬,有时在地上旋转,多为鸭病毒性肝炎。

⑫犬坐姿势　禽类呼吸困难时往往呈犬坐姿势,头部高抬,张口呼吸,跗部着地。小鸡多见于曲霉菌感染、肺型白痢;成鸡多见于喉气管炎、白喉型鸡痘等。

⑬强迫采食　家禽出现头颈部不自主的盲目点地,像采食一样,多见于强毒新城疫、球虫病、坏死性肠炎等。

⑭颈部麻痹:表现为头颈部向前伸直,平铺于地面,不能抬起,又称软颈病,同时出现腿翅麻痹,多见于鸭肉毒梭菌毒素中毒。

⑮转圈运动　雏鹅在暴饮后 30 min 左右出现共济失调,两腿无力,行走步态不稳,两腿急步呈直线前进或后退,或转圈运动,多为雏鹅水中毒病。

(三)采食状态检查

(1)正常状态下的检查　家禽采食量相对比较大,特别是笼养产蛋鸡,加料后 $1\sim2$ h 可将食物吃光。可根据每天饲料记录掌握摄食增减情况,也可以观察鸡的嗉囊大小、料槽内剩余料的多少和采食时鸡的状态等来判断其采食情况。如舍内温度较高,采食会减少;舍内温度偏低,则采食会上升。采食量减少是反映禽病最敏感的一个症状,能最早反映禽群健康状况。

(2)病理状态下的检查 采食量增减直接反映禽群健康状态,临床多见于以下几种情况:

①采食量减少 表现为添料后,采食不积极,采食几口后退缩到一侧,料槽余量过多,比正常采食量下降。临床中许多病均能使采食量下降,如沙门氏菌病、禽巴氏杆菌病、大肠杆菌病、败血型支原体病、新城疫、禽流感等。

②采食量废绝 多见于禽病后期,往往预后不良。

③采食量增加 多见于食盐过量,饲料能量偏低;如在疾病恢复过程中采食量不断增加,反映疾病好转。

(四)粪便观察

许多疾病均会引起家禽粪便异常,因此粪便检查具有重要意义。粪便检查应注意粪便性质、颜色和粪便内异物等情况。

(1)正常粪便的形态和颜色 正常情况下鸡粪便像海螺一样,下面大、上面小,呈螺旋状,上面有一点白色的尿酸盐颜色,多表现为棕褐色。家禽有发达的盲肠,早晨排出稀软糊状的棕色粪便;刚出壳小鸡尚未采食,排出的胎便为白色或深绿色稀薄的液体。

温度对粪便的影响:家禽粪道和尿道相连于泄殖腔,粪、尿同时排出,家禽又无汗腺,体表覆盖大量羽毛,因此室温增高,家禽粪便变得相对比较稀,特别是夏季会引起水样腹泻;温度偏低,粪便变稠。饲料原料对家禽粪便的影响:若饲料中加入杂饼杂粕(如菜籽粕)、发酵抗生素与药渣,会使粪便发黑;若饲料中加入白玉米和小麦,会使粪便颜色变浅。

(2)粪便病理异常 在排除影响粪便的生理因素、饲料因素、药物因素以外,若出现粪便异常,多为病理状态,临床多见粪便颜色变化、粪便性质变化、粪便异物等。

①粪便颜色变化

粪便发白:粪便稀而发白,如石灰水样,在泄殖腔下的羽毛被尿酸盐污染呈石灰水渣样,临床多见于痛风,雏鸡白痢,钙、磷比例不当,维生素D缺乏,法氏囊炎,肾型传染性支气管炎等。

鲜血便:粪便呈鲜红色血液流出,临床多见于盲肠球虫病、啄伤。

发绿:粪便颜色发绿,呈草绿色,临床多见于新城疫、禽伤寒和慢性消耗性疾病(如马立克氏病、淋巴白血病、大肠杆菌病引起输卵管内有大量干酪物);另外,当禽舍通风不好时,环境的氨气含量过高,粪便亦呈绿色。

发黑:粪便颜色发暗发黑,呈煤焦油状,临床多见于小肠球虫病、肌胃糜烂、出血性肠炎。

黄绿便:粪便颜色呈黄绿,带黏液,临床多见于坏死性肠炎、禽流感等。

西瓜瓤样便:粪便内带有黏液,红色,似西红柿酱色,临床多见于小肠球虫病、出血性肠炎或肠毒综合征。

带血丝:在粪便上带有鲜红色血丝,临床多见于家禽前殖吸虫病或啄伤。

粪便颜色变浅:比正常颜色变浅,临床多见于肝脏疾病,如盲肠肝炎、包涵体肝炎等。

②粪便性质变化

水样稀便:粪便呈水样,临床多见于食盐中毒、卡他性肠炎。

粪便中有大量未消化的饲料:又称料粪,粪酸臭,临床多见于消化不良、肠毒综合征。

粪便中带有黏液:粪便中带有大量脱落上皮组织和黏液,粪便腥臭,临床多见于坏死性肠炎、流感、热应激等。

③粪便异物

粪便中带有蛋清样分泌物:小鸡多见于法氏囊炎,成鸡多见于输卵管炎、禽流感等。

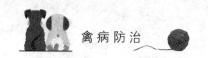

粪便中带有黄色干酪物：粪便中带有黄色纤维素性干酪物结块，临床多见于因大肠杆菌感染而引起的输卵管炎症。

粪便中带有白色结节：在粪便中带有白色米粒大小结节，临床多见于绦虫病。

粪便中带有泡沫：若小鸡在粪便中带有大量泡沫，临床多见于小鸡受寒，或添加葡萄糖过量，或饮用时间过长。

粪便中有假膜：在粪便中带有纤维素、脱落肠段样假膜，临床多见于堆式球虫病、坏死性肠炎、鸭瘟等。

粪便中带有大线虫：临床多见于线虫病。

(五)呼吸系统检查

临床上家禽呼吸系统疾病占70%左右，许多传染病会引起呼吸道症状，因此呼吸系统检查意义重大。

(1)正常情况下的检查　鸡每分钟呼吸次数为22～30次，鸭为15～18次，鹅为9～10次。鸡的呼吸次数主要通过观察泄殖腔下侧的腹部及肛门的收缩和外突来计算。呼吸系统检查主要通过视诊、听诊来完成。视诊主要观察呼吸频率、头部是否水肿、是否甩分泌物等。听诊主要听群体中呼吸道是否有杂音，最好在夜间熄灯后慢慢进入鸡舍进行听诊。

(2)病理状态下的检查　呼吸系统异常会表现为：

①张嘴伸颈呼吸　表现为家禽呼吸困难，多由呼吸道狭窄引起，临床多见于传染性喉气管炎后期、白喉型鸡痘、支气管炎后期。小鸡出现张嘴伸颈呼吸，多见于霉菌感染。热应激时禽类也会出现张嘴呼吸，应注意区别。

②甩血样黏条　在走道、笼具、食槽等处发现血样黏条，临床多见于喉气管炎。

③甩鼻音　听诊时听到禽群有甩鼻音，临床多见于传染性鼻炎、支原体感染、传染性支气管炎、传染性喉气管炎、新城疫、禽流感、曲霉菌病等。

④怪叫音　当喉头部气管内有异物时家禽会发出怪叫音，临床多见于传染性喉气管炎、白喉型鸡痘等。

(六)生长发育及生产性能检查

(1)肉仔鸡、育成鸡的检查　主要观察禽只生长速度、发育情况及禽群整齐度。若禽群生长速度正常、发育良好、整齐度基本一致，突然发病，临床多见于急性传染病或中毒性疾病；若禽群发育差、生长慢、整齐度差，临床多见于慢性消耗性疾病、营养缺乏症或抵抗力差而继发的其他疾病。

(2)蛋鸡和种鸡的检查　主要观察产蛋率、蛋重、蛋壳质量、蛋品内部质量变化。

①产蛋率下降　引起产蛋率下降的疾病很多，如减蛋综合征、禽脑脊髓炎、新城疫、禽流感、传染性支气管炎、传染性喉气管炎、大肠杆菌感染、沙门氏菌感染等。

②薄壳蛋、软壳蛋增多　临床检查中发现大量薄壳蛋、软壳蛋，在粪道内有大量蛋清和蛋黄，临床多见于钙、磷缺乏或比例不当，维生素D缺乏，禽流感，传染性支气管炎，传染性喉气管炎，输卵管炎等。

③蛋壳颜色变化　褐壳蛋鸡若出现白壳蛋增多，临床多见于钙、磷比例不当，维生素D缺乏，禽流感，传染性支气管炎，传染性喉气管炎，新城疫等。

④小蛋增多　临床多见于输卵管炎、禽流感等。

⑤蛋清稀薄如水　若打开鸡蛋,蛋清稀薄如水,临床多见于传染性支气管炎等。

二、个体检查

通过群体检查选出具有特征病变的个体进一步做个体检查,个体检查内容包括体温检查、冠和肉垂检查、鼻腔检查、眼部检查、脸部检查、口腔检查、嗉囊检查、皮肤及羽毛检查、胸部检查、腹部检查、泄殖腔检查等。

(一)体温检查

体温变化是家禽发病的标志之一,可通过用手触摸鸡体或用体温计来检查。

(1)体温　正常鸡体温 $40\sim42$ ℃,鸭 $41\sim43$ ℃,鹅 $40\sim41$ ℃。

(2)病理状态下体温的变化　动物出现疾病,在其他临床症状暂不明显时,首先体温发生变化,临床体温变化有体温升高和体温下降两种病理状态。

①体温升高　有热源性刺激物作用时,体温中枢神经机能发生紊乱,产热和散热的平衡受到破坏,产热增多、散热减少而使体温升高,并出现全身症状,称发热。临床上引起发热的疾病很多,许多传染性疾病也会引起禽只发热,如禽霍乱、沙门氏菌病、新城疫、禽流感、热应激等。

②体温下降　鸡体散热过多而产热不足,导致体温在正常以下,称体温下降。病理状态下体温下降多见于营养不良、营养缺乏、中毒性疾病和濒死期禽只。

(二)冠和肉垂检查

(1)正常状态下的检查　禽冠和肉垂呈鲜红色,湿润有光泽,用手触诊有温热感觉。

(2)病理状态下的检查　禽冠和肉垂的变化如下:

①冠和肉垂出现肿胀　临床多见于禽霍乱、禽流感、严重大肠杆菌病和颈部皮下注射疫苗。

②冠和肉垂出现苍白　冠和肉垂不萎缩,单纯性出现苍白,多见于住白细胞原虫病、小鸡球虫病、弧菌肝炎、啄伤等。

③冠和肉垂出现萎缩　冠和肉垂由大变小,出现萎缩,颜色发黄,无光泽,临床多见于消耗性疾病,如马立克氏病、淋巴白血病等。

④冠和肉垂发绀　冠和肉垂呈暗红色,多见于新城疫、禽霍乱、呼吸系统疾病等。

⑤冠和肉垂发蓝紫色　临床多见于高致病性禽流感。

⑥冠和肉垂发黑　临床多见于盲肠球虫病(又称黑头病)。

⑦有痘斑　临床多见于禽痘。

⑧有小米粒大小核状出血和坏死　临床多见于卡氏白细胞原虫病。

⑨冠和肉垂有皮屑、无光泽　临床多见于营养不良、维生素 A 缺乏、真菌感染和外寄生虫病。

(三)鼻腔检查

检查鼻腔时,检查者用左手固定家禽的头部,先看两鼻腔周围是否清洁,然后用右手拇指和食指用力挤压两鼻孔,观察鼻孔有无鼻液或异物。

(1)健康家禽的检查　鼻孔无鼻液。

(2)病理状态下的检查　出现以下有示病意义的鼻液:

①透明无色的浆液性鼻液,多见于卡他性鼻炎。

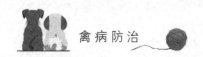

②黄绿色或黄色半黏液状鼻液,黏稠,灰黄色、暗褐色或混有血液的鼻液,混有坏死组织、伴有恶臭的鼻液,多见于传染性鼻炎。

③鼻液量较多,常见于鸡传染性鼻炎、禽霍乱、禽流感、鸡败血霉形体病、鸭瘟等。此外,患鸡新城疫、传染性支气管炎、传染性喉气管炎、鸭衣原体病等疾病时,亦有少量鼻液。

④维生素A缺乏,可挤出黄色干酪样渗出物。

⑤鼻腔内有痘斑,多见于禽痘。

(四)眼部检查

(1)正常情况下的检查 家禽两眼有精神,特别是鸡两眼圆睁,瞳孔对光线刺激敏感,结膜潮红,角膜白色。在检查眼时注意观察角膜颜色、有无出血和水肿、角膜完整性和透明度、瞳孔情况和眼内分泌物情况。

(2)病理状态下的检查 眼部病变表现为:

①眼半睁半闭状态 眼部变成条状,临床多见于传染性喉气管炎,环境中氨气、甲醛浓度过高。

②眼部出现流泪 眼部出现流泪,严重时眼下羽毛被污染,临床多见于传染性鼻炎、传染性喉气管炎、鸡痘、支原体感染,以及氨气、甲醛浓度过高。

③眼角膜充血、水肿、出血 临床多见于结膜炎、眼型鸡痘、禽曲霉病、禽大肠杆菌病、支原体病等。

④眼部出现肿胀 严重时上下眼睑结合在一起,内积大量黄色豆腐渣样干酪物,临床多见于支原体病、黏膜型鸡痘、维生素A缺乏,肉仔鸡大肠杆菌、葡萄球菌、绿脓杆菌感染等。

⑤眼角膜发红 临床多见于禽大肠杆菌病。

⑥角膜浑浊 角膜出现浑浊,严重时形成白斑和溃疡,临床多见于眼型马立克氏病。

⑦结膜形成痘斑 临床多见于黏膜型鸡痘。

(五)脸部检查

(1)正常情况下的检查 家禽脸部红润,有光泽,特别是产蛋鸡更明显。脸部检查注意脸部颜色、是否出现肿胀和脸部皮屑情况。

(2)病理情况下的检查 脸部变化表现为:

①脸部出现肿胀 用手触诊脸部出现发热,有波动感,临床多见于禽霍乱、传染性喉气管炎。

②用手触诊无波动感 多见于支原体感染、禽流感、大肠杆菌病;若两个眶下窦肿胀,多见于窦炎、支原体感染等。

③脸部有大量皮屑 临床多见于维生素A缺乏、营养不良等慢性消耗性疾病。

(六)口腔检查

(1)正常情况下的检查 用左手固定家禽头部,右手大拇指向下扳开下喙,并按压舌头,然后左手中指从下腭间隙后方将喉头向上轻压,观察口腔。正常情况下家禽口腔内湿润,有少量液体,有温热感。口腔检查时注意上腭裂、舌、口腔黏膜及食道喉头、器官等的变化。

(2)病理状态下的检查 口腔异常表现为:

①在口腔黏膜上形成一层白色假膜 临床多见于念珠球菌感染。

②口腔黏膜出现溃疡 口腔及食道乳头变大,融合形成溃疡,临床多见于维生素A缺乏。

③上腭裂处形成干酪物　临床多见于支原体感染、黏膜型鸡痘。

④口腔内积有大量酸臭的绿色液体　临床多见于新城疫、嗉囊炎和败血支原体感染。

⑤口腔积有大量黏液　临床多见于禽流感、大肠杆菌病、禽巴氏杆菌病等。

⑥口腔积有泡沫液体　临床多见于呼吸系统疾病。

⑦口腔有血样黏条　临床多见于传染性喉气管炎。

⑧口腔积有稀薄血液　临床多见于卡氏白细胞原虫病、肺出血、弧菌肝炎等。

⑨喉头出现水肿出血　临床多见于传染性喉气管炎、新城疫、禽流感等。

⑩喉头被黄色干酪样物阻塞　临床多见于传染性喉气管炎后期。

⑪喉头、气管上形成斑痘　临床多见于黏膜型鸡痘。

⑫气管内有黄色块状或凝乳状干酪样物　临床多见于支原体感染、传染性支气管炎、新城疫、禽流感等。

⑬舌尖发黑　临床多由药物或循环障碍性疾病引起。

⑭舌根部出现坏死,反复出现吞咽动作　临床多见于家禽食长草,或绳头缠绕使舌部出现坏死。

⑮鸭喙出现变形　鸭上喙变短变形,临床多见于鸭光过敏和药物过敏。

(七)嗉囊检查

(1)正常情况下的检查　嗉囊位于食管颈段和胸段交界处,在锁骨前形成一个膨大盲囊,呈球形,弹性很强。鸡、火鸡的嗉囊比较发达。检查嗉囊常用视诊和触诊的方法。

(2)病理状态下的检查　嗉囊异常表现为:

①软嗉　其特征是嗉囊体积膨大,触诊发软、有波动,如将禽的头部倒垂,同时按压嗉囊,可由口腔流出液体,并有酸败味,临床常见于某些传染病、中毒病;火鸡患新城疫时,嗉囊内有大量黏稠液体。

②硬嗉　禽只缺乏运动、饮水不足,或喂单一干料,常发生硬嗉,按压时嗉囊呈面团状。

③垂嗉　嗉囊逐渐增大,总不空虚,内容物发酵有酸味,临床多见于饲喂大量粗饲料。

④嗉囊破溃　临床多见于误食石灰或火碱。

⑤嗉囊壁增厚　用手触诊,嗉囊壁增厚,多见于白色念珠菌感染。

(八)皮肤及羽毛检查

(1)正常情况下的检查　成年家禽羽毛整齐光滑、发亮、排列匀称,刚出壳的雏禽有纤维的绒毛,皮肤因品种、颜色不同而有差异。

(2)病理状态下的检查　皮肤与羽毛病变表现为:

①皮肤上形成肿瘤　临床多见于皮肤型马立克氏病。

②皮肤上形成溃疡　在皮肤上形成溃疡,毛易脱,皮下出血,临床多见于葡萄球菌感染。

③皮下出现白色胶样渗出　临床多见于亚硒酸钠维生素 E 缺乏。

④皮下出现绿色胶样渗出　临床多见于绿脓杆菌感染。

⑤脐部愈合差、发黑,腹部较硬　临床多见于沙门氏菌、大肠杆菌、葡萄球菌、绿脓杆菌感染引起的脐炎。

⑥羽毛无光泽,容易脱落　临床多见于维生素 A 缺乏、营养不良、慢性消耗病或外寄生虫病。

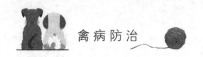

⑦皮下出现脓肿,严重时破溃、流脓　临床上多见于外伤或注射疫苗感染。

⑧皮下形成气肿,严重时禽类像气球吹过一样　临床多见于外伤引起气囊破裂进入皮下。

(九)胸部检查

(1)正常情况下的检查　禽类胸部平直,胸部肌肉附着良好,因经济作用不一样,肌肉有差异。肉禽胸肌发达,蛋禽胸部肌肉适中,肋骨隆起。在临床检查中注意观察胸骨平直情况、两侧肌肉发育情况以及是否出现囊肿等。

(2)病理状态下的检查　胸骨变化为:

①胸骨出现弯曲,肋骨(软骨部分)出现凹陷　临床多见于钙、磷、维生素 D 缺乏,钙、磷比例不当,氟中毒等。

②胸骨部分出现囊肿　临床多见于肉种鸡、仔鸡运动不足或垫料太硬。

③胸骨呈刀脊状,胸骨肌肉发育差　临床多见于一些慢性消耗性疾病,如马立克氏病、淋巴结白血病、大肠杆菌病等。

(十)腹部检查

(1)正常情况下的检查　禽的腹部是指胸骨和耻骨之间所形成的柔软的体腔部分。腹部检查的方法主要是触诊。正常情况下家禽腹部大小适中,相对比较丰满。特别是产蛋鸡、产鸡,用手触诊温暖、柔软而有弹性,在腹部两侧后下方可触及肝脏后缘,腹部下方可触及较硬的肌胃(产蛋鸡的肌胃注意不应与鸡蛋相混淆)。对鸭、鹅需要用手触摸,可感到肌胃在手掌内滚动,按压有韧性。在临床过程中应该注意观察腹部的大小、弹性、波动感等。

(2)病理状态下的检查　腹部异常表现为:

①腹部容积变小　临床多见于家禽采食量下降或产蛋鸡停产。

②腹部容积变大　肉鸡腹部容积增大,触诊有波动感,临床多见于腹水综合征;蛋鸡腹部较大,走路像企鹅,临床多见于家禽早期感染传染性支气管炎、衣原体引起的大量蛋黄或水在输卵管内或腹腔内聚集;雏禽腹部较大,用手触摸较硬,临床多见于大肠杆菌、沙门氏菌或早期温度过低引起的卵黄吸收差。

③腹部变硬　触诊感觉很厚,临床多见于鸡过肥、腹部脂肪过多聚集;肉鸡腹部触诊较硬,临床多见于大肠杆菌感染;产蛋鸡瘦弱,胸骨呈刀背状,腹部较硬且大,临床多见于大肠杆菌、沙门氏菌感染而引起的输卵管内积有大量干酪物。腹部感觉有软硬不均的小块状物体,腹部增温,触诊有痛感,腹腔穿刺有黄色或灰色带有腥臭味的浑浊液体,多提示卵黄性腹膜炎。

④肝脏肿胀至耻骨前沿　临床多见于淋巴白血病。

(十一)泄殖腔检查

(1)正常情况下的检查　泄殖腔周围羽毛清洁。高产蛋鸡肛门呈椭圆形、湿润、松弛。检查时检查者用手抓住鸡的两腿把鸡倒悬起来,使泄殖腔朝上,用右手拇指和食指翻开,观察泄殖腔黏膜的色泽、完整性、紧张度、湿度和有无异物等。

(2)病理状态下的检查　泄殖腔的异常变化表现为:

①形成假膜　泄殖腔周围发红肿胀,并形成一种有韧性、黄白色干酪样的假膜,将假膜剥离后,留下粗糙的出血面,临床常见于慢性泄殖腔炎(也称肛门淋)或鸭瘟。

②石灰样分泌物　泄殖腔肿胀,周围覆盖有大量黏液状灰白色分泌物,其中有少量石灰质,常见于母鸡前殖吸虫病、大肠杆菌病等。

③脱肛　泄殖腔明显突出,甚至外翻,并且充血、肿胀、发红或发紫,多见于高产母鸡或难产母鸡不断努责引起的脱肛症。

④泄殖腔黏膜出血、坏死　常见于外伤、鸡新城疫及鸭瘟。

子任务三　禽病的病理诊断技术

病理解剖检查是禽病诊断工作中常用的方法,也是准确诊断疾病的一个重要手段。对多数禽病来说,通过对病禽或死禽的剖检,找出病变部位,观察其形状、色泽、性质等特征,结合流行特点和生前症状,一般能对疾病做出初步诊断。

一、病死禽的病理剖检前准备

(1)在剖检前,要记录死禽的来源、病史、症状、治疗经过及防疫情况等。

(2)剖检前,要准备好需要的器械、容器、消毒药及固定液,以便随时放置所采取的病料。供实验室检查用病料应无菌采取。

(3)剖检的时间越早越好,最好用刚病死或濒死期的禽只进行。这时病变比较明显,便于分析判断。死后时间过长,不利于病变的观察和病料的采取。另外,应选症状比较典型的、有代表性的病死禽进行剖检。

(4)剖检后的尸体和包装用品应进行无害化处理。

(5)剖检室应保持清洁整齐,用后及时清洗消毒,必要时采用甲醛熏蒸消毒的方法。出入剖检室注意消毒,无关人员禁止进入。

二、剖检的程序与方法

(一)外部检查

病死鸡在剖开体腔前,应先检查尸体的外部变化。外部检查的内容,主要包括以下几方面:

(1)尸体概况　品种、日龄、特征、体态等。

(2)营养状态　可根据肌肉发育情况及皮肤和被毛状况判断。

(3)皮肤　注意被毛的光泽度,皮肤的厚度、硬度及弹性,有无脱毛、溃疡、脓肿、创伤、肿瘤、外寄生虫等,有无粪污。此外,还要注意检查有无皮下水肿和气肿。

(4)天然孔(眼、鼻、口、泄殖腔等)的检查　首先检查各天然孔有无分泌物、排泄物及其性状、量、颜色、气味等;其次应注意可视黏膜的检查,着重检查黏膜色泽变化。

(二)体腔的剖开

(1)用消毒液浸湿尸体,以防羽毛飞扬和粘手影响操作。

(2)将大腿与腹壁之间皮肤剪开,再将大腿向两侧用力压至股骨头露出,使尸体平衡仰卧放置。

(3)将腹壁皮肤横剪一切口,向头侧掀剥皮肤,注意皮下、肌肉有无出血、坏死、变色。

(4)在后腹部龙骨末端横剪一切口,沿切口从两侧分别向前剪断肋骨,然后用力将胸骨掀

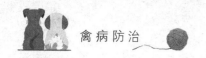

开,这时胸腔和腹腔器官就可露出。注意有无积水、渗出物或血液,同时观察各器官位置有无异常。

(三)器官检查

1. 内脏检查

(1)在腺胃与食道之间剪断食管,再按顺序将腺胃、肌胃、肠管以及肝、脾、胰一并取出。

(2)剪开腺胃,注意有无寄生虫,腺胃黏膜分泌物的多少、颜色、状态;腺胃乳头、乳头周围,腺胃与食管、腺胃与肌胃交界处有无出血、溃烂。再剪开肌胃,剥离角质膜,注意有无寄生虫等。将肠道纵行剪开,检查内容物及黏膜状态,有无寄生虫和出血、溃烂,肠壁上有无肿瘤、结节。注意盲肠肠道后端向前的两个盲管是否肿大及盲肠硬度、黏膜状态和内容物的性状。注意泄殖腔有无变化。

(3)脾脏位于肌胃左内侧面,呈圆形,注意其色泽、大小、硬度,有无出血等。

(4)肝脏分左右两叶,注意肝脏色泽、大小、质地,有无肿瘤、出血、坏死灶;注意胆囊的大小、色泽。

(5)肾脏贴附在腰椎两侧肾窝内,质脆不易采出,可在原位检查。重点检查肾脏体积、颜色,有无出血、坏死,切面有无血液流出,有无白色尿酸盐沉积。

(6)卵巢位于左侧,注意其体积大小、卵泡状态。输卵管可在原位剖检。

(7)心、肺可在原位检查。心脏重点检查心冠、心内外膜、心肌有无出血点,心包内容物的多少、状态,心腔有无积血及积血颜色、黏稠度。肺脏注意检查肺的大小、色泽,有无坏死、结节及切面状态等。

2. 颈部器官检查

将鸡头朝向剖检者,剪开喙角,打开口腔,将舌、食管、嗉囊剪开,注意嗉囊内容物的颜色、状态、气味,食管黏膜性状。

剪开喉头、气管、支气管,注意气管内有无渗出物及渗出物的多少、颜色、状态等。

3. 周围神经(重点是坐骨神经)检查

在两大腿后部将该处肌肉剥离,分离出坐骨神经,呈白色带状或线状。鸡在患神经型马立克氏病时,常发生单侧性坐骨神经肿大。

三、剖检病变与提示的疾病

(一)肌肉组织

(1)正常情况下,肌肉丰满,颜色红润,水禽肌肉颜色较重,呈深红色,表面有光泽。临床诊断时应注意观察肌肉颜色、弹性和是否脱水等异常情况。

(2)病理状态下肌肉的异常变化:

①肌肉脱水　表现为肌肉无光泽,弹性差,严重者表现为"搓板状",临床多见于肾脏疾病导致的脱水或严重腹泻等。

②肌肉水煮样　肌肉颜色发白,表面有水分渗出,肌肉变性,弹性差,像热水煮过一样,临床多见于热应激和坏死性肠炎。

③肌肉纤维间形成梭状坏死和出血　小米粒大小,临床多见于卡氏白细胞原虫病。

④肌肉刷状出血　临床多见于法氏囊炎、磺胺类药物中毒。

⑤肌肉上有白色尿酸盐沉积　临床多见于痛风、肾型传染性支气管炎。

⑥肌肉形成黄色纤维素渗出物　腿肌、腹肌变性,有黄色纤维素渗出物,临床多见于严重大肠杆菌病。

⑦肌肉贫血、苍白　临床多见于严重出血、贫血或啄伤。

⑧肌肉形成肿瘤　临床多见于马立克氏病。

⑨肌肉溃烂、脓肿　临床多见于外伤或注射疫苗引起的感染。

(二)泌尿系统

(1)家禽的肾脏位于家禽腰背部,分左右两侧。每侧肾脏由前、后、中三叶组成,呈隆起状,颜色深红。两侧有输尿管,无膀胱和尿道,尿在肾中形成后沿输尿管输入泄殖腔,与粪便混合,一起排出体外。临床上注意观察肾脏有无肿瘤、出血、肿胀及尿酸盐沉积等。

(2)病理状态下肾脏的异常变化:

①肾脏实质出现肿大　临床多见于肾型传染性支气管炎、沙门氏菌感染及药物中毒。

②肾脏肿大,有尿酸盐沉积形成花斑肾　临床多见于肾型传染性支气管炎、沙门氏菌感染、痛风、法氏囊炎、磺胺类药物中毒等。

③肾脏被膜下出血　临床多见于卡氏白细胞原虫病、磺胺类药物中毒。

④肾脏形成肿瘤　临床多见于马立克氏病、淋巴白血病等。

⑤肾脏单侧出现自融　临床多见于输尿管阻塞。

⑥输尿管变粗、结石　临床多见于痛风、肾型传染性支气管炎、磺胺类药物中毒。

(三)生殖系统

(1)公禽生殖系统包括睾丸、输精管和阴茎,睾丸有一对,位于腹腔肾脏下方,没有前列腺等副性腺。母禽生殖器官包括卵巢和输卵管,左侧发育正常,右侧已退化。成禽卵巢如葡萄状,有发育程度不同、大小不一的卵泡;输卵管由漏斗部、蛋白分泌部、峡部、子宫部、阴道部5个部分组成。观察生殖系统时注意观察卵泡发育情况、输卵管的病变。

(2)病理状态下生殖系统的异常变化:

①卵巢出现菜花样肿胀　临床多见于马立克氏病。

②卵巢出现萎缩　临床多见于沙门氏菌感染、新城疫、禽流感、减蛋综合征、禽脑脊髓炎、传染性支气管炎、传染性喉气管炎等。

③卵泡出现液化,像蛋黄汤样　临床多见于禽流感、新城疫等。

④卵泡呈绿色并萎缩　临床多见于沙门氏菌感染。

⑤卵泡上有一层黄色纤维素性干酪物,恶臭　临床多见于禽流感、严重的大肠杆菌病。

⑥卵泡出血　临床多见于热应激、禽霍乱、坏死性肠炎。

⑦输卵管内积大量黄色凝固样干酪物,恶臭　临床多见于大肠杆菌引起的输卵管炎。

⑧输卵管内积有似非凝蛋清样分泌物　临床多见于禽流感。

⑨输卵管内出现水肿,像热水煮过一样　临床多见于热应激、坏死性肠炎。

⑩输卵管内像散一层糠麸样,壁上形成小米粒大小的红白相间结节　临床多见于卡氏白细胞原虫病。

⑪输卵管子宫部出现水肿,严重时形成水泡　临床多见于减蛋综合征、传染性支气管炎。

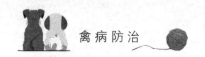

⑫输卵管发育不全,前部变薄,积水或积有蛋黄,峡部出现阻塞 临床多见于小鸡感染性支气管炎、衣原体病。

⑬输卵管系膜形成肿瘤 临床多见于马立克氏病、网状内皮增生。

(四)消化系统

(1)禽的消化系统较特殊,没有唇、齿及软腭。上下颌形成喙,口腔与咽直接相连,食物入口后不经咀嚼,借助吞咽经食管入嗉囊。嗉囊是食管入胸腔前扩大而成,主要机能是贮存、湿润和软化食物,然后收缩将食物送入腺胃。腺胃体积小,呈纺锤形,位于腹腔左侧,可分泌胃液,含有蛋白酶和盐酸。肌胃紧接腺胃之后,肌层发达,内壁是坚韧的类角质膜,肌胃内有沙砾,对食物起机械研磨作用。

禽肠的长度与躯干(最后颈椎至尾综骨)之比:鸡、山鸡为(7~9):1,鸭为(8.5~11):1,鹅为(10~12):1,鸽为(5~8):1。大小肠黏膜都有绒毛,整个肠壁都有肠腺。十二指肠起于肌胃,形成"U"形袢而止于十二指肠起始部的相对处。空肠形成许多半环状肠袢,由肠系膜悬挂于腹腔右侧。胰腺位于十二指肠袢内,呈淡黄色,长形,分背、腹两叶,以导管与胆管一同开口于十二指肠。大肠由一对盲肠和直肠组成。盲肠的入口处为大肠和小肠的分界线,这里有明显的肌性回盲瓣,后段肠壁内分布有丰富的淋巴组织,形成盲肠扁桃体,以鸡最明显。禽类的直肠很短,泄殖腔是消化、泌尿和生殖3个系统的共同出口,最后以肛门开口于体外。泄殖腔体被两个环形褶分为前、中、后3部分:前为粪道,与直肠直接相连;中为泄殖道,输尿管、输精管或输卵管的阴道部开口于此;后为肛道,是消化道最后一段,壁内有括约肌。在泄殖道与肛道交界处的背侧有一腔上囊(又称法氏囊)。临床检查应注意观察消化系统的内脏是否出现水肿、出血、坏死、肿瘤等。

(2)病理状态下消化系统的异常变化:

①腺胃肿胀,浆膜外出现水肿变性,肿胀像乒乓球样 临床多见于腺胃型传染性支气管炎、马立克氏病。

②腺胃变薄,严重时形成溃疡或穿孔,腺胃乳头变平,严重时形成蜂窝状 临床多见于坏死性肠炎、热应激。

③腺胃乳头出血 临床多见于新城疫、禽流感、药物中毒。

④腺胃黏膜和乳头出现广泛性出血 临床多见于卡氏白细胞原虫病、药物中毒或肉仔鸡严重大肠杆菌病。

⑤腺胃与肌胃交接处出血 临床多见于新城疫、禽流感、法氏囊病和药物中毒。

⑥腺胃与肌胃交接处出现腐蚀、糜烂 临床多见于药物中毒、霉菌感染。

⑦腺胃与肌胃交接处形成铁锈色 临床多见于药物中毒、肉仔鸡强度新城疫感染或低血糖综合征。

⑧腺胃与肌胃交接处角质层出现水肿、变性 临床多见于药物中毒。

⑨腺胃与食道交接处出现出血 临床多见于传染性支气管炎、新城疫、禽流感。

⑩食道出现出血 临床多见于药物中毒、禽流感或鸭瘟。

⑪食道出现坏死 临床多见于鸭瘟。

⑫食道形成一层白色假膜 临床多见于念珠菌感染、毛滴虫病。

⑬肌胃变软、无力 临床多见于霉菌感染、药物中毒。

⑭肌胃角质层糜烂 临床多见于药物中毒、霉菌感染。

⑮肌胃角质层下出血　临床多见于新城疫、禽流感、霉菌感染或药物中毒。

⑯小肠肿胀,浆膜外有点状出血或白色点　临床多见于小肠球虫病。

⑰小肠壁增厚,有白色条状坏死,严重时在小肠形成假膜　临床多见于堆氏球虫病或坏死性肠炎。

⑱小肠出现片状出血　临床多见于禽流感、药物中毒。

⑲小肠出现黏膜脱落　临床多见于坏死性肠炎、热应激或禽流感。

⑳十二指肠腺体、盲肠扁桃体、淋巴滤泡出现肿胀、出血,严重时形成纽扣样坏死　临床多见于新城疫。

㉑小鹅小肠变粗、增厚、形成肠芯　多见于小鹅瘟或病毒性肠炎。

㉒肠壁形成米粒样大小结节　多见于慢性沙门氏菌、大肠杆菌引起的肉芽肿,以直肠最明显。

㉓盲肠内积红色血液,盲肠壁增厚、出血,盲肠体积增大　临床多见于盲肠球虫病。

㉔盲肠内积有黄色干酪物,呈同心圆状　临床多见于盲肠肝炎、慢性沙门氏菌感染。

㉕鸭直肠形成出血、坏死　多见于鸭瘟。

㉖胰脏出现肿胀、出血、坏死　临床多见于禽霍乱、沙门氏菌、大肠杆菌感染或禽流感。

㉗肠道形成肿瘤　多见于马立克氏病。

(3)肝脏　正常情况下,鸡肝脏颜色为深红色,两侧对称,边缘较锐,在右侧肝脏腹面有大小适中的胆囊。刚出壳的小鸡,肝脏颜色呈黄色,采食后,颜色逐渐加深;水禽左右肝脏不对称。在观察肝脏病变时,应注意肝脏颜色变化,被膜情况,是否肿胀、出血、坏死,是否有肿瘤。

病理状态下肝脏的异常变化:

①肝脏肿大、淤血,肝脏被膜下有针尖大小的坏死灶　临床多见于禽霍乱。

②肝脏肿大,在被膜下有大小不一的坏死灶　临床多见于鸡白痢等。

③肝脏肿大,呈铜锈色,有大小不一的坏死灶　临床多见于伤寒。

④肝脏土黄色　临床多见于小鸡法氏囊感染、青年鸡磺胺类中毒、产蛋鸡脂肪肝和弧菌肝炎。

⑤肝脏上有榆钱样坏死,边缘有出血　临床多见于盲肠肝炎。

⑥肝脏有星状坏死　临床多见于弧菌肝炎。

⑦肝脏肿大,出现出血和坏死相间,切面呈琥珀色　临床多见于包涵体肝炎。

⑧肝脏肿大至耻骨前沿　临床多见于淋巴白血病。

⑨肝脏形成黄豆粒大小的肿瘤　临床多见于马立克氏病、淋巴白血病。

⑩肝脏出现萎缩、硬化　临床多见于肉鸡腹水症后期。

⑪肝脏被膜上有黄色纤维素渗出物　临床多见于鸡的大肠杆菌病、鸭的传染性浆膜炎。

⑫肝脏被膜上有白色尿酸盐沉积　临床多见于痛风和肾传染性支气管炎。

⑬肝脏被膜上有一层白色胶样渗出物　临床多见于衣原体感染。

(五)呼吸系统

(1)禽的呼吸系统由鼻、咽、喉、气管、支气管、肺和气囊等器官构成。鸣管是禽类的发音器官,由几枚气管和支气管环以及一枚特殊的鸣骨作支架,鸣骨位于气管分叉顶部,将鸣腔一分为二。在支架上,具有两对弹性薄膜,叫内、外鸣膜,形成一狭缝,当禽类呼气时,空气振动鸣膜

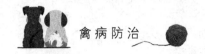

而发音。公鸭的鸣管形成一个膨大的骨质鸣泡,无鸣膜,发声嘶哑。

(2)病理状态下呼吸系统的异常变化:

①肺部成樱桃红色　临床多见于一氧化碳中毒。

②肺部出现肉变　肺表面或实质有肿块或肿瘤,成鸡多见于马立克氏病。

③肺部形成黄色的米粒大小的结节　临床多见于禽白痢、曲霉菌感染。

④肺部出现水肿　临床多见于肉鸡腹水症。

⑤肺部形成黄白色较硬的豆腐渣样物　临床多见于禽结核、曲霉菌感染、马立克氏病。

⑥肺部出现霉菌斑和出血　临床多见于霉菌感染。

⑦支气管内积有大量的干酪物或黏液　临床多见于育雏前七天湿度过低、传染性支气管炎。

⑧支气管上端出血　临床多见于传染性支气管炎、新城疫、禽流感等。

⑨鼻黏膜出血,鼻腔内积大量的黏液　临床多见于传染性鼻炎、支原体病、鸭瘟等。

⑩喉头出现水肿　临床多见于传染性喉气管炎、新城疫、禽流感。

⑪气管内形成痘斑　多见于黏膜型鸡痘。

⑫气管内形成血样黏条　多见于传染性喉气管炎。

⑬喉头形成黄色的栓塞　多见于传染性喉气管炎或黏膜型鸡痘。

(3)气囊　气囊是禽类呼吸系统的特有器官,是极薄的膜性囊,气囊共9个,其中8个成对,只有1个不对称,即成对的颈气囊、前胸气囊、后胸气囊、腹气囊和单个的锁骨间气囊。气囊与支气管相通,可作为空气的贮存器,有加强气体交换的功能。观察气囊时注意气囊壁厚薄,有无结节、干酪物、霉菌菌斑等。

病理状态下气囊的异常变化:

①气囊壁增厚　临床多见于大肠杆菌、支原体、霉菌感染。

②气囊上有黄色干酪物　临床多见于支原体、大肠杆菌感染。

③气囊形成小泡,在腹气囊中形成许多泡沫　临床多见于支原体感染。

④气囊形成霉菌斑　临床多见于霉菌感染。

⑤气囊形成黄白色车轮状硬干酪物　临床多见于霉菌感染。

⑥气囊形成小米粒大小结节　临床多见于小鸡曲霉菌感染或卡氏白细胞原虫病。

(六)心脏

(1)鸡的心脏较大,约为体重的4%~8%,呈圆锥形,位于胸腔的后下方,夹于肝脏的两叶之间。心脏的壁是由心内膜、心肌和心外膜构成。心脏的瓣膜是由双层的心内膜褶和结缔组织构成的。心脏的外面包裹的一层囊状薄膜叫心包。在正常情况下,心包内含少量心包液,呈湿润状态,有减少心动摩擦的作用。但在病态情况下,心包常积有较多的液体,其含量多少因病而异。正常和营养状况良好的鸡只,心脏的冠状沟和纵沟上有较多的脂肪组织。观察心脏的形态、脂肪及心内外膜、心包、心肌情况有诊断意义。

(2)病理状态下心脏的异常变化:

①冠脂出血　多见于禽霍乱或禽流感。

②心脏上形成米粒样大小结节　临床多见于慢性沙门氏菌、大肠杆菌病或卡氏白细胞原虫病。

③心肌出现肿瘤　多见于马立克氏病。

④心包内形成黄色纤维素性渗出物　多见于大肠杆菌病。

⑤心包内积有大量白色尿酸盐　临床多见于痛风、肾型传染性支气管炎、磺胺类药物中毒等。

⑥心包积有大量黄色液体　临床多见于一氧化碳中毒、肉鸡腹水症、肺炎及心力衰竭。

⑦心脏代偿性肥大,心肌无力　多见于肉鸡的腹水症。

⑧心脏出现条状变性,心内、外膜出血　多见于禽流感、心肌炎、维生素E缺乏等。

⑨心脏瓣膜形成圆球状　临床多见于风湿性心脏病、心肌炎等。

子任务四　禽病的实验室诊断技术

实验室诊断一般包括禽病的组织病理学、微生物学(包括细菌学、病毒学和血清学)、寄生虫学、生理生化学的实验诊断。在家禽疾病临床诊断中,一般通过病历调查、临床检查和病理解剖对大多数家禽疾病做出初步诊断。但当疾病缺乏临床特征而又需要做出正确诊断时,必须借助实验室手段以准确诊断各类禽病。

一、微生物学诊断

(一)采集病料

为了获得准确的微生物学诊断结果,首先必须正确地采集病料。只能从濒死或死亡几小时内的家禽中采集病料,以使病料新鲜;应按无菌操作的要求进行,用具应严格消毒;可根据对临床初步诊断所怀疑的若干种疾病做确诊或鉴别诊断时应检查的项目来确定采集病料的种类。较易采集的病料是血液、肝、脾、肺、肾、脑、腹水、心包液、关节滑液等。

(二)涂片镜检

少数的传染病,如曲霉菌病等,可通过采集病料直接涂片镜检而做出确诊。

(三)病原的分离培养与鉴定

可用人工培养的方法将病原从病料中分离出来,细菌、真菌、霉形体和病毒需要用不同的方法分离培养,如使用普通培养基、特殊培养基、细胞、禽胚和敏感动物等。对已分离出来的病原,还需要做形态学、理化特性、毒力和免疫学等方面的鉴定,以确定致病病原物的种属和血清型等。

(四)动物接种试验

一些有明显临床症状或病理变化的禽病,可将病料做适当处理后接种敏感的同种动物或对可疑疾病最为敏感的动物。将接种后出现的症状、死亡率和病理变化与原来的疾病做比较,作为诊断的论据,必要时可从病死家禽中采集病料,再做涂片镜检和分离鉴定。较常使用的实验动物是鸡、鹅、鸭、家兔、小鼠等。

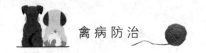

二、血清学检验

血清学检验方法很多,下面介绍一些常用的方法。

(一)凝集试验

(1)直接凝集试验　凝集反应即细菌、红细胞等颗粒性抗原与相应的抗体在电解质参与下,相互凝集形成团块的现象。参与反应的抗体称为凝集素,抗原称凝集原。常有平板法、试管法、玻片法及微量凝集法等。

(2)间接凝集试验　即将颗粒性抗原(或抗体)吸附于与免疫无关的小颗粒(载体)的表面,此吸附抗原(或抗体)的载体颗粒与相应的抗原(或抗体)结合,在有电解质存在的适宜条件下发生凝集现象。间接凝集试验亦称被动凝集试验,常用的载体有动物的红细胞、聚苯乙烯乳胶、活性炭等,吸附抗原(或抗体)后的颗粒称为致敏颗粒。

现将最常用的间接血凝试验介绍如下:最常用的间接血凝试验是以红细胞为载体,将抗原(或抗体)吸附在红细胞表面,用来检测微量的抗原(或抗体),吸附有抗原(或抗体)的红细胞也称致敏红细胞。间接血凝试验目前多采用微量法,可选用 U 型或 V 型微量反应板,将待检血清在血凝板试验用的反应板上用稀释棒或定量移液管做倍比稀释,再加等量致敏红细胞悬液,振荡混匀后,置于一定温度数小时,或于 25～30 ℃放置过夜,观察凝集程度,以出现 50%凝集的血清最大稀释度为该血清的血凝价。

(二)血凝和血凝抑制试验

有许多病毒能够凝集某些动物和人的红细胞,故可以此来推测待测材料中有无该病毒的存在。而有的能凝集细胞的病毒,其凝集性可为相应的抗体所抑制,这种抑制具有特异性,故病毒的细胞凝集抑制试验,可应用标准病毒悬液来检查被检血清中的相应抗体,或应用特异性抗体鉴定新分离的病毒。由于只是一些病毒有血凝性,血凝或血凝抑制试验只能用于那些有血凝性质的病毒,如鸡新城疫病毒。

(三)沉淀试验

可溶性抗原与相应抗体结合,在有电解质存在时可形成肉眼可见的白色沉淀线(或物),该过程称为沉淀反应。参与沉淀反应的抗原称为沉淀原,抗体称为沉淀素。沉淀反应可分为固相和液相。液相沉淀反应中以环状沉淀反应为多见;固相沉淀反应中主要有琼脂扩散试验、对流免疫电泳试验。以下介绍在禽病中常用的琼脂扩散试验方法。

琼脂扩散简称"琼扩",琼脂扩散反应,即将抗原和抗体在含有电解质的琼脂凝胶中扩散相遇,引起抗原、抗体结合形成肉眼可见的沉淀线的现象。琼脂为一种含硫酸基的多糖体,高温时能溶于水,冷后凝固形成凝胶。该凝胶呈多孔结构,孔内充满水分,其孔径大小取决于琼脂浓度,如 1%的琼脂凝胶的孔径为 85 μm,因此允许各种抗原或抗体在琼脂凝胶中自由扩散。当按一定比例加入的抗原和抗体相遇时,就会形成一条明显的沉淀线,而且一对抗原和抗体只能形成一条沉淀线,故该法常用来鉴定抗原、抗体及其效价。该方法常用于传染性法氏囊病、减蛋综合征(EDS-76)、禽脑脊髓炎、鸡白痢的检查。

(四)红细胞吸附和红细胞吸附抑制试验

某些病毒,如鸡痘病毒,正、副黏病毒等,在培养的细胞内增殖后,可使培养的细胞吸附某些动物的红细胞,而且只有感染细胞的表面吸附红细胞,未感染的细胞不吸附红细胞,因此可以作为这种病毒增殖的衡量指数。红细胞吸附现象也可被特异抗血清所抑制,故可作为病毒的鉴定方法,尤其对一些不产生细胞病理变化的病毒,不失为一种快速有效的鉴定方法。

(五)补体结合试验

可溶性抗原,如蛋白质、多糖、类脂、病毒等,与相应抗体结合后,其抗原抗体复合物可结合补体(是球蛋白,主要是 γ 球蛋白),但这一反应肉眼无法观察到。而通过加入溶血系统作为指示系统,包括绵羊红细胞、溶血素和补体,通过观察是否出现溶血来判断反应系统是否存在相应的抗原抗体,该过程称补体结合试验。参与补体结合的抗体称补体结合抗体。注意在预备试验及正式试验中,均需已知的强阳性血清、弱阳性血清和阴性血清供滴定补体、滴定抗原或做对照用。

(六)病毒中和试验

中和试验在家禽病毒病的诊断工作中,常用于用已知病毒来检查未知血清,也可用已知血清来鉴定未知病毒,还可用于中和抗体的效价测定。其原理:病毒(抗原)与相应的抗体中和以后,可知病毒丧失感染力。该反应具有高度的种、型特异性,而且一定量的病毒必须有相应量的中和抗体才能被中和。

(七)免疫标记技术

利用某些能够通过某种理化因素易于检测的物质标记抗体,这些被标记的抗体与相应的抗原相结合,通过对标记物的测定,确定抗原的存在部分和定量。该技术目前广泛应用的主要有:免疫荧光技术、同位素标记技术和免疫酶标技术(包括 ELISA)等。

三、寄生虫学诊断

一些家禽寄生虫病的临床症状和病理变化是比较明显和典型的,有初诊的意义。但大多数禽寄生虫病缺乏典型的特征,往往需要从粪便、血液、皮肤、羽毛、气管内容物等被检材料中发现虫卵、幼虫、原虫或成虫之后才确诊。

【思与练】

一、填空题

1. 禽病的临床检查主要有_____和_____两个方面。

2. 当禽只缺乏运动、饮水不足,或喂单一干料时,常发生硬嗉,按压嗉囊呈_____。

3. 胸部主要通过_____来检查。

4. 成禽卵巢呈葡萄状,有发育程度不同、大小不一的_____。

5. 禽类的直肠很短,_____是消化、泌尿和生殖 3 个系统的共同出口。

二、判断题

1. 流行病学诊断是通过询问和调查,获得对诊断有帮助的第一手资料,为做出正确诊断提供依据。(　　)

2. 正常状态下,家禽对外界刺激比较敏感,听觉敏锐,两眼圆睁有神。(　　)

3. 家禽粪便呈鲜红色血液流出,临床多见于盲肠球虫病或啄伤。(　　)

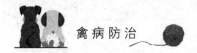

4.凡伴有鼻液的呼吸道疾病一般可发生不同程度的眶下窦炎,表现为眶下窦肿胀。（　　　　）

5.气囊与支气管相通,作为空气的贮存器,有加强气体交换的功能。（　　　　）

三、简答题

1.禽病微生物学诊断的内容有哪些?

2.禽病血清学检查中直接凝集试验的原理与方法有哪些?

3.血凝和血凝抑制试验的原理是什么?

任务三

禽病的药物治疗

【知识目标】

　　了解禽场用药的基本原则与方法。

　　掌握家禽的常用给药方法。

【能力目标】

　　能够准确进行禽病的合理用药技术操作。

　　能够熟练进行家禽的群体给药技术操作。

　　能够熟练进行家禽的个体给药技术操作。

【素质目标】

　　培养严谨的科学态度和良好的职业道德。

　　培养合理用药、降低残留的职业素养。

　　培养好学敬业和吃苦耐劳的精神。

【相关知识】

子任务一　禽场用药原则

一、禽场合理用药原则

　　合理地应用各类药物是发挥药物疗效的重要前提。不合理地应用或滥用往往会引起种种不良后果：一方面，可能使敏感病原体对药物产生耐药性；另一方面，可能对机体引起不良反应，甚至引起中毒，而且可能使药物疗效降低或抵消。故在使用药物时应把握以下原则：

　　(1)预防为主、治疗为辅的原则　某些养殖者对畜禽疾病，特别是传染病方面的认识不足，出现只重治疗、不重预防的现象，这是十分错误的。有的畜禽传染病只能早期预防，不能治疗，如病毒性传染病。对这类传染病应做到有计划、有目的适时地使用疫苗进行预防，平时注重消毒和防疫，生病时根据实际情况及时采取隔离、扑杀等措施，以防疫情扩散。

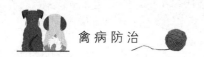
(2)对症下药的原则　不同的疾病用药不同;同一种疾病也不能长期使用一种药物治疗,因为长期使用同一种药物,病菌容易产生耐药性。如果条件允许,最好是对分离的病菌做药敏试验,然后有针对性地选择药物,达到"药半功倍"的效果,杜绝滥用兽药和无病用药现象。

(3)适度剂量的原则　防治畜禽疫病,如果剂量用过小,达不到预防或治疗效果,而且容易导致耐药性菌株的产生;剂量用过大,既造成浪费、增加成本,又会产生药物残留和中毒等不良反应。所以掌握适度的剂量,对确保防治效果和提高养殖经济效益十分重要。

(4)合理疗程的原则　对常规畜禽疾病来说,一个疗程一般为 3～5 d。如果用药时间过短,起不到彻底杀灭病菌的作用,甚至可能会给再次治疗带来困难;如果用药时间过长,可能会造成药物浪费和残留现象。所以,在防治畜禽疾病时,要把握合理疗程。

(5)正确给药途径的原则　对于禽类,由于数量大,一般情况下能口服的药物最好随饲料给药而不作肌内注射,不仅方便、省工,而且还可减少因大面积抓捕带来的一些应激反应。而对于猪、牛等大家畜,采用肌内或静脉注射给药,方便、可靠、快捷;肌内注射又比静脉注射省时、省力,能肌内注射的不做静脉注射。在给药过程中,按照规定,根据不同药物停药期的要求,在畜禽出栏或屠宰前及时停药,避免残留药物污染食品。

(6)合理联合应用,注意配伍禁忌的原则　两种以上药物在同一时间内同时应用,有时可以不互相影响,但是在很多情况下则不然。有些药物联合应用,可通过协同作用增加疗效;而有些联合应用,不仅不能提高疗效,反而由于拮抗作用而降低疗效,甚至产生意外的毒性反应。这种配伍变化属于禁忌,必须避免。药物的配伍禁忌可分为药理的(药理作用互相抵消或使毒性增加)、化学的(呈现沉淀、产气、变色、燃爆及肉眼可见的水解等化学变化)和物理的(潮解、液化或从溶液中析出结晶等物理变化)。

(7)正确使用有效期内药物的原则　在购买或使用药品时,要注意有无批准文号和批号,是否属于正规厂家生产的产品,谨防假冒;要检查药物是否在有效期内,即使在有效期内,还要注意药物的保存是否符合条件及药物有否结块等异常情况。如没有按要求保存或出现异常情况,这些药物最好不要应用,或者通过药物检验机构检验合格再使用。

(8)经济效益为首的原则　在用药前要对畜禽的病情有充分的了解,要准确判断疾病的发生、发展和转归,在此基础上制订合理的治疗方案,方案中不但要考虑用什么药、给药途径、疗程等内容,还应考虑用药费用、器材和人工的费用,以及治疗之后畜禽的利用价值。如病情严重,无治愈的可能或治疗之后无利用价值,可不必再去治疗,考虑尽早淘汰。

二、家禽对药物的反应性

(一)家禽反应敏感的药物

家禽的特殊生物学特性和生理特点,决定了其对药物特有的反应特性。

(1)家禽对有机磷类特别敏感　有机磷类药物如敌百虫等,一般不能作为驱虫药内服。即使外用杀虫,也必须严格控制剂量,以防中毒发生。

(2)家禽对食盐反应较为敏感　如雏鸡饮水中食盐超过 0.7%,产蛋鸡饮水中超过 1%,饲料中超过 3%,都会引起中毒症状。

(3)家禽对某些磺胺类药物反应比较敏感　雏鸡容易出现不良反应,产蛋鸡容易引起产蛋量下降。

(4)家禽对链霉素反应也比较敏感　用药时应慎重,不宜剂量过大或用药时间过长。

(二)药物的治疗作用和不良反应

治疗药物对家禽的作用,从疗效上看可归纳为两类:一类是符合用药目的,能达到防治效果的作用,称治疗作用;另一类是不符合用药目的,对家禽产生有害的作用,称不良反应。另外,也经常存在无病用药的情况,这里重点讲治疗作用和不良反应。

(1)治疗作用 可分为两种:能消除发病原因的叫对因治疗,也叫治本,如抗生素杀灭体内的病原微生物、解毒药促进体内毒物的消除等;仅能改善疾病症状的叫对症治疗,也叫治标,如解热药退烧、止咳药减轻咳嗽症状等。

(2)不良反应 在发挥预防或治疗作用过程中也可带来不良反应。常见的不良反应有以下几种:

①副作用 在用药过程中,使用正常剂量时所出现的与治疗目的无关的作用即副作用,如长时间应用抗菌药物时引起的B族维生素缺乏等。副作用一般危害不大,在用药过程中可以通过掌握用药剂量、用药时间或补充有关药物而使之减少。

②毒性作用 毒性作用是指由于药物用量过大或用药时间过长而使机体发生的严重功能紊乱或病理变化。毒性作用主要表现在对中枢神经、血液、呼吸、循环系统以及肝、肾功能等造成损害。例如,庆大霉素、链霉素用量过大或较长时间用药,可引起肾脏毒性反应。但药物的毒性作用通常是可以预料的,只要按规定的剂量及疗程用药,一般就可以避免。

③过敏反应 过敏反应是指某些个体对某种药物的敏感性比一般个体高,当药物进入机体后,由于个体应答作用异常,可发生与剂量无关的反应。有些过敏反应是遗传因素引起的,称为特异质;有些过敏反应则是由变态反应引起的,如青霉素引起的过敏性休克。过敏反应只发生在少数个体,而且这种反应即使用药剂量很小,也可以发生。

由此可知,在给家禽用药时,要注意药物的不良反应,以便及时采取措施减少由此造成的损失。

子任务二 禽场用药方法

家禽临床药物使用,常根据不同的目的,使用不同的途径与方法。由于家禽是群体性饲养为主,在临床上用于预防与治疗的药物都是群体性的,即把药物混入饲料或投入饮水中。个体性的直接口服或注射,由于需要逐羽抓捕,费时费力,一般非紧急情况下很少使用。有时为了预防某些蛋媒性疾病或特殊需要,在孵化前可以把药液直接注入蛋内或将蛋用药浸泡。家禽临床药物使用的各种具体方法如下。

一、家禽群体给药方法

(一)添加于饲料

这是禽病预防与治疗最常用的投药方法之一,它用于群体性药物预防与治疗。凡不溶于水或难溶于水,加入饮水后适口性差的药物以及用作促生长的药物都可添加于饲料中。该方法用药时间较长,几周甚至几个月的长期用药都适用。一般预防与促进生长的药物的用药时间都比较长,都需连续不断地投药,因此,最简便的投药方法是把药物直接混于饲料。

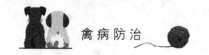

在应用混料给药时,应注意以下几个问题:

(1)准确掌握混料浓度 进行混料给药时,应按照拌料给药浓度,准确、认真地计算所用药物的剂量。若按家禽体重给药,应严格按照家禽体重计算总体重,再按照要求把药物拌进饲料内。药物的用量要准确称量,切不可估计大约,以免造成药量过小起不到作用,过大引起中毒等不良反应。

(2)确保用药混合均匀 为了使所有家禽都能吃到大致相等的药物,必须把药物和饲料混合均匀。先把药物和少量饲料混匀,然后将它加入大批饲料中,继续混合均匀。加入饲料中的药量越小,越是要注意先用少量饲料混匀,因为直接将药加入大批饲料中是很难混匀的。对于容易引起药物中毒或副作用大的药物(如磺胺类)尤其要混合均匀。切忌把全部药物一次加入所需饲料中简单混合,以免造成部分家禽药物中毒而部分吃不到药,达不到防治目的。

(3)用药后密切注意有无不良反应 有些药物混入饲料后,可与饲料中的某些成分发生拮抗反应,这时应密切注意不良反应。如饲料中长期混合磺胺类药物,就易引起 B 族维生素和维生素 K 的缺乏,这时应适当补充这些维生素。另外,还要注意中毒等反应。

(二)投于饮水

药物投于饮水是禽病治疗性用药的常用投药方法,在临床上适用于群体性药物治疗、临时性短期预防用药、紧急治疗用药以及隔离病情的治疗等。家禽患病时,一般都不吃料,但它们仍需喝水,因此,在治疗疾病时,将药物投于饮水比添加于饲料效果要好。

药物投于饮水一般要求药物能溶于水,难溶于水或不溶于水的药物都不宜投入水中。有些溶解度较低的药物,如果其溶解度可以达到预防与治疗的浓度,则也可应用。特殊情况下,也可将难溶于水的药物研成极细的粉末加于水中,形成一定的悬浮液给药。但在禽只饮服过程中,经一定的间隔时间需搅拌饮水,以保证药物能被均匀地饮入。

药物溶于水时,也应由小量逐渐扩大。如长流水,一般不能直接把药物投入。投于饮水的药物,除了要求有很好的溶解性外,还应考虑肠道能否吸收。因为治疗全身性疾病时,药物需要达到一定的血液浓度,所以我们在用抗生素投于饮水治疗疾病时,必须考虑口服后在肠道内的可吸收性。例如,链霉素虽然易溶于水,但它不能被肠道吸收,所以它投于饮水中不能治疗全身性感染,而只能对肠道细菌感染起作用。很多抗生素在肠道中是不吸收的,有的只能吸收部分,有的可全部吸收。如在临床上四环素类药物吸收良好,青霉素类、大环内脂类药物可部分吸收,而氨基糖苷类药物则吸收极差。难于被肠道吸收的药物一般需用注射方法用药。

(三)气雾给药

将药物以气雾剂的形式喷出,使之分散成微粒,让家禽经呼吸道吸入而在呼吸道发挥局部作用,或使药物经肺泡吸收进入血液而发挥全身治疗作用。若喷雾喷于皮肤或黏膜表面,则可发挥保护创面、消毒、局麻、止血等局部作用。本法也可供室内空气消毒和杀虫之用。气雾吸入要求药物对家禽呼吸道无刺激性,且药物应能溶解于呼吸道的分泌液中,否则会引起呼吸道炎症。

二、家禽个体给药方法

(1)口服投药 这是直接把药物投入病禽口腔的食道上端,或用橡皮导管插入食道,然后连接注射器,把药液直接投入嗉囊。口服投药适合于内寄生虫驱虫投药,对小群的种鸡群或对隔离病禽等的个体治疗。

口服投药的优点是用药剂量准确,可逐羽投药,因而治疗效果确切,但费时费力。在灌服药物时,如果把药液倾注于口腔内或用橡皮导管插入喉头部,常会引起病禽窒息,所以在灌药时必须谨慎操作。

(2)体内注射　体内注射主要是肌内和皮下注射,其他的注射方法除特殊情况一般极少采用。体内注射适合于一些急性败血性疾病的紧急治疗,对小群种鸡群或隔离病禽的个体治疗以及药物经口服不易在肠道内吸收或不吸收时的用药。

药物直接注入体内,可以使药物迅速达到一定的血液浓度,这可以大大提高对有些全身性急性传染病的疗效。但一般抗生素在血液中维持有效浓度的时间较短,约 6 h,因此,体内注射每天至少注射两次,才能维持血液的有效浓度。这给治疗带来麻烦与困难,因此,注射对大群治疗,只适用于紧急治疗的第 1～2 天进行,以后需把药物投于饮水和饲料。用药量按每羽体重来计算。

(3)体表用药　主要是使用各种杀虫剂以控制虱、螨、蝗等外寄生虫,但也包括一般癣病和外伤性处理等的用药。

三、种蛋给药

(1)蛋内注射　是把有效的药液直接注入种蛋内,以消灭有些可以通过蛋传播的病原微生物,如鸡败血霉形体、滑液霉形体等。

(2)药物浸泡、熏蒸与洗涤种蛋　种蛋药物浸泡用于控制一些蛋媒性疾病,其方法是选用对所需控制的病原有效的抗生素,配成一定的有效浓度,把蛋浸泡于药液中。为了使药液能很好地渗入蛋中,一般用真空和变温的方法使药液进入蛋内。真空法是用抽气机把容器内的空气抽走,造成负压,并保持 5 min,然后恢复常压,把蛋取出晾干即可孵化。变温法是把蛋放入孵化箱内,使蛋温升至 37～38℃,保持 3～6 h,然后趁热浸入 4～15℃的药液中,保持 15 min,利用种蛋与药液之间的温差造成负压,使药液进入蛋内。

种蛋药物熏蒸可用各种空气剂,最好的是甲醛。熏蒸应在密闭条件下进行,最好装有鼓风机装置,以便甲醛产生的气体能均匀地到达各个角落。熏蒸后可用甲醛相等量 16%～18% 氨水进行吸收,也可打开门窗进行通风换气。

种蛋洗涤要用消毒药液或抗菌素溶液,目的是消除蛋壳上大量污染的细菌,有利于防止病原微生物穿透入种蛋内。种蛋熏蒸前最好先进行药物洗涤。

【思与练】

一、填空题

1.治疗药物对家禽的作用,从疗效上看可归纳为两类:一类是符合用药目的,能达到防治效果的作用,称_____;另一类是不符合用药目的,对家禽产生有害的作用,称_____。

2.药物常见的不良反应有:_____、_____、_____。

3.家禽的群体给药方法主要有:_____、_____、_____。

4.家禽个体给药方法主要有:_____、_____、_____。

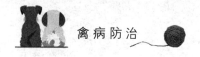

二、判断题

1.禽病毒性传染病只能早期预防,不能治疗。（　　）

2.家禽对有机磷类特别敏感。（　　）

3.气雾吸入要求药物对家禽呼吸道无刺激性。（　　）

4.家禽的体内注射主要是肌内和翅下注射。（　　）

三、简答题

1.禽场合理用药的基本原则是什么？

2.药物浸泡种蛋的操作方法是什么？

项目二
常见禽病防治

任务一

家禽常见病毒病

【知识目标】

了解家禽常见病毒病的病原特性。

掌握家禽常见病毒病的流行病学特点。

掌握家禽常见病毒病的特征症状与病理变化。

掌握家禽常见病毒病的防制措施。

【能力目标】

能够正确进行家禽常见病毒病的流行病学调查。

能够熟练进行家禽常见病毒病的临床诊断、鉴别诊断和病理学诊断。

能够熟练进行家禽常见病毒病的预防控制操作。

【素质目标】

培养严谨的科学态度和良好的职业道德。

培养爱护动物、注重动物福利的职业素养。

培养好学敬业和吃苦耐劳的精神。

【相关知识】

子任务一 禽 流 感

禽流感是由 A 型流感病毒引起的以禽类为主的一种急性败血性、高度接触性传染病。临床上可表现为低致死率的呼吸道感染型和高致死率的急性出血性感染型,以发病突然、头面部水肿、轻重不一的呼吸道症状、产蛋率严重下降及全身败血性病变为特征。由于野禽作为流感病毒天然贮毒库的作用,以及已证实流感病毒可以由家禽直接感染人,引起人类的发病和死亡,该病具有重要的公共卫生学意义。

【病原】

(1)病原属性 禽流感病毒属于正黏病毒科流感病毒属的 A 型流感病毒。病毒呈球形、

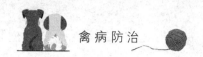

杆状或长丝状,表面有两种纤突:血凝素(HA)和神经氨酸酶(NA)。

(2)病原特性 禽流感病毒具有血凝性,在4～20℃可凝集人、猴、豚鼠、犬、貂、大鼠、蛙、鸡和禽类的红细胞,这是病毒的HA蛋白与红细胞表面的糖蛋白受体相结合的结果,但这种凝集可由病毒的NA蛋白对红细胞受体的破坏而解除。由于不同禽流感病毒的HA和NA有不同的抗原性,目前已发现有16种特异的HA和9种特异的NA,分别命名为H_1～H_{16},N_1～N_9,不同的HA和不同的NA之间可形成多种亚型的禽流感病毒。根据A型流感各亚型毒株对禽类的致病力的不同,禽流感病毒分为高致病性病毒株、低致病性病毒株和无致病性毒株。

(3)病原抵抗力 禽流感病毒加热56℃ 30 min或60℃ 10 min失去毒力,70℃几分钟内死亡;直射阳光下40～48 h即失去活性;0.1%高锰酸钾、75%酒精作用5 min可灭活;常用消毒药如福尔马林、氧化剂、漂白粉、碘酊、重金属离子等都能迅速破坏其传染性。

【流行病学】

(1)易感性 鸡、鸭、鹅、火鸡、鹌鹑、鸽子、鸵鸟、孔雀等多种禽类均易感,人、野生哺乳动物、家畜等也可感染。

(2)传染源与传播途径 病禽和带病毒禽是主要传染源。健康禽主要通过接触感染禽的分泌物和排泄物,污染的饲料、水、垫草、种蛋、鸡胚和精液等媒介,经呼吸道、消化道、眼结膜感染。本病也可经气源性媒介传播。候鸟迁徙是传播本病的主要原因。

(3)流行规律 该病常突然发生,在短时间内波及全群,且可迅速流行。中等毒力禽流感病毒感染,其死亡率一般较低(0.1%～10%),有的甚至不发生死亡,个别情况下死亡率可达30%以上,幼年鸡死亡率高于成年鸡;高致病性禽流感病毒感染,死亡率高达70%～100%。地方性流行,也可引起大范围的几个县、省甚至全国、全世界性的流行。禽流感一年四季均可发生,但多暴发于冬、春季节,尤其是秋冬、冬春之交,气候变化大的时期。夏季发病较少,多呈零星发生,发病鸡群的症状也较轻。

【症状】

潜伏期3～5 d,有时只有几小时。

1.最急性

病例可在感染后10多个小时内死亡。

2.急性型

(1)病鸡体温升高,精神沉郁,呆立不动,采食量明显下降,甚至废绝,饮水也明显减少。

(2)病鸡头部肿胀,冠和肉髯发黑,眼分泌物增多,眼结膜潮红、水肿,羽毛蓬松无光泽。

(3)下痢,粪便黄绿色并带多量的黏液或血液。

(4)呼吸困难,呼吸啰音,张口呼吸,歪头。

(5)产蛋率急剧下降或几乎完全停止,蛋壳变薄、褪色,无壳蛋、畸形蛋增多,受精率和受精蛋的孵化率明显下降。

(6)鸡脚鳞片下呈紫红色或紫黑色。

(7)在发病后的5～7 d死亡率几乎达到100%,少数病程较长或耐过未死的病鸡出现神经症状,包括转圈、前冲、后退、颈部扭歪或后仰望天等。

3.产蛋鸡

(1)产蛋率下降,但下降程度不一。有些可以从90%的产蛋率在几天之内下降到10%以下,要经过 1 个多月才逐渐恢复到接近正常的水平;有些下降 10%～30%,1 周至半个月即回升到基本正常的水平。产蛋率受影响较严重的鸡群,蛋壳可能褪色、变薄。

(2)严重病例可见呼吸困难、张口呼吸、呼吸啰音、精神不振、下痢、采食量下降、死亡数增多。但如饲养管理条件良好并适当使用抗菌药物控制细菌感染,则不会造成重大的死亡损失。

4.无致病力毒株感染

一些无致病力的毒株感染野禽、水禽及家禽后,被感染禽无任何临床症状和病理变化,只有在检测抗体时才发现已感染,但它们可能不断地排毒。

【病理变化】

1.最急性

病死鸡常无眼观变化。

2.急性型

(1)死亡鸡可见头部和颜面浮肿,鸡冠、肉髯肿胀达 3 倍以上。

(2)皮下有黄色胶样浸润、出血,胸、腹部脂肪有紫红色出血斑,腿部肌肉出血。

(3)心包积水,心外膜有点状或条纹状坏死,心肌软化。

(4)腺胃乳头水肿、出血,肌胃角质层下出血,肌胃与腺胃交界处呈带状或环状出血。

(5)十二指肠、盲肠扁桃体、泄殖腔充血、出血,肝、脾、肾淤血肿大,白色小块坏死。

(6)胰腺有斑点状出血、变性、坏死。

(7)呼吸道有大量炎性分泌物或黄白色干酪样坏死灶;胸腺萎缩,有程度不同的点、斑状出血。

(8)法氏囊萎缩或水肿、充血、出血。

(9)母鸡卵泡充血、出血,卵黄液变稀薄;严重者卵泡破裂,形成卵黄性腹膜炎,腹腔中充满稀薄的卵黄。输卵管水肿、充血,内有浆液性、黏液性或干酪样物质。睾丸变性、坏死。

3.低致病力禽流感

常见的肉眼病理变化为喉气管充血、出血,在气管杈处有黄色干酪样物阻塞,气囊膜混浊,典型的纤维素性腹膜炎,输卵管黏膜充血、水肿,卵泡充血、出血、变形,肠黏膜充血或轻度出血,胰腺有斑状灰黄色坏死点。

【诊断】

据发病季节、发病率、易感动物、死亡率、症状、病变等可做出初步诊断,确诊需进行实验室诊断。可通过病毒分离鉴定、分子生物学鉴定、血清学试验(血凝抑制试验、琼脂扩散试验、中和试验、ELISA 试验等)确诊。

1.病毒的分离与初步鉴定

可选取病死禽的气管和支气管、心、肝、脾、胰、脑,以及直肠、泄殖腔和喉气管棉拭子等作为分离病毒的病料用。

将病料按 1∶5 比例加入生理盐水,制成匀浆,离心取上清液,加入庆大霉素、制霉菌素等抗菌药物灭菌或用过滤器除菌,经尿囊腔接种 SPF 鸡胚或非免疫鸡胚,每胚 0.2 mL。置 37 ℃温箱中培养,24 h 前死亡的鸡胚废弃,24 h 后死亡的鸡胚经冷冻后取尿囊液待检,对第 5 天尚未死亡的鸡胚,也做冷冻处理后收取尿囊液。收取的尿囊液,一部分做 HA 检测,另一部分做

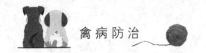

下一代鸡胚盲传,如连续盲传 2～3 代,HA 仍呈阴性,即可放弃。

2.病毒的进一步鉴定

(1)对已收获的鸡胚尿囊液,可检测对鸡红细胞的凝集效价,如 HA 呈阳性反应,则分别用禽流感抗血清、新城疫抗血清、减蛋综合征抗血清对被分离的病毒做 HI 检验。如被分离病毒的 HA 活性不能被新城疫抗血清、减蛋综合征抗血清所抑制,但能被禽流感阳性血清抑制,则证实分离的病毒为禽流感病毒。

(2)用琼脂扩散试验等对分离病毒做进一步鉴定。由于 A 型流感病毒有共同的核衣壳和基质抗原,可用被感染鸡胚的尿囊液或尿囊膜研磨匀浆,反复冻融后取上清液作为抗原,与已知 A 型流感抗血清做琼脂扩散试验,如为阳性,则进一步证实被分离病毒为 A 型流感病毒。然后,可分别用已知的抗 H_1～H_{16} 亚型血凝素的抗血清以及抗 N_1～N_9 亚型神经氨酸酶抗血清与已知病毒做微量抑制试验,以确定被分离病毒的 HA 与 NA 的亚型。

3.流感病毒致病性的鉴定

(1)将感染病毒的鸡胚尿囊液做 10∶1 稀释后,经静脉接种 8 只 4～8 周龄的敏感鸡,每只 0.2 mL。在接种后 10 d 内,死亡数量在 6 只或 6 只以上时,该病毒为高致病力禽流感病毒。

(2)被分离的病毒致死 1～5 只鸡,但不是重型 H_5 亚型或 H_7 亚型的病毒,则将病毒接种于细胞上,如病毒在缺乏胰蛋白酶时不能在细胞上生长,不能形成细胞病变,则该病毒为非高致病力禽流感病毒。

(3)被分离的病毒能致死 1～5 只鸡,而且是 H_5 亚型或 H_7 亚型,如果病毒能在缺乏胰蛋白酶的细胞上生长,或其血凝素多肽经氨基酸序列分析,与高致病力禽流感病毒的序列相似,则被分离的病毒也被认为是高致病力禽流感病毒。

除此之外,有些国家以静脉接种致病指数(IVPI)大于 1.2,或者仅以 H_5 亚型或 H_7 亚型病毒血凝素多肽氨基酸序列与高致病力禽流感病毒相似为标准,而将被分离病毒判为高致病力禽流感病毒。

【防制】

1.预防

严禁从有疫情的国家及地区进口家禽、鸟类;而来自非疫区的家禽、野禽、鸟类、种蛋、冻精及有关产品都要经过认真检疫;饲养场主张自繁自养,执行严格的防疫和消毒制度,应定期进行血清学检测;饲养、生产、经营场所必须符合动物防疫条件,取得动物防疫合格证;鸡和水禽禁止混养,养鸡场与水禽饲养场应相互间隔 3 km 以上,且不得共用同一水源;养禽场要有良好的防止禽鸟(包括水禽)进入饲养区的设施,并有健全的灭鼠设施和措施。

2.免疫预防

禽流感疫苗有病毒灭活苗、重组高痘病毒载体疫苗、DNA 疫苗等重组禽流感病毒灭活疫苗(H_5N_1 亚型,Re-1 株),用于预防 H_5 亚型禽流感病毒引起的鸡、鸭、鹅的禽流感。用法:颈部皮下或肌内注射,2～5 周龄鸡每羽 0.3 mL,鸭、鹅每羽 0.5 mL;5 周龄以上鸡每羽 0.5 mL,鸭每羽 1 mL,鹅每羽 1.5 mL。接种后 14 d 开始产生免疫力,鸡免疫期为 6 个月;鸭、鹅首免后 3 周,加强接种 1 次,免疫期为 4 个月。

3.检疫后处理

任何单位和个人发现患有本病或疑似本病的禽类,都应当立即向当地动物防疫监督机构报告。动物防疫监督机构接到疫情报告后,按农业农村部《动物疫情报告管理办法》和《全国高致病性禽流感应急预案》等有关规定执行。禽流感为人畜共患病,工作人员应严格做好个人卫生防护。

【思政园地】

新时代兽医人的无悔青春

中国农业大学刘金华教授以第一作者与第一通讯作者身份在 2005 年 8 月 19 日的世界著名杂志 Science(《科学》)第 309 期上发表了关于禽流感的研究论文。这是中国农业大学以第一作者单位在 Science 发表的第一篇研究论文,也是我国科学家在禽流感病毒研究领域取得的重要研究成果。这篇名为"Highly Pathogenic H_5N_1 Influenza Virus Infection in Migratory Birds"(《高致病性禽流感 H_5N_1 对候鸟的感染》)的论文,描述了 2005 年上半年在我国青海湖发生的候鸟感染 H_5N_1 高致病禽流感的情况。2005 年 5 月初,在我国青海湖发生了斑头雁、棕头鸥等迁徙鸟(候鸟)的成批死亡。刘金华教授和中国科学院、中国医学科学院等研究机构的专家组成的课题组在相关政府部门协同下,于 5 月 10 日前往发生地,对死亡候鸟进行了临床诊断。经对采集样品血清抗体检测、病毒分离、鉴定和组织病理学等研究,确诊了候鸟的发病与死亡是 H_5N_1 亚型禽流感病毒感染所致。课题组对病毒的特性进行了基因组序列的分析,发现血凝素裂解位点符合高致病性禽流感病毒的特征,以及病毒聚合酶蛋白基因的某一点的氨基酸发生了重要突变。课题组对分离毒株的全基因组进行序列分析,初步认为本次流行毒株可能由几种毒株的流感病毒重排而来,或该毒株在自然界中早已存在而科学家首次发现。研究结果还表明该 H_5N_1 亚型禽流感病毒的致病性与此前发生于家禽的禽流感病毒的致病性相比大大增强——这提醒人们要高度重视候鸟高致病性禽流感的危害以及其公共卫生学意义。迁徙鸟大面积禽流感的发生也预示禽流感不再是某个区域或国家的问题,而将是一个世界各国政府必须要共同关注的问题。

多年来,中国兽医始终以高度的事业心和责任感恪尽职守、迎难而上、勇于担当,用实际行动践行着对党、对疫控事业的忠诚与热爱,展现出新时代兽医人的使命和担当。兽医公共卫生工作就是要与人畜共患病做斗争,为提升人畜共患病预警及防控能力,积极推动强化我国兽医公共卫生体系预警能力,为应对突发、新发传染病做好充分准备。新时代兽医坚守平凡岗位、奋力与疫情赛跑,传承着一代代疫控人的奉献精神与助农益农的朴素情怀,书写着自己的无悔青春。

子任务二 新 城 疫

鸡新城疫俗称亚洲"鸡瘟",是由鸡新城疫病毒引起的鸡和火鸡的一种急性、高度接触性传染病。临床特征为呼吸困难、下痢和神经症状。病理特征是呼吸道黏膜出血,腺胃乳头出血,肠道黏膜有纤维素性坏死性病变。

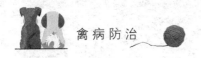

【病原】

(1)病原特性　新城疫病毒(NDV)属于副黏病毒科,腮腺炎病毒属,核酸类型为单股RNA。病毒粒子近圆形,有囊膜,囊膜外层有放射状排列的纤突,具有能刺激宿主产生血凝抑制素和病毒中和抗体的抗原成分。病毒可吸附于鸡、火鸡、鸭、鹅及人和豚鼠的红细胞表面,并使红细胞凝集(HA)。这种血凝现象能被血凝抑制抗体所抑制(HI),因此,常用HA和HI诊断本病和进行新城疫免疫监测。

(2)血清型　副黏病毒有9个血清型,PMV-1～PMV-9。新城疫病毒是PMV-1,而从火鸡和其他鸟类分离的病毒PMV-3与PMV-1有交叉反应。NDV分为以下几种类型:①嗜内脏速发型,引起各种年龄的鸡急性致死性感染,消化道出血明显;②嗜神经速发型,感染各种年龄的鸡,以神经症状为特征;③中发型,感染后仅引起幼禽死亡;④缓发型,表现为轻微或不明显的呼吸道感染,可作疫苗;⑤无症状型,主要为肠道感染。

(3)病毒培养　NDV能在鸡胚中增殖,于尿囊腔接种9～10日龄鸡胚,强毒株在30～60 h死亡,弱毒株3～6 d死亡。死亡的鸡胚以尿囊液含毒量最高。胚胎全身出血,以头部、足趾、翅膀出血最为明显。NDV可在多种细胞培养上增殖,并引起细胞病变,在单层细胞培养上能形成蚀斑,毒力越强,蚀斑越大。

(4)抵抗力　病毒存在于病鸡的所有组织器官、分泌物和排泄物中,以脑、脾和肺含毒量最高,以骨髓含病毒时间最长。病毒的抵抗力不强,容易被干燥、日光和腐败杀死。常用的消毒药物,如2%苛性钠溶液、3%石炭酸溶液、1%过氧乙酸等,都能将病毒杀死。但在低温条件下,病毒可存活很久,如组织和尿囊液中的病毒在0℃的环境中至少可存活1年以上,在掩埋尸体的土壤中能存活1个月。

【流行病学】

(1)易感性　鸡、火鸡、珠鸡、雉鸡及野鸭均可感染,其中以鸡最敏感。不同年龄的鸡易感性有一定差异,幼雏和中雏易感性最高,两年以上的鸡较低。鸭、鹅对本病有抵抗力,但近年来我国一些地区出现对鹅也有致病力的NDV。从燕八哥、麻雀、猫头鹰、孔雀、乌鸦、燕雀等也分离到病毒。鹌鹑和鸽可自然感染而暴发新城疫,并造成大批死亡。经常与病鸡或病毒接触的人也可能被感染,引起结膜炎或类似流感的症状。

(2)传染源与传播途径　病鸡和带毒鸡是本病的主要传染源,但带毒的人畜、鸟类、用具等可机械地传播。本病主要经呼吸道和消化道传播,也可通过交配、伤口和眼结膜感染。

(3)流行特点　在养鸡业密集的地区,一年四季均可发病,而且流行不断,这与带毒鸡群的存在、鸡只更替频繁、环境污染、有适于病毒存活及传播的环境条件有关。近年来对免疫鸡群中NDV强毒感染流行的流行病学研究表明,NDV一旦在鸡群建立感染,通过疫苗免疫的方法无法将其从中清除,而在鸡群内长期维持,当鸡群免疫力下降时,就可能出现症状。

【症状】

潜伏期3～5 d。

1.急性型

(1)体温升高到43～44℃,食欲减退或废绝,有渴感,精神沉郁,不愿走动,低头缩颈,翅尾下垂,闭目昏睡,鸡冠、肉髯发绀,母鸡停产或产软壳蛋。

(2)口鼻有大量黏液,咳嗽,抬头伸颈张口呼吸,常发出"咯咯"声。

(3)嗉囊充满液体内容物,倒提时有大量酸臭液体流出。

(4)排黄绿色稀便,后期为蛋清样物。

(5)有的病鸡出现神经症状,如翅、腿麻痹等,最后体温下降,昏迷而死。病程 2～5 d。1月龄内的小鸡病程较短,症状不明显,病死率较高。

2．亚急性或慢性型

主要表现神经症状。多发生于流行后期的成年鸡。初期症状与急性型相似,不久逐渐减轻,同时出现神经症状。病鸡翅、腿麻痹,跛行或站立不稳,头颈扭曲,伏地翻转,动作失调,反复发作,终于瘫痪或半瘫痪,一般经 10～20 d 死亡,病死率较低。部分未死的病鸡遗留有特殊的神经症状,表现为头颈扭曲或腿、翅麻痹,受到惊吓时会突然倒地,全身抽搐就地滚转,数分钟后又恢复正常。

3．非典型性型

多发生于免疫鸡群,其发生是由于雏鸡的母源抗体高,接种新城疫疫苗后,不能获得坚强免疫力;或因免疫后时间较长,保护力下降到临界水平;也可因免疫方法不当,产生抗体水平不均匀,当有强毒存在时而发生。症状不典型,发病率和病死率较低。主要表现呼吸和神经症状,病鸡呼吸困难,呼吸时有啰音,部分鸡出现扭颈症状,排黄绿色稀粪,有的产蛋鸡群仅表现为产蛋下降。

4．其他禽类

鸽感染 NDV 时,其临床症状是腹泻、神经症状和呼吸道症状;幼龄鹌鹑感染 NDV,表现神经症状,死亡率较高,成年鹌鹑多为隐性感染;火鸡和珠鸡感染 NDV 后,一般与鸡相同,但成年火鸡症状不明显或无症状。

【病理变化】

1．典型病理变化

主要病理变化是全身黏膜和浆膜出血,尤其以消化道和呼吸道为明显。

(1)腺胃乳头有出血点,或呈现溃疡和坏死,为本病特征性病变。

(2)整个肠道黏膜有大小不等的出血点。

(3)十二指肠末端、卵黄蒂后方 3～4 cm 处、回肠起始处、空肠起始至卵黄蒂三等分的交界处,以及盲肠扁桃体等处淋巴组织肿大,有出血和溃疡,呈枣核状,这种病变最具特征性。

(4)气管内积有黏液性渗出物,黏膜充血、出血。

(5)心冠脂肪有细小出血点。

(6)卵泡膜充血、出血,卵泡变形。

(7)脑膜充血或出血,组织学检查可见明显的非化脓性脑炎病变。

2．雏鸡病理变化

病变不明显。仅见气管充血、出血,渗出物增多,十二指肠有卡他性或出血性炎症,腺胃乳头出血不明显。

3．免疫鸡群病理变化

仅见喉头和气管充血、出血,积有黏液性渗出物。腺胃乳头出血少见。肠道呈卡他性或出血性炎症,有的可见肠道淋巴组织呈枣核状肿大,发白。直肠黏膜呈小点出血以及盲肠扁桃体肿大、出血和溃疡较为多见。

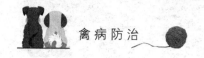

【诊断】

根据传播快,发病率、病死率高,排绿色粪便、呼吸困难和神经症状,抗生素治疗无效,可怀疑本病。病理变化有重要诊断意义。确诊本病则需进行鸡胚接种、HA-HI 试验、中和试验和荧光抗体试验等。HI 试验抗体效价在 256 倍(8 log 2)以上,就说明有强毒感染,大多数病例抗体效价在 1 024 倍(10 log 2)以上。本病应注意与禽霍乱、传染性支气管炎和禽流感加以区别。

【防制】

1. 加强管理

严禁从有疫情的国家及地区进口家禽、鸟类;饲养场主张自繁自养,采取全进全出的饲养制度,执行严格的防疫和消毒制度,应定期进行血清学检测;防止 NDV 强毒进入鸡群,必须采取严格的生物安全措施。

2. 免疫预防

预防本病最主要的措施是进行免疫接种,可按以下方法进行。

(1)根据鸡的日龄和疫苗安排接种 6~10 日龄用新城疫-传支-肾传支三联弱毒活苗 1 羽份,滴鼻、点眼,同时用新城疫-肾传支二联油苗,半个剂量,颈部皮下注射;21 日龄用Ⅳ系或克隆-30,2 羽份,饮水;60 日龄用Ⅰ系,1 羽份,肌内注射;120 日龄用新城疫-减蛋综合征二联油苗,1 羽份,肌内注射。

(2)按免疫监测安排接种 当雏鸡母原抗体降到 16 倍(4 log 2),大鸡降到 8 倍(3 log 2)时要马上接种。在产蛋前,如果抗体没升到最高水平也要马上接种,以免在产蛋期接种影响产蛋。

(3)抗体监测 接种后 10 d 抽样检查,抗体达到 64 倍(6 log 2)以上为合格,否则须再接种。对母原抗体不平衡、参差不齐的鸡群,可多次用弱毒疫苗进行免疫,或将弱毒苗和油佐剂灭活苗联合使用,可获得较好的免疫效果。同时要随时监测免疫鸡群的抗体水平,在鸡群抗体水平偏低或参差不齐时,特别是在鸡只 80 日龄和产蛋高峰过后,应立即进行饮水免疫,以保证鸡群有高度一致的抗体水平。对发病鸡群立即进行紧急接种,可有效地控制本病。

(4)疫苗选择

①Ⅰ系苗 属中等毒力活苗,用于 2 个月以上的鸡,免疫期可达一年。可用于肌内注射免疫。对雏鸡有一定的毒力,接种后会引起腿麻痹等接种反应;产蛋期的鸡使用后可出现暂时的产蛋减少。

②Ⅱ系苗(或称 HB1 株) 毒力较Ⅰ系弱,多用于雏鸡的首次免疫。可用于滴鼻、点眼和饮水免疫。

③Ⅲ系苗(或称 F 株) 毒力最弱,用得较少。

④Ⅳ系苗(或称 La sota 株) 毒力在Ⅰ系和Ⅱ系之间,是国内外普遍采用的疫苗。可用于滴鼻、点眼、饮水或注射免疫。适用于雏鸡、育成鸡和成年鸡。

⑤克隆-30 毒力较Ⅱ系弱,多用于雏鸡,可用于滴鼻、点眼和饮水免疫。

⑥油佐剂苗 为一种死苗,安全可靠,抗体产生的滴度高。可用于雏鸡、育成鸡和成年鸡。用于皮下或肌内注射免疫。

3. 检疫后处理

发生本病后应按《中华人民共和国动物防疫法》有关规定处理。捕杀病禽和同群禽,对尸体及污染物进行无害化处理,对受污染的用具、物品和环境要彻底消毒。对疫区、受威胁区的健康鸡紧急接种。

子任务三 鸡传染性支气管炎

鸡传染性支气管炎(IB)是由鸡传染性支气管炎病毒引起的鸡的急性、高度接触性传染病。其特征是咳嗽、喷嚏、呼吸困难和气管啰音,肾肿大,输尿管内有尿酸盐沉积。成年鸡产蛋减少和质量变劣较为常见。

【病原】

(1)病原特性 鸡传染性支气管炎病毒(IBV)属冠状病毒科,冠状病毒属中的一个代表种,多数呈圆形,基因组为单股正链 RNA,有囊膜,其上有花瓣状纤突。在混合感染的情况下,IBV 可发生重组,因此很容易出现新的血清型,目前已分离出呼吸道型、肾炎型、生殖型等多种血清型。各血清型间没有或仅有部分交叉免疫作用,因此,预防本病必须用多价苗进行免疫接种。

(2)病毒培养 病毒可在 10~11 日龄鸡胚中生长,初次接种,多数鸡胚能存活,少数生长缓慢。随着继代次数的增加,对鸡胚的毒力增强,到第 10 代时,于接种后的第 9 天使80%的鸡胚死亡。特征变化是发育受阻,胚体萎缩成小丸形,羊膜增厚,紧贴胚体,卵黄囊缩小,尿囊液增多等。感染鸡胚尿囊液不凝集鸡红细胞,但经 1%胰酶或磷脂酶 C 处理后,则具有血凝性。最常用鸡胚肾细胞培养,经 6~10 代继代后,可产生细胞病变,使细胞出现蚀斑,表现胞浆融合,形成合胞体,继而细胞坏死。相应的抗血清能抑制病毒的致细胞病变作用。

(3)抵抗力 病毒抵抗力不强,一般消毒剂即可杀死,但在室温中能抵抗 1%盐酸(pH 2)、1%石炭酸和 1%氢氧化钠(pH 12)1 h。-20℃能保存 7 d 之久。

【流行病学】

(1)易感性 本病仅发生于鸡,但小雉也可发病,其他家禽均不感染。各种年龄的鸡都可发病,但以雏鸡最为严重,发病率、病死率均很高。3~10 周龄的鸡最常发生肾型传支。成年鸡不表现明显临诊症状,但产蛋减少和蛋的品质降低。

(2)传染源与传播途径 病鸡和带毒鸡是主要的传染源,病鸡康复后带毒49 d,在 35 d 内具有传染性。病毒存在于各组织器官,以肺、气管、肾脏最多,鼻液、口腔分泌液和粪便内也含有病毒。主要通过空气飞沫经呼吸道传染,也可通过饲料、饮水等,经消化道传染。

(3)流行规律 本病无季节性,传播迅速,一旦发病,迅速蔓延全群。

【症状】

潜伏期 36 h 或更长时间。

1.呼吸型

(1)病鸡看不到前驱症状,突然出现呼吸症状,并迅速蔓延全群为本病特征。

(2)4 周龄以下鸡表现为呼吸困难,张口呼吸,喷嚏,咳嗽,啰音。病鸡全身虚弱,精神不振,食欲减少,扎堆,昏睡,翅下垂,排灰白色粪便。个别鸡流泪,鼻窦肿胀,流黏液性鼻液,逐渐消瘦,康复鸡发育不良。

(3)5 周龄以上的鸡突出症状是啰音、咳嗽和喘息,同时有减食、沉郁或下痢等症状。

(4)成年鸡仅表现轻微的呼吸道症状,不易察觉。主要表现为产蛋量下降,由 70%降到30%,1 个月左右才能恢复。产软壳蛋、沙皮蛋、畸形蛋,蛋壳颜色变浅,蛋清稀薄如水,蛋黄和

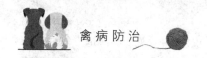

蛋白分离以及蛋白黏附于壳膜表面等,种蛋孵化率降低。

2.肾病变型

发病过程呈明显的两相性,首先是出现轻微的呼吸道症状,持续4~5 d,随后症状自然消失,外表上康复,接着进入第二阶段,发生急性肾变病。病鸡怕冷、扎堆、厌食、腹泻,粪便带有灰白色尿酸盐,并污染肛门周围羽毛。病鸡脱水,面部及全身皮肤颜色变暗,特别是胸肌发绀。在上述症状出现后2~3 d,病鸡开始死亡,7 d后达到高峰,至10~17 d逐渐停止死亡。

3.生殖型

一个月龄以内的雏鸡感染本病后,输卵管可受到永久性损害,长成后成为冠厚、鲜红色(较正常鸡群更红)、不产蛋的假产蛋鸡。多发生在初产蛋鸡及产蛋高峰期,外观表现正常、采食及粪便表现良好,但无产蛋高峰,个别鸡群160~200 d产蛋率仅达到30%~80%。个别鸡出现腹部下垂,有波动感,类似企鹅样,发病率10%~20%。

【病理变化】

1.呼吸型

(1)主要病变是鼻腔、眶下窦、气管和支气管内有浆液性、卡他性或干酪样渗出物,甚至于气管下段及支气管内形成干酪样栓塞。

(2)气囊浑浊或含有黄色干酪样渗出物。在大支气管周围可见到小的肺炎灶。

(3)18日龄以内的幼鸡感染后,有的输卵管发育异常,输卵管变细、变短或形成囊肿。产蛋母鸡卵泡充血、出血、变形,在腹腔可发现液状卵黄。

2.肾病变型

典型病变为肾脏肿大,颜色苍白,肾小管积有尿酸盐而呈斑驳状的花斑肾,输尿管沉积大量尿酸盐而增粗。严重病例,内脏器官表面沉积有灰白色尿酸盐。一般见不到呼吸器官损害。

3.生殖型

输卵管内有囊肿,囊肿液清澈透明、无味,囊肿大小不一。也有发育5~7个成熟泡的可能性,但没有完整的输卵管,无法正常产蛋。个别鸡无腹水,出现输卵管狭窄、盲端或无输卵管。

【诊断】

(1)初步诊断 根据本病突然发生,迅速蔓延全群,主要表现流鼻液、喷嚏、咳嗽和啰音,鼻腔、眶下窦、气管和支气管内有渗出物,成年鸡产蛋下降和质量变劣,以及肾脏的病变,可做出初步诊断。确诊可进行病毒分离和血清学诊断。

(2)病毒分离诊断 病毒分离鉴定,可无菌采取数只急性期病鸡的气管渗出物和肺组织,制成悬液,每毫升加青霉素和链霉素各1万单位,置4℃冰箱过夜,以抑制细菌污染。经尿囊腔接种于10~11日龄鸡胚。初代接种的鸡胚,孵化至19 d,少数发育受阻,而多数能存活,这是本病毒的特征。若在鸡胚中连续传几代,则可使鸡胚呈现规律性死亡,并出现特征性病变。也可收集尿囊液再经气管内接种易感鸡,如有本病毒存在,被接种的鸡在18~36 h后可出现症状,发生气管啰音。

(3)血清学诊断 血清学试验可用血清中和试验和琼脂扩散试验。主要是根据血清中抗体水平上升的情况来判定结果。第一次在病初采取血样,第二次是在发病2~3周后。如果第二次抗体滴度比第一次高,则可诊断本病。

【防制】

1. 预防

加强饲养管理,严格执行卫生防疫措施,消除有害因素,同时配合疫苗进行免疫接种,可有效地预防本病。一般免疫程序是:1～3 日龄用 $Re-H_{120}-P_{26}$ 滴鼻、点眼,每羽 1～2 滴,10～20 d 二免;5～7 日龄用新城疫-传支-肾传支三联弱毒活苗,1 羽份,滴鼻、点眼,同时用新城疫-肾传支二联油苗,半个剂量,颈部皮下注射;25～30 日龄用 H_{52} 1 羽份,饮水;120 日龄用 H_{52} 2 羽份,饮水。H_{120} 毒力较弱,对雏鸡安全;H_{52} 毒力较强,适用于 20 日龄以上的鸡;灭活油苗可用于各种年龄的鸡。

2. 治疗

本病目前尚无特效疗法。发生传染性支气管炎后,使用抗生素以防止细菌继发感染,减轻症状,缩短病程。常用的药物有禽肾康、肾肿解毒药和肾速宁等,均有很好的疗效。另外,也可应用口服补液盐、补充维生素 A、应用利尿剂、在饮水中添加葡萄糖和柠檬酸钾等。禁用磺胺类药物,降低饲料中粗蛋白以及钙含量。加强饲养管理,保暖是降低死亡率的一个重要措施。

子任务四 鸡传染性喉气管炎

鸡传染性喉气管炎(ILT)是由鸡传染性喉气管炎病毒引起的鸡的一种急性呼吸道传染病。特征是呼吸困难,咳嗽和咳出血性渗出物,喉头和气管黏膜肿胀、出血或糜烂。

【病原】

(1)病原特性 传染性喉气管炎病毒(ILTV)属 α 疱疹病毒亚科,鸡疱疹病毒 I 型。病毒粒子近似立方形,大小为 195～250 nm,有囊膜,衣壳为二十面体对称,核酸类型为双股 DNA。ILTV 只有一个血清型,但不同毒株对鸡的致病性和抗原性有很大差异,给本病的控制带来困难。

(2)病毒培养 病毒容易在鸡胚中复制,使鸡胚感染后 2～12 d 死亡,胚体变小,绒毛尿囊膜增生和坏死,形成混浊的斑块状病灶。病毒易在鸡胚细胞培养上生长,接种后 4～6 h 的细胞变化为核染色质变位和核仁变圆。随后胞浆融合,成为多核的巨细胞(合胞体),在接种后 12 h 便能检出核内包涵体。随着培养时间的延长,多核细胞的胞浆出现大的空泡,并且由于细胞变性而变为嗜碱性。

(3)抵抗力 病毒的抵抗力很弱,对一般消毒剂都很敏感,如 1% 苛性钠溶液,1 min 即可杀死。低温冻干后在冰箱中可存活 10 d。

【流行病学】

(1)易感性 自然条件下仅鸡易感,各种年龄的鸡都可发病,但以成年鸡的症状最为典型。野鸡、孔雀、幼火鸡也可感染,其他禽类和实验动物有抵抗力。

(2)传染源与传播途径 病鸡和康复后带毒鸡是主要传染源,约 2% 的康复鸡可带毒长达 2 年。病毒大量存在于病鸡的气管及其渗出物中,肝、脾和血液中较少见。通过咳出血液和黏液经上呼吸道感染。易感鸡与接种活疫苗的鸡长时间接触,也可感染本病,说明接种活苗的鸡可在较长时间排毒。

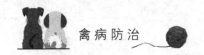

(3)流行规律　本病一年四季均可发生,但以秋末冬初多发;在鸡群中传播迅速,很快波及全群,发病率可达 90%,病死率为 5%～70%,一般为 10%～20%,以高产的成年鸡病死率较高。

【症状】

自然感染时,潜伏期为 6～12 d。

1.典型病例

多见于育成鸡和产蛋鸡。

(1)最早出现的症状是鼻孔有分泌物,呈半透明状,呼吸时发出湿啰音,并有咳嗽和气喘。

(2)之后病鸡呈现明显的呼吸困难,蹲伏在地,抬头伸颈,张口呼吸,咳出带血的黏液,甚至凝血块,鸡冠发紫。

(3)喉头、气管黏膜肿胀、出血和糜烂,有血性黏稠渗出物,常导致窒息死亡。

(4)病鸡多排绿色稀粪,迅速消瘦,衰竭死亡。病程 5～7 d 或更长,有的逐渐康复成为带毒鸡。

2.缓和型病例

多见于 30～40 日龄的鸡,症状比较缓和,发病率为 2%～5%。

(1)主要症状　主要表现为结膜炎、眼睑肿胀、畏光流泪、眼有泡沫样分泌物,重者眼肿、失明,鼻腔有浆液性渗出物,眶下窦肿胀。

(2)其他症状　其他可见采食减少或停止、精神沉郁、低头缩颈、翅和尾下垂、羽毛蓬松、渐进性消瘦等。

【病理变化】

1.特征病变

病变主要在喉和气管。喉头和气管黏膜肿胀、充血、出血,甚至坏死、糜烂,喉裂处有干酪样栓塞,气管内有血性黏稠渗出物,甚至积有凝血块或黄白色干酪样渗出物凝栓,将气管完全阻塞。炎症也可扩散到支气管、气囊和眶下窦。

2.亚急性病例

气管中有黄白色干酪样渗出物。比较缓和的病例可见结膜和眶下窦黏膜充血、水肿。

【诊断】

根据典型病例多发生于青年鸡和开产前后的鸡,病鸡主要表现呼吸困难,咳出血性渗出物,喉头、气管黏膜充血、出血、糜烂等典型症状和病变,缓和型病例多发生于 30～40 日龄的小鸡,主要表现结膜炎等可做出初步诊断。必要时须进行实验室诊断。

(1)鸡胚接种　以病鸡的喉头、气管黏膜和分泌物,经无菌处理后,接种 10～12 日龄鸡胚尿囊膜上,接种后 4～5 d 鸡胚死亡,见绒毛尿囊膜增厚,有灰白色坏死斑。

(2)包涵体检查　取发病后 2～3 d 的喉头黏膜上皮,或将病料接种鸡胚,取死胚的绒毛尿囊膜做包涵体检查,见核内有包涵体。

(3)血清学检查　用已知抗血清与病毒分离物做中和试验,也可用免疫琼脂扩散试验、荧光抗体、单层细胞培养的蚀斑减数或绒毛尿囊膜坏死斑减数技术进行诊断。

【防制】

1. 预防

在疫区施行严格隔离和消毒,适时进行预防接种是控制本病发生的有效方法。

鸡群分别在35~40日龄和80~100日龄,用传染性喉气管炎弱毒苗各免疫接种一次,滴鼻、点眼或饮水,每只鸡1羽份。ILT弱毒疫苗毒力较强,接种后可出现轻重不同的反应,甚至引起成批发病,因此接种方法和接种量必须严格按说明进行。非疫区不应接种疫苗,防止散毒。

2. 治疗

对发病鸡群可进行对症治疗,如饮用口服补液盐,应用止血剂,饲料中添加多种维生素和抗生素,以提高机体抵抗力和防止继发感染。

子任务五　马立克氏病

马立克氏病(MD)是由马立克氏病病毒(MDV)引起的一种淋巴组织增生的肿瘤性疾病,以皮肤、虹膜、外周神经、内脏器官和肌肉的单核性细胞浸润及形成肿瘤为特征。

【病原】

(1)病原特性　MDV为疱疹病毒科 α-疱疹病毒,基因组为线状双股DNA,核衣壳呈六角形。MDV有3个血清型:1型为致瘤的MDV,2型为不致瘤的MDV,3型为火鸡疱疹病毒(HVT)。

(2)病毒培养　强毒MDV可在鸭胚成纤维细胞(DEF)和鸡肾细胞(CK)上增殖,经过继代的1、2、3型病毒均能在鸡胚成纤维细胞(CEF)上增殖。感染的细胞培养出现由折光性强并已变圆的变性细胞组成的局灶性病变,称为蚀斑。受害细胞常可见到A型核内包涵体,并有合胞体形成。除圆形细胞在蚀斑成熟时可脱落到培养液外,看不到大片的细胞溶解。1、2、3型病毒的蚀斑形态有明显区别。

MDV的存在有两种形式:一种为无囊膜的细胞结合病毒,当细胞死亡时,亦随之失去传染性;另一种为羽囊上皮细胞中有囊膜的病毒,随角化上皮细胞脱落,成为传染性很强的细胞游离病毒。

(3)抵抗力　从感染鸡羽囊随皮屑排出的游离病毒,对外界环境抵抗力很强,受污染的垫料和羽屑在室温下传染性可长达4~8个月,在4℃至少10年,但常用的化学消毒剂均可使病毒灭活。

【流行病学】

(1)易感性　鸡对MDV最易感,鹌鹑、野鸡和火鸡也可感染,近年来有些致病性很强的毒株可使火鸡造成较大损失。初生雏鸡在出雏器和育雏室早期感染,可导致大批发病和死亡。年龄较大的鸡发生感染后,大多不发病,但病毒可在体内复制,并随脱落的羽囊上皮排出体外。

(2)传染源与传播途径　病鸡和带毒鸡是主要传染源,很多外表健康的鸡可长期带毒、排毒。病毒通过直接或间接接经气源传播。在羽囊上皮细胞中复制的病毒,随羽毛、皮屑排出,使污染鸡舍的尘埃成年累月保持传染性。故在一般情况下MDV在鸡群中广泛传播,鸡群于性成熟时几乎全部感染。

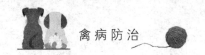

(3)流行规律 MDV 的毒力对鸡群的发病率和死亡率影响很大。虽然致瘤的 MDV 都属血清 1 型,但它们之间的毒力有显著差异,从几乎无毒到毒力最强,构成一个连续的毒力谱,而且毒力是在不断演变的。根据 HVT 疫苗能否提供保护,将 MDV 分为温和毒(mMDV)、强毒(vMDV)和超强毒(vvMDV)。

【症状】

本病是一种肿瘤性疾病,潜伏期较长,受病毒的毒力、剂量、感染途径,以及鸡的遗传品系、年龄和性别的影响,差异很大。有些鸡群仅表现急性的早期死亡。种鸡和产蛋鸡通常在 16～20 周龄出现症状,也可迟至 24～30 周龄或 60 周龄以上。根据病变发生的主要部位,本病可分为神经型、眼型、皮肤型和内脏型,也可表现为混合型。

(1)神经型(古典型) 主要侵害外周神经,由于侵害的部位不同,症状亦不相同。最常侵害坐骨神经,常发生不全麻痹,步态不稳,以后完全麻痹,不能行走,呈现"劈叉"姿势;臂神经受侵害时,翅膀下垂;颈神经受侵害时,头颈下垂和歪斜;迷走神经受侵害时,嗉囊扩张及呼吸困难;腹神经受侵害时,常有下痢。

(2)眼型 可发生一侧或双侧虹膜受损,虹膜正常色素消失,呈同心环状或点状,乃至弥漫性的灰白色。重者瞳孔仅为一个针尖大小的小孔,逐渐丧失对光线强度适应的调节能力。严重者甚至失明,故称"白眼病"。

(3)皮肤型 常见颈部、两翅和腿部的毛囊出现灰白色硬实的小结节,重者结节增大,融合形成大的肿块。常在屠宰后拔毛时发现毛囊肿大,呈灰褐色痂,如火山口状,其皮下组织呈胶样浸润。

(4)内脏型 症状不明显,主要表现为鸡冠苍白、萎缩,下痢等。

【病理变化】

1.神经型

多见腹腔神经丛、前肠系膜神经丛、内脏大神经、坐骨神经丛和臂神经丛受损。受害神经多是一侧性的,比正常神经粗 2～3 倍,黄白色或灰白色,横纹消失,有时呈水肿样外观。

2.内脏型

(1)最常受侵害的是卵巢,其次为肾、脾、肝、心、肺、胰、肠系膜、腺胃和肠道,肌肉也可受到侵害。在病变器官中可见到大小不等的灰白色肿块,质地较硬。肿瘤组织可呈弥漫性增长,使整个器官变得很大。肿瘤组织也可呈结节状,于器官表面即可看到大小不等的灰白色肿瘤结节。

(2)法氏囊通常萎缩,极少数情况下发生弥漫性增厚的肿瘤变化。

(3)MD 的非肿瘤变化包括法氏囊和胸腺萎缩,以及骨髓和各内脏器官的变性损害。这是强烈的溶细胞感染的结果,可导致病鸡早期死亡。

【诊断】

(1)根据本病的流行特点、症状和病理变化,可做出初步诊断。

(2)内脏型马立克氏病应与禽白血病加以区别。

(3)确诊常用琼脂扩散试验检测羽毛囊中的病毒抗原和感染鸡血清中的 MD 抗体。

【防制】

1. 预防

（1）免疫接种　防制本病的主要措施是雏鸡在 1 日龄内用疫苗进行免疫接种，1 羽份，颈部皮下注射，以防止在出雏室和育雏室早期感染。疫苗一旦打开，要在 2 h 内用完，用不完弃掉。影响疫苗免疫效果的因素很多，如母源抗体干扰、早期感染、应激、免疫抑制病等。针对每个环节，必须制定相应的措施，才能有效提高疫苗保护率。

用于制造疫苗的病毒有 3 种：人工致弱的 1 型 MDV（如 CV1988）、自然不致瘤的 2 型 MDV（如 SB_1，Z_4）和 3 型 MDV（HVT）（如 FC_{126}）。HVT 疫苗制苗经济，而且可制成冻干剂，保存和使用方便。多价苗主要由 2 型和 3 型或 1 型、2 型和 3 型病毒组成。1 型毒和 2 型毒只能制成细胞结合苗，故多价苗需在液氮中保存。应用多价苗可有效地控制强毒株引起的马立克氏病。2 型和 3 型毒之间存在显著的免疫协同作用，由它们组成的双价苗免疫效率比单价苗显著提高。由于双价苗是细胞结合疫苗，其免疫效果受母源抗体的影响较小。

（2）加强管理　坚持自繁自养、全进全出制度，避免不同日龄鸡混养。实行网上饲养和笼养，以减少鸡只与羽毛、粪便接触。严格卫生消毒制度，尤其是种蛋、出雏器及孵化车间的消毒。消除各种应激因素。加强对免疫抑制性疾病的免疫与预防。

（3）选育抗病品系　培养选育对本病有遗传抵抗力的鸡群是防制马立克氏病的一个重要方面。

2. 治疗

发病后没有治疗价值，应尽早将病鸡淘汰。本病的发生有明显的年龄性，发病越早，死淘率越高，发病年龄晚的鸡群损失相对较少。

子任务六　禽白血病

禽白血病（AL）是由禽白血病/肉瘤病毒（ALV）群中的病毒引起的禽类多种肿瘤性疾病的统称。临床上有多种表现形式，包括淋巴细胞性白血病、成红细胞性白血病、成髓细胞性白血病、骨髓细胞性瘤、肾母细胞性瘤、血管瘤、肉瘤、内皮瘤、肝癌、骨型白血病等。其中，以淋巴细胞性白血病最为常见。大多数肿瘤与造血系统有关，少数侵害其他组织，以患有良性的或恶性的肿瘤为特征。

【病原】

（1）病原特性　病原体是禽白血病/肉瘤病毒群中的病毒，在分类上属反转录病毒科肿瘤病毒亚科的禽 C 型肿瘤病毒群。根据各病毒的抗原结构和对不同遗传型鸡胚成纤维细胞的感染范围，以及各病毒与同一亚群和不同亚群病毒间的干扰现象，又将 ALV 分为 A、B、C、D、E 和 J 共 6 个亚群或型。

（2）病原培养　ALV 能够在鸡胚中生长，如用肉瘤病毒接种于 11 日龄鸡胚绒毛尿囊膜，8 d 后在绒毛尿囊膜上产生痘斑；接种于 5～8 日龄鸡胚卵黄囊，可引起肿瘤；通过腹腔内或其他途径接种 1 日龄雏鸡，经过长短不等的潜伏期，能引起雏鸡发病。大多数病毒能在组织培养中增殖，更适合在鸡胚成纤维细胞中增殖，除少数毒株可使细胞变圆钝外，多数不产生细胞

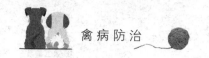

病变,但可以应用中和试验、沉淀试验、补体结合试验和荧光抗体试验等方法证实病毒的存在。

（3）抵抗力　ALV 不耐热,不耐酸、碱,对外界抵抗力弱,对紫外线抵抗力较强,对脂溶剂和去污剂敏感。病毒材料需保存在 60℃ 以下,而在 -15℃ 以下,病毒半衰期不到 1 周;病毒在 pH 5~9 稳定。

【流行病学】

（1）易感性　自然条件下仅有鸡能感染发病。人工接种能使小鸡、珍珠鸡、火鸡、鸭、鸽、日本鹌鹑、鹧鸪等感染。任何年龄的鸡均可感染,母鸡比公鸡易感,年龄越小,易感性越高,死亡率越高,4~10 月龄的鸡发病率最高,性成熟后发病率最高。一般呈慢性经过,死亡率为 5%~6%。经蛋垂直先天性感染的雏鸡不产生抗本病的抗体,可长期带毒、排毒,长成母鸡可产带毒蛋,并经粪便排毒。后天接触水平感染的雏鸡,经一段病毒血症后可产生抗体,带毒、排毒较先天性轻。

（2）传染源与传播途径　传染源主要是病鸡和带毒鸡。传播方式主要是经带毒蛋垂直传播,母鸡整个生殖系统均有病毒增殖,其中输卵管含病毒量最多,特别是蛋清分泌部病毒浓度最高,因此,所产种蛋主要是蛋清中含有病毒。另外还可通过直接或间接接触病鸡、带毒鸡及其污染的粪便、垫草等水平传播。一般呈个别散发,偶见因饲养密度过高或感染寄生虫病及维生素缺乏等应激因素促使本病大量发生。

（3）流行特点　本病几乎波及所有商品鸡群,鸡群呈现渐进性发生和持续的低死亡率（1%~2%）,偶尔出现高达 20% 或以上的死亡率;很多感染鸡群的生产性能下降,尤其是产蛋率和蛋的品质下降。

【症状与病理变化】

1. 淋巴细胞性白血病

此种类型最常见。潜伏期长,在人工感染 1~14 日龄的易感雏鸡后,多在第 16~30 周龄发病,16 周龄以内发病的很少见,自然发病的患病鸡常于 16 周龄后出现,至性成熟期发病率最高。

病鸡无特异性症状,外表只显全身性衰弱症状,精神沉郁,嗜睡,鸡冠和肉髯苍白、蜷缩,偶见青紫色。食欲不振或废绝,进行性消瘦,全身虚弱。有的腹部胀大,可触摸到肿大的肝和法氏囊,有的下痢。母鸡停止产蛋,病鸡后期不能站立,倒地因衰弱而死。内脏肿瘤早有发生,且出现症状,往往不久即死亡。

主要是肝、脾和法氏囊肿大。有结节型、粟粒型、弥漫型或混合型,平滑柔软而有光泽,呈灰白色或淡灰黄色的大小、多少不一的肿瘤病灶或结节,切面均匀似脂肪样。特别是肿大几倍的肝呈大理石样外观,质脆,俗称"大肝病"。另外,在肾、心脏、肺、性腺、骨髓和肠系膜等器官可见肿瘤病灶或结节。严重的病例,内脏器官因肿瘤广泛扩散互相粘连在一起。

肿瘤组织切面呈灰白色或淡黄色灶形和多中心形,是由大的成淋巴细胞增生聚集而成。肿瘤最初开始于法氏囊细胞的肿瘤性变化,再向肝、脾等组织转移、繁殖、扩散,属囊依赖性的淋巴细胞性系统的一种恶性肿瘤,除去法氏囊可防止本病发生。

2. 血管瘤

主要发生于某些品系的成年蛋用鸡。出现皮肤或脚趾血疱现象,几天后血疱破裂,其周围的羽毛被血污染,陆续出现鸡冠由红色逐渐变黄、萎缩现象,病鸡食欲下降、不产蛋、精神不振,最后死亡。检查皮肤、羽毛,分别在胸部、颈部、脚趾、尾部皮肤处,发现有绿豆大至酸枣大的血液凝固物,周围羽毛被血液污染。病鸡皮肤、冠髯变得苍白,血流不止,无法控制,最后死于大出血。

剖检可见:有的病死鸡在皮肤和皮下组织有散在或密集的暗红色血疱;有的在眼结膜、肝、肺、脾、胃、肾等内脏器官的表面及实质内有散在或密集的暗红色血疱,患内脏型血管瘤的病鸡,有时可见腹腔内有血凝块;有的在胸骨、颈部肌肉、腿肌的肌膜表面和腿部肌肉的深层、胸腹气囊、卵巢、肠道、肠系膜、输卵管、输卵管系膜、子宫壁及子宫黏膜有大小不一的血管瘤;有的血管瘤病鸡还同时出现"大肝病"典型病变,即肝、脾、肾极度肿大,表面和切面有许多大小不一的灰白色肿瘤病灶。

【诊断】

1. 临床诊断

根据本病的流行病学和特征性病理变化,如鸡发病在 16 周龄以上,渐进性消瘦,低死亡率,内脏器官发生肿瘤或脚趾处出现血管瘤,可做出初步诊断。确诊需做实验室诊断。

2. 实验室诊断

病理组织学检查可确诊。还可采用琼脂扩散试验、补体结合试验、免疫荧光抗体试验等方法诊断。

【防制】

1. 加强管理

平时要加强鸡群的饲养管理和清洁卫生工作。本病能通过种蛋垂直传播,因此种蛋和种鸡必须向无病鸡场购买,孵化器具和运输工具要彻底消毒。雏鸡对 AL 的易感性高,必须与成年鸡群隔离饲养。

2. 加强检疫

本病目前尚无有效的疫苗和治疗方法。控制本病的主要措施是建立鸡群的检疫制度,每隔 1～3 个月检疫 1 次;对于雏鸡群,一旦发现本病,最好全群淘汰,彻底消毒被污染的环境和用具;对于母鸡群,在淘汰病鸡和带毒蛋之后,采取完全隔离饲养管理,用血清学方法对鸡群及其蛋、后代雏鸡的带毒和排毒情况进行定期监测,逐步淘汰排毒鸡和带毒蛋,尽快净化本病,培育出 SPF 鸡群。

3. 外科疗法

对于血管瘤病例,可采取烧烙止血的方法,以维持产蛋。

子任务七　传染性法氏囊病

鸡传染性法氏囊病(IBD)又称腔上囊炎或冈博罗病,是由传染性法氏囊病病毒(IBDV)引起的幼鸡的一种急性、高度接触性传染病。临床上以排灰白色稀便、极度虚弱为特征;病变以胸肌、腿肌出血,法氏囊肿大、出血,花斑肾为特征。由于法氏囊受到损害,可引起免疫抑制或免疫机能降低,致使其他传染病疫苗接种达不到预期免疫效果,容易感染其他传染病。

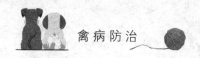

【病原】

(1)病原特性　传染性法氏囊病病毒属双股双节 RNA 病毒科,双股双节 RNA 病毒属,基因组由两个片段的双股 RNA 构成,故命名为双股双节 RNA 病毒。病毒有单层衣壳,无囊膜,无红细胞凝集特性。IBDV 有血清 Ⅰ 型(鸡源性毒株)和血清 Ⅱ 型(火鸡源性毒株)两个血清型。血清 Ⅰ 型毒株中可分为 6 个亚型,它们在抗原性上存在明显差异,这可能是免疫失败的原因之一。

(2)病毒培养　病毒经鸡胚绒毛尿囊膜接种 72 h,胚胎、绒毛尿囊膜和尿囊液、羊水中病毒浓度达到高峰。多数鸡胚在接种病毒后 3～5 d 死亡,胚胎全身水肿,头、爪充血和点状出血,肝有斑纹状坏死。由变异株引起的病变仅见肝坏死和脾肿大,不致死鸡胚。适应鸡胚的病毒,可在鸡源细胞培养,经 2～3 代后,可产生细胞病变,并形成蚀斑。

(3)抵抗力　病毒对外界环境抵抗力较强,污染环境中的病毒可存活 122 d。病毒对热有抵抗力,56 ℃、3 h,病毒效价不受影响;60 ℃、90 min,病毒不灭活;70 ℃、30 min,可灭活病毒。

【流行病学】

(1)易感性　自然感染仅发生于鸡,主要发生于 2～15 周龄的鸡,以 3～6 周龄发生最多。成年鸡呈隐性经过,也有极少数出现症状的成年鸡。人工感染 3～6 周龄火鸡仅表现亚临床症状,法氏囊可见组织学变化。

(2)传染源与传播途径　病鸡是主要传染源,粪便中含有大量病原体,污染饲料、饮水、垫料、用具和人员等,通过直接和间接接触传播。

(3)流行规律　本病多突然发生,传播迅速,很快蔓延全群,发病率可高达 100%。死亡通常出现于发病后的第 2 天或第 3 天,5～7 d 达到高峰,以后很快停息。病死率波动很大,由 5% 到 60%。

【症状】

潜伏期 2～3 d。

(1)病初发现有些鸡有自啄肛门现象,接着多数鸡相继发病,出现羽毛蓬松、采食减少、畏寒扎堆、精神萎靡、头颈低垂、闭眼呈昏睡状。

(2)主要表现为排水样或黏稠的灰白色稀便,沾染肛门周围羽毛,严重脱水,极度虚弱,最后死亡。

(3)IBDV 的亚型毒株或变异株感染的鸡,表现为亚临床症状,炎性反应微弱,法氏囊萎缩,死亡率较低,但由于产生免疫抑制,危害更大。

【病理变化】

(1)病鸡尸体明显脱水。

(2)胸肌、腿肌出血。法氏囊体积增大,重量增加,比正常值重 2 倍,5 d 后法氏囊开始萎缩,8 d 后仅为正常的 1/3。病变法氏囊浆膜水肿,呈黄色胶冻样,有的有出血;黏膜水肿,有斑点状或弥漫性出血,囊腔内黏液增多,甚至为干酪样,严重者整个法氏囊出血似紫葡萄样。

(3)肾脏肿大,色淡,肾小管内积有尿酸盐,使肾呈斑状。输尿管明显扩张,积有尿酸盐。

(4)肌胃与腺胃交界处有出血带或腺胃乳头有出血点。

【诊断】

本病根据流行病学、症状和病理变化可做出诊断。病毒分离鉴定、琼脂扩散试验和易感鸡感染试验是确诊本病的主要方法。

（1）病毒分离鉴定　取病死鸡的法氏囊和脾，匀浆后无菌处理，经绒毛尿囊腔接种9～12日龄鸡胚。感染鸡胚3～5 d死亡，可见胚胎水肿、出血。用中和试验鉴定分离出的IBDV。

（2）琼脂扩散试验　取病变法氏囊，按1∶5加入灭菌生理盐水制成乳剂，反复冻融3～5次。取上清液加入用8%氯化钠溶液制成的琼脂平板外围孔，中央孔加阳性血清，并设阳性对照。一般于24～48 h在被检病料和中央孔之间出现沉淀线为阳性反应。

（3）易感鸡感染试验　取病死鸡的典型病变的法氏囊，制成乳剂，经滴鼻和口服感染21～25日龄易感鸡，感染后48～72 h出现症状，死后剖检法氏囊，有特征性病变。

【防制】

鸡感染IBDV或用疫苗免疫后，都能刺激机体产生免疫应答，体液免疫是该病保护性免疫应答的主要机制。目前发现应用血清Ⅰ型生产的疫苗，对雏鸡免疫后所产生的免疫应答不能抵抗亚型或变异毒株的感染。为此，防制本病不能仅用疫苗，需采取综合性防制措施。

1.预防

（1）严格执行卫生消毒制度　病毒在外界环境中极为稳定，能在鸡舍长期存活。因此，应注意对环境消毒，特别是育雏室。用有效消毒剂对环境、鸡舍、笼具、用具进行喷洒，经4～6 h后，进行彻底清扫和冲洗，重复2～3次消毒后再引进雏鸡，以防IBDV的早期感染。

（2）提高种鸡母源抗体水平　种鸡于18～20周龄和40～42周龄各注射一次法氏囊灭活油苗，雏鸡可获得较整齐和较高的母源抗体，在2～3周龄得到较好的保护。

（3）雏鸡的免疫接种　雏鸡应根据母源抗体消长情况确定首免日龄，1日龄雏鸡母源抗体阳性率不到80%的鸡群在10～16日龄首免。阳性率达80%～100%的鸡群，在7～10日龄再检测一次抗体，阳性率在50%时，可确定于14～18日龄首免。如无条件测定母源抗体，一般推荐雏鸡在14～18日龄首免，2周后进行二免。由于雏鸡接种疫苗后需经一段时间才能产生抗体，应对育雏室进行严格消毒，防止早期感染。

目前常用的活苗为弱毒苗，对法氏囊无任何损害，但受母源抗体干扰严重，保护率低；中等毒力疫苗，接种后对法氏囊有轻度损害，对血清Ⅰ型强毒保护率高；灭活苗是由鸡胚细胞毒、鸡胚毒、病死鸡法氏囊组织制备的。变异株病毒的弱毒疫苗或灭活苗，既可预防变异株引起的感染，又可对血清Ⅰ型IBDV产生保护性免疫应答。

2.治疗

发生本病后，除对环境和鸡舍进行严密消毒外，立即注射IBD高免血清或康复鸡血清，或应用高免卵黄抗体，可取得较好的治疗效果。同时，配合饮用肾肿解毒药、禽肾康、口服补液盐、电解多维等，有利于病鸡的恢复。病愈后应对鸡群适时进行主动免疫。

子任务八　鸡传染性贫血

鸡传染性贫血（CIA）是由鸡传染性贫血病毒（CIAV）引起的鸡的一种传染病。特征是再生障碍性贫血，全身淋巴组织萎缩，造成免疫抑制，因此加重和导致其他疾病发生。

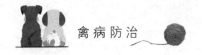

【病原】

(1) 病原特性　CIAV 为圆环病毒科,圆环病毒属,病毒粒子呈球形,直径 19～24 μm,基因组为环状单股 DNA,无血凝性。不同毒株毒力有一定差异,但抗原性无差别。

(2) 病毒培养　病毒能在鸡胚中增殖,雏鸡出壳后 10～15 d 发病死亡。

(3) 抵抗力　病毒对乙醚和氯仿有抵抗力,在 60 ℃耐 1 h 以上,100 ℃、15 min 可使灭活;对酸稳定,在 pH 3 经 3 h 不死;对一般消毒剂的抵抗力较强。

【流行病学】

(1) 易感性　本病只引起鸡发病,各种年龄的鸡都可感染,但随年龄增长,易感性急剧下降。自然发病多见于 2～4 周龄鸡,混合感染时发病可超过 6 周龄。

(2) 传染源与传播途径　本病主要通过垂直传播,带毒的鸡胚出壳后发病和死亡。也可经消化道和呼吸道水平传播。

(3) 流行规律　CIAV 能使 1～7 日龄鸡发生贫血,并引起淋巴组织和骨髓肉眼可见病变,感染后 12～16 d 病变最明显,第 12～28 天出现死亡,死亡率一般为 30%。两周龄鸡感染而不发病;有母源抗体的雏鸡可被感染,但不发病。

传染性法氏囊病病毒、马立克氏病病毒、网状内皮组织增殖症病病毒及其他免疫抑制药物能增强本病毒的传染性和降低母源抗体的抵抗力,从而增加鸡的发病率和病死率。

本病诱导雏鸡免疫抑制,不仅增加对继发感染的易感性,而且降低疫苗的免疫力,特别是对马立克氏病疫苗的免疫。

【症状】

潜伏期为 8～12 d。

(1) 精神沉郁,发育受阻,贫血,皮肤出血。有的皮下出血,可能继发坏疽性皮炎。

(2) 血液学检查,红细胞和血红素明显降低,血细胞比容降至 20% 以下,白细胞、血小板减少。血中出现幼稚型红细胞,细胞核肿大,核仁明显,核内出现嗜酸性包涵体,吞噬细胞内有变性的红细胞。经 28 d 后不死者可以康复,但继发感染可能阻碍康复,加剧死亡。死亡率可达 10%～60%。

【病理变化】

(1) 全身性贫血,血液稀薄。胸腺萎缩,可能导致完全退化。

(2) 骨髓病变最具特征,表现为股骨骨髓脂肪化,呈淡黄红色,导致再生障碍性贫血。

(3) 有些病例的法氏囊萎缩。

(4) 肝肿大发黄或有坏死斑点。

(5) 腺胃黏膜出血。

(6) 严重贫血病例见肌肉和皮下出血。

【诊断】

(1) 根据临诊症状和病理变化一般可做出初步诊断。

(2) 应与原虫病、黄曲霉毒素和磺胺类药物中毒加以区别。

(3) 可进行病毒分离或血清学试验。常用肝脏悬液加等量氯仿处理后接种 1 日龄 SPF 雏鸡,14～16 d 后进行检查,如发现雏鸡血细胞比容低于 27%,股骨骨髓变黄白色及胸腺萎缩等典型病变,即可确诊。

【防制】

1.预防

(1)加强管理 加强鸡群的饲养管理及卫生措施,防止从疫区引种时引入带毒鸡。对种鸡加强检疫,及时淘汰阳性鸡是控制本病的最主要措施。鸡群应注意传染性法氏囊病和马立克氏病的防制。

(2)免疫接种 主要有两种疫苗。一种是由鸡胚生产的有毒力的活疫苗,通过饮水免疫途径对13~15周龄种鸡进行接种,可有效地防止其子代发病。但疫苗不能在产蛋前3~4周接种,以防止垂直传播。另一种是减毒的活疫苗,可通过肌内或皮下对种鸡接种,效果良好。

2.治疗

本病尚无有效的治疗方法。

子任务九 网状内皮组织增殖病

网状内皮组织增殖病(RE)是由反转录病毒科 C 型反转录病毒群的网状内皮组织增殖病病毒(REV)引起的,火鸡、鸡、鸭和其他禽类的以淋巴网状细胞增生为特征的肿瘤性疾病。RE能造成感染鸡免疫抑制、生长缓慢、淘汰率高等,给养鸡业带来严重损失。

【病原】

(1)病原特性 网状内皮组织增殖病病毒属于反转录病毒科、禽 C 型肿瘤病毒,为 RNA 病毒。它在免疫学、形态学和结构上都不同于禽白血病和肉瘤群的反转录病毒。REV 呈球形,有壳粒和囊膜。

(2)血清型 目前分离到的毒株虽然致病力不同,但都具有相似的抗原性,即属于同一血清型。

【流行病学】

(1)易感性 REV 感染的自然宿主有火鸡、鸭、鹅、鸡和鹌鹑,其中以火鸡发病最为常见。本病在商品鸡群中呈散在发生,在火鸡和野水禽中可呈中等程度流行。鸡在接种意外污染REV 的疫苗后也能发病。REV 感染鸡胚或低日龄鸡,特别是新孵出的雏鸡,可引起免疫抑制。

(2)传染源与传播途径 病禽和带毒禽为主要传染源。病禽的泄殖腔排出物、眼和口腔分泌物常带有病毒。本病毒可通过与感染鸡和火鸡的接触而发生水平传播。本病毒可通过鸡胚垂直传播。污染 REV 的禽用疫苗也是其传播的一个重要因素,这种情况往往导致免疫失败或大批禽发生矮小综合征。

【症状与病理变化】

RE 是除马立克氏病和淋巴细胞性白血病以外,病因清楚的另一种禽病毒性肿瘤病。它包括急性致死性网状细胞肿瘤、慢性淋巴细胞性肿瘤和矮小综合征。

1.急性致死性网状细胞肿瘤

该病由复制缺陷型 REV-T 株引起,人工接种后潜伏期最短 3 d,但死亡常发生于接种后 3 周左右。由于病程短,常无明显的症状可见,死亡率可达 100%。主要病理变化为肝、脾急性

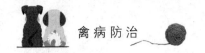

肿大,伴有局灶性或弥漫性浸润病变。病变还可见于胸腺、心、肾和性腺。组织学变化以大的空泡样淋巴网状内皮细胞的浸润和增生为特征。

2.慢性淋巴细胞性肿瘤

该病是由非缺陷型REV毒株引起的慢性肿瘤,可分为两种类型。第一类是鸡和火鸡经漫长的潜伏期后发生的淋巴瘤,这种肿瘤与淋巴细胞性白血病的主要区别在于前者是以淋巴网状细胞为主组成的。第二类是那些具有较短潜伏期的肿瘤,对这些肿瘤的特征大多尚未进行深入研究。

3.矮小综合征

该病以几种与非缺陷型REV毒株感染有关的非肿瘤病变为特征,包括生长抑制、胸腺和法氏囊萎缩、外周神经肿大、羽毛发育异常、肠炎和肝脾坏死等。临诊上鸡群表现为明显的发育迟缓和消瘦苍白,羽毛粗乱和稀少。

以非缺陷型REV感染鸡后常发生细胞免疫和体液免疫抑制,能抑制马立克氏病病毒、火鸡疱疹病毒、新城疫病毒、绵羊红细胞等抗体的产生。抑制程度与接种剂量和毒株有关。

【诊断】

(1)临床诊断　RE缺乏特征性的症状和病变,并且疾病的表现多种多样,许多变化与其他肿瘤病相混淆,因此本病的诊断应尽可能进行病毒的分离、鉴定和血清学试验。

(2)实验室诊断　血清学检查应用直接免疫荧光或病毒中和试验,可以测出感染禽血清或卵黄中的特异性抗体。间接免疫荧光试验可以测出多数血清中的抗体。

(3)鉴别诊断　需与马立克氏病和淋巴细胞性白血病鉴别,肿瘤病变中如有淋巴网状细胞,应认为对本病有相当大的诊断价值,因为这种细胞对后两种病都不是典型的病变。

【防制】

尚无适用于本病的特异性防制办法,可参照禽白血病的综合性防疫措施进行防制。

子任务十　禽腺病毒病

一、禽减蛋综合征

禽减蛋综合征(EDS-76)是由禽腺病毒Ⅲ群中的病毒引起的禽以产蛋量下降为特征的一种传染病。禽的临床症状不明显,主要表现为禽群产蛋量急剧下降,软壳蛋和畸形蛋增加,褐壳蛋蛋壳颜色变浅。

【病原】

(1)病原特性　产蛋下降综合征病毒属禽腺病毒Ⅲ群,为无囊膜的双股DNA病毒。各地分离到的毒株,同属于一个血清型。EDS-76病毒含有血凝素,能凝集鸡、鸭、鹅、火鸡和鸽的红细胞,但不能凝集家兔、绵羊、马、猪和牛的红细胞。血凝滴度在4℃可保存很长时间,但70℃却被破坏。鸭胚尿囊液病毒的HA滴度可达(18~20) log 2,而鸡胚尿囊液病毒的HA滴度较低。

(2)病毒培养　病毒能在鸭胚、鸭胚肾和鸭胚成纤维细胞、鸡胚肝和鸡胚成纤维细胞上增殖,在哺乳动物细胞上不能生长。在鸭胚生长良好,能致死鸭胚。

(3)抵抗力　病毒对乙醚、氯仿不敏感,对 pH 适应范围广,0.3%福尔马林 48 h 灭活。

【流行病学】

(1)易感性　本病除鸡易感外,自然宿主为鸭、鹅和野鸭。有报道天鹅、海鸥和珠鸡存在 EDS-76 抗体。不同品系的鸡对本病的易感性不同,产褐壳蛋母鸡和肉鸡最易感。本病主要侵害 26～32 周龄鸡,35 周龄以上较少发病。幼龄鸡感染后不表现症状,血清中也查不出抗体,在开始产卵后,血清才转为阳性。

(2)传染源与传播途径　本病主要通过垂直传播,水平传播也是重要的方式,因为从鸡的输卵管、泄殖腔、粪便、肠内容物都分离到病毒,但传播较慢,且有间断性。

(3)流行规律　病毒侵入鸡体后,在性成熟前对鸡不表现致病性,在产蛋初期由于应激反应,致使病毒活化而使产蛋鸡发病。所以本病多在产蛋由 50%到高峰时发生。

【症状】

感染鸡不表现症状,主要表现为产蛋量突然减少,比正常下降 20%～38%甚至达 50%。最初蛋壳的颜色变浅,接着产沙皮蛋、薄壳蛋、软壳蛋和畸形蛋,蛋的破损率达 15%以上。对受精率和孵化率没有影响,病程一般持续 4～10 周,然后恢复到正常或接近正常水平。

【病理变化】

本病缺乏特征性病变,病鸡的卵巢静止不发育或萎缩,输卵管和子宫黏膜水肿。组织学检查可见输卵管腺体水肿,单核细胞浸润,黏膜上皮细胞变性坏死,病变细胞中可见到核内包涵体。

【诊断】

当鸡群表面健康,但达不到预定的产蛋水平,或在产蛋高峰前后出现显著的产蛋量下降,同时发生蛋壳变化,缺乏特征性病变,应怀疑为本病。确诊需进一步做实验室诊断。

(1)病原分离鉴定　从病鸡输卵管、泄殖腔、肠内容物和粪便采取病料,经无菌处理后,接种于 10～12 日龄鸭胚尿囊腔。首次分离时鸭胚死亡不多,随着传代次数增多,鸭胚死亡数增多。分离的病毒有血凝现象,再用已知抗 EDS-76 病毒血清进行 HI 试验或中和试验进行鉴定。

(2)血清学试验　HI 试验是常用的诊断方法,如果鸡群 HI 效价在 1∶8 以上,证明鸡群已经感染。此外还可用双相免疫扩散试验、中和试验、荧光抗体试验和 ELISA 技术等进行诊断。

【防制】

1.预防

除采取一般性防疫措施外,主要是开产前用减蛋综合征油佐剂灭活苗或新城疫-减蛋综合征二联油佐剂灭活苗 1 羽份,胸部、腿部皮下或肌内注射。

2.治疗

对发病鸡群,可在饲料中适量添加多种维生素及每千克饲料添加 3 g 蛋氨酸,应用口服补液盐和吗啉胍等,有一定效果。

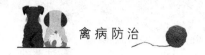

二、鸡包涵体肝炎

鸡包涵体肝炎(IBH)是由禽腺病毒引起的鸡的一种急性传染病,以突然死亡、严重贫血、黄疸、肌肉出血、肝炎、肝细胞内形成核内包涵体为特征。

【病原】

(1)病原特性　包涵体肝炎病毒(IBHV),属于腺病毒科,禽腺病毒属。病毒粒子直径为80～90 nm,无囊膜,呈正二十面体对称,为双股 DNA 病毒。

(2)血清型　鸡腺病毒有 11 个血清型。

(3)抵抗力　IBHV 对外界环境的抵抗力较强。耐热 50 ℃、3 h 稳定,在干燥条件下 25 ℃可存活 7 d。对乙醚、氯仿、脱氧胆酸钠、胰蛋白酶均不敏感,但对福尔马林、次氯酸钠、碘制剂较为敏感,0.2%甲醛 38 ℃、48 h 可灭活。

【流行病学】

(1)易感性　本病多发生于 3～10 周龄的肉鸡或 18 周龄前的蛋鸡,特别是 5～7 周龄肉鸡最易感。3 周龄以下的雏鸡和 18 周龄以上的成鸡很少发病。外来品种鸡易感,当地土种鸡不易感染;肉鸡比蛋鸡易感。

(2)传染源与传播途径　传染来源主要是病鸡和带毒种蛋。传播方式是通过带毒种蛋垂直传播,或通过与病鸡接触水平传播,也可通过被粪便污染的饲料、饮水传播。

(3)流行规律　春、秋两季多发,如有其他病混合感染时,病情加剧,病死率上升。

【症状】

自然感染潜伏期为 1～2 d。

(1)在小鸡或青年鸡群中突然发生急性死亡,一般 3～4 d 出现死亡高峰,5 d 后死亡减少或逐渐停止,1～3 周后恢复正常。一般发病率为 5%～40%,死亡率为 1%～30%。病程一般为 10～14 d。

(2)病情稍缓的病鸡表现出精神沉郁、嗜睡,羽毛粗乱,鸡冠、肉髯、耳垂、面部皮肤、眼结膜苍白,贫血,黄疸,水样下痢,肛门周围有污垢。

(3)末梢血液稀薄、色淡、如水样,血红细胞和血小板明显减少。

【病理变化】

(1)全身皮肤苍白、贫血,血液色淡、稀薄如水。

(2)特征性病变在肝,肝肿大,质脆易破裂,表面呈点状或条索状出血,包膜下有较大面积的淤血和灶状出血,并有大小不等的黄色坏死点或坏死斑,肝脂肪变性发黄。

(3)肾肿大,呈灰白色并有出血点。

(4)骨髓呈灰白色或黄色。

(5)胸部及腿部肌肉有出血斑点。

【诊断】

(1)临床诊断　根据流行病学、临诊症状、病理变化特点可做出初步诊断,确诊需做实验室诊断。

(2)实验室诊断　分离病毒时可选用病鸡的肝和脾,常规处理后接种 9～12 日龄的 SPF鸡胚或者无母源抗体的鸡胚的卵黄囊或绒毛尿囊膜上,经 2～7 d,鸡胚死亡,胚体全身充血或出血,肝有黄色坏死灶,在肝细胞内可检出嗜碱性核内包涵体。

用琼脂扩散试验可进行定性检查,目前应用较广。还可采用血清中和试验、免疫荧光抗体试验、酶联免疫吸附试验等方法诊断。

(3)鉴别诊断

①与住白细胞原虫病的鉴别　二者外观都有严重贫血症状,但住白细胞原虫病急性死亡的较少,末梢血液涂片可见到配子生殖Ⅱ期原虫,剖检时肌内、内脏、肠浆膜出血,多呈大头针帽状凸出表面,较硬。肝无斑驳状变化。

②与传染性贫血的鉴别　二者均有严重贫血,但鸡传染性贫血急性死亡的较少,发病多为2～4周龄雏鸡,比包涵体肝炎的小,且剖检不见肝斑驳状。

③与传染性法氏囊病的鉴别　区别点是传染性法氏囊病有典型的法氏囊肿大、出血和浆膜下胶冻样水肿的变化。

【防制】

1.预防

没有本病的地区、鸡场、鸡群要把好引入关,严防传入本病,不从有本病的地区、鸡场引进种鸡、种蛋,坚持自繁自养。由于法氏囊病病毒、传染性鸡贫血因子可能增强该病毒的致病性,首先应控制和消除这两种病毒。加强饲养管理,防止密度过大,经常通风换气,提高鸡群的抵抗力。坚持不同群的鸡分群隔离饲养和定期消毒的卫生防疫制度等综合性防制措施。

2.扑灭措施

一旦发生本病,最好将患本病的鸡全部淘汰,鸡舍用0.1%～0.3%次氯酸钠或次氯酸钾喷雾,或福尔马林熏蒸等彻底消毒。粪便加0.5%生石灰堆积发酵。饮水用漂白粉消毒。

三、鸡心包积水综合征

鸡心包积水综合征又名鸡安卡拉病,是由腺病毒感染鸡后引起的以心包积液和高死亡率为主要特征的疾病。

【病原】

(1)病原特性　禽腺病毒Ⅰ亚群目前已鉴定出A～E 5个毒株和12个血清型,一般认为引起鸡包涵体肝炎的为禽腺病毒Ⅰ亚群血清1型,引起鸡安卡拉病的为禽腺病毒Ⅰ亚群血清4型。禽腺病毒颗粒直径70～90 nm,无囊膜,呈二十面体对称结构,双股DNA。禽腺病毒可凝集大鼠红细胞和绵羊红细胞,病毒颗粒在细胞核中堆积,形成晶状结构即包涵体,用细胞化学或免疫染色的方法在感染鸡组织或细胞培养物上能清楚观察到包涵体,可用于禽腺病毒的诊断。

(2)抵抗力　禽腺病毒耐酸,耐碱,可耐受pH 3～9,耐热,有些毒株在56 ℃下18 h生存完整,对脂溶性消毒剂耐受,但1∶1 000的甲醛溶液可使其灭活。

【流行病学】

(1)易感性　本病主要发于白羽肉鸡、三黄鸡、817小型肉鸡、青脚麻鸡和黄脚麻鸡等肉鸡品种,也可发于肉种鸡和蛋鸡,另有鸭和鹅发病的报道。5～7周龄的鸡多发,其中快大型肉鸡发病率和死亡率高。25～80日龄的青年蛋鸡多发,30%左右的产蛋鸡也有发生。

(2)传染源与传播途径　病鸡与带毒鸡为主要传染源。本病可垂直传播,也可水平传播。病毒存在于粪便、气管和鼻黏膜以及肾脏中,可经各种排泄物传播,种鸡可通过种公鸡精液传

播,对外排毒通常出现在感染后的第3周,此后2~4周呈现排毒高峰。鸡感染后可成为终身带毒者,并可间歇性排毒。

(3)流行规律　该病没有明显的季节性,一年四季均可发生,但夏秋季节稍多。鸡群感染后潜伏期为21 d左右,一般最早于3周龄开始发病,4~5周龄达高峰,高峰持续4~8 d,病程8~15 d,死亡率一般在20%~80%,平均30%。

【症状】

鸡自然感染后的潜伏期很短,为24~48 h,往往在没有任何症状的情况下突然发病,并很快死亡。本病的主要特征是鸡无明显先兆而突然倒地,沉郁,羽毛成束,呼吸加快,部分病鸡可能会出现甩鼻和啰音等呼吸道症状,排黄绿色稀粪,有神经症状,两腿划空,数分钟内死亡,发病死亡以中等与偏大鸡为主。

【病理变化】

病死鸡心包内有大量的黄色清亮液体或胶冻样物,心肌松软,表面有出血斑。肝脏肿胀、充血、边缘钝圆和质地变脆,色泽变黄,有出血斑并出现坏死。部分病死鸡脾脏肿胀和出血。肾脏肿胀出血,或暗黄色,或苍白,肾小管有尿酸盐沉积;气管软组织弹性差,变脆,气管环状结构增粗和变白。部分鸡肺瘀血水肿,肠道一般变化不明显;法氏囊萎缩,内有黏性或干酪样渗出物。

【诊断】

(1)初步诊断　根据临床症状和病理变化即可做出初步诊断。实验室检查时将肝脏固定、切片和HE染色,发现肝细胞内有大量嗜碱性核内包涵体。最终确诊需进行病毒分离。取发病鸡的肝脏,经鸡胚尿囊腔接种培养后进行PCR鉴定,结果为腺病毒Ⅰ亚群血清4型阳性即可确诊。

(2)鉴别诊断　诊断时注意与其他病的鉴别,鸡安卡拉病容易与鸡包涵体肝炎、禽流感、禽巴氏杆菌病和鸡传染性法氏囊病混淆。鸡安卡拉病与鸡包涵体肝炎的主要区别是心包大量积液;与禽流感的主要区别是喉头和气管没有明显病变,胰腺没有病变;与禽巴氏杆菌病的主要区别是心冠脂肪不出血;与鸡传染性法氏囊病的主要区别是胸肌和腿肌无出血,法氏囊浆膜面没有胶冻样渗出。

【防制】

1.预防

(1)加强管理　减少鸡群的应激反应,防止过度惊吓。夏天应注意防暑降温,避免热应激。饲养密度不宜过大,保证足够的通风量。对于密闭式鸡舍,注意负压不要过大,以防止鸡舍缺氧。良好的生物安全措施是防控本病的首要选择,在做好常规隔离消毒的同时,严禁从疫区引进种苗,特别是本地有疫情时,严格控制人员和车辆等往来。

(2)免疫接种　现在已有鸡安卡拉病的商品疫苗,建议及早注射以提供有效保护。在给种鸡使用疫苗的同时,应该做好该病的净化工作。

2.治疗

发生本病时,应立即进行确诊,尽早采取措施减少损失,注射高免血清或卵黄抗体是关键,再配合保肝护肾和强心利尿的药物,并及时控制继发感染。

子任务十一 禽 痘

禽痘是由禽痘病毒引起鸡、火鸡、鸽等的一种高度接触性传染病。该病传播较慢,以体表无羽毛部位出现散在的、结节状的增生性皮肤病灶为特征(皮肤型),也可表现为上呼吸道、口腔和食管部黏膜的纤维素性坏死性增生病灶(白喉型),两者皆有的称为混合型。此病流行于世界各地,多为幼鸡和幼鸽患病,根据感染禽的龄期、病型及有无混合感染,死亡率在5%～60%,并可影响其生长和产蛋性能,造成较严重的经济损失。

【病原】

(1)病原特性 禽痘病毒是一种比较大的DNA病毒,呈砖形或长方形,在患部皮肤或黏膜上皮细胞内形成包涵体。禽痘病毒具有吸附红细胞的性质,细胞培养物内的病毒增殖可用红细胞吸附试验测出。

(2)抵抗力 禽痘病毒对外界的抵抗力相当强,特别是对干燥的耐受力,上皮细胞屑和痘结节中的病毒可抗干燥数年之久,阳光照射数周仍可保持活力。一般消毒药,在常用浓度下,均能迅速灭活病毒。

【流行病学】

(1)易感性 本病主要发生于鸡和火鸡。许多鸟类,如金丝雀、麻雀、鸽、鹌鹑、野鸡、松鸡和一些野鸟都有易感性。各种龄期、性别和品种的鸡都能感染,但以雏鸡和中雏最常发病,且病情严重,死亡率高。成鸡较少患病。

(2)传染源与传播途径 禽痘的传染常通过病禽与健康家禽的直接接触而发生,脱落和碎散的痘痂是禽痘病毒散播的主要形式之一。禽痘的传播一般要通过损伤的皮肤和黏膜感染,常见于头部、冠和肉垂外伤或经过拔毛后从毛囊侵入。黏膜的破损多见于口腔、食道和眼结膜。库蚊、伊蚊和按蚊等吸血昆虫,以及体表寄生虫(如鸡皮刺螨)在传播本病中起着重要的作用。蚊虫吸吮过病灶部的血液之后即带毒,带毒时间可长达10～30 d,其间易感染的鸡被带毒的蚊虫刺吮后而传染,这是夏秋季禽痘流行的主要传播途径。

(3)流行规律 本病一年四季都可发生,夏秋季节多发生皮肤型禽痘,冬季则以白喉型禽痘多见。南方地区春末夏初由于气候潮湿,蚊虫多,更多发生,病情也更为严重。某些不良环境因素,如拥挤、通风不良、阴暗、潮湿、体外寄生虫、啄癖或外伤、饲养管理不良、维生素缺乏等,可使禽痘加速发生或病情加重,如有慢性呼吸道病等并发感染,则可造成大批家禽的死亡。

【症状】

潜伏期:鸡痘4～6 d,鸽痘4～14 d,有时可长达2周后才出现症状。根据症状、病变以及病毒侵害禽体部位的不同,分为皮肤型、黏膜型和混合型。

(1)皮肤型 在身体的无羽毛部位,如冠、肉垂、嘴角、眼皮、耳球和腿、脚、泄殖腔及翅的内侧等部位形成一种特殊的痘疹。最初痘疹为细小的灰白色小点,随后体积迅速增大,形成如豌豆大、灰色或灰黄色的结节。痘疹表面凹凸不平,结节坚硬而干燥,有时结节的数目很多,可互相连接而融合,产生大的疹块。如果痘疹发生在眼部,可使眼缝完全闭合。若发生在口角,则影响家禽的采食。这些痘痂突出于皮肤表面,在体表皮肤存在大约2周或稍短的时间之后,在病变的部位产生炎症并有出血,从痘痂的形成至脱落需3～4周,脱落后留下一个平滑的灰白

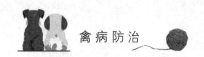

色疤痕而痊愈。痘痂如被化脓菌侵入,引起感染,则会有化脓、坏死,严重的病例还可引起死亡。鸡痘和鸽痘的皮肤型,一般无明显的其他症状,但感染重的病例或体质衰弱者,则表现为精神萎靡,食欲不振,体重减轻,生长受阻,产蛋鸡则表现为产蛋量减少或完全停产。

(2)黏膜型 痘疹多发生于口腔、咽部、喉部、鼻腔、气管及支气管,病鸡表现为精神委顿、厌食,眼和鼻孔流出的液体初为黏性浆液,以后变为淡黄色的脓液。时间稍长,若波及眶下窦和眼结膜,则眼睑肿胀,结膜充满脓性或纤维蛋白性渗出物。鼻炎出现2～3 d后,口腔和咽喉等处的黏膜发生痘疹,初为圆形的黄色斑点,逐渐形成一层黄白色的假膜,覆盖在黏膜上面。这些假膜是由坏死的黏膜组织和炎症渗出物凝固而成的,像人的"白喉",所以称为白喉型鸡痘或鸽痘。随着病程的发展,口腔和喉部黏膜的假膜不断扩大和增厚,阻塞口腔和喉部,影响病禽的吞咽和呼吸,嘴往往无法闭合,病禽频频张口呼吸,发出"嘎嘎"的声音。严重时,脱落的破碎小块痂皮掉进喉和气管,进一步引起呼吸困难,直至窒息死亡。

(3)混合型 有些病禽的皮肤、口腔和黏膜同时受到侵害和发生痘斑,称为混合型。有时还可见到败血型。病禽表现严重的全身症状,随后发生肠炎,迅速死亡,或者急性症状消失后,转为慢性肠炎,腹泻致死。

【病理变化】

1.皮肤型禽痘

特征性病变是局部表皮及其下层的毛囊上皮增生,形成结节。结节起初表现湿润,后变为干燥,外观呈圆形或不规则形,皮肤变得粗糙,呈灰色或暗棕色。结节干燥前切开,切面出血、湿润。结节结痂后易脱落,并出现瘢痕。

2.黏膜型禽痘

病变出现在口腔、鼻、咽、喉、眼或气管黏膜上。发病初期只见黏膜表面出现稍微隆起的白色结节,后期连片,并形成干酪样假膜,可以剥离。有时全部气管黏膜增厚,病变蔓延到支气管时,可引起附近的肺部出现肺炎病变。

实质脏器变化不大,但当发生败血型禽痘时,可出现内脏器官萎缩,肠黏膜脱落。

【诊断】

(1)初步诊断 禽痘在皮肤、黏膜上形成典型的痘疹和特殊的痂皮及伪膜,结合其发病情况,如蚊虫发生的夏季、初秋以皮肤型多见,而冬季以黏膜型多发,老龄鸡有一定的抵抗力,而1月龄或开产初期产蛋鸡有多发的倾向,常可做出初步诊断。

(2)确诊诊断 黏膜型禽痘开始时较难诊断,可用病料接种鸡胚或人工感染易感鸡。病料可用痘痂或口咽的假膜,制成1∶5～1∶10的悬浮液,接种于10～11日龄鸡胚的绒毛尿囊膜上,5～7 d后绒毛尿囊膜上可见致密的增生性痘斑;或者将病料擦入已划破的冠、肉垂、无毛囊皮肤或拔去羽毛的毛囊内,当接种鸡在5～7 d出现典型的皮肤痘疹时,即可确诊。此外,也可采用琼脂扩散沉淀试验、血凝试验、中和试验等方法进行诊断。

(3)鉴别诊断 在鉴别诊断上,本病应与白念珠菌病、毛滴虫病、维生素A缺乏症、啄损及外伤相区别。

【防制】

1.预防

(1)加强管理 平时做好卫生消毒,保持禽舍通风换气,尽量消灭禽群中的外寄生虫和环境中的蚊蝇等对控制该病具有重要作用。

（2）免疫接种 及时进行疫苗免疫接种是禽痘防制的主要措施。可经皮肤刺种鸡痘鹌鹑化弱毒疫苗，初次免疫一般在 15 日龄前后，开产前进行第 2 次免疫。疫苗的接种方法可采用翼膜刺种法和毛囊涂擦法，组织培养弱毒疫苗还可供饮水免疫。翼膜刺种法是用消毒的刺种针蘸取疫苗，刺种在翅膀内侧皮下无血管处。毛囊涂擦法是在雏鸡的腿部外侧拔去几根羽毛，用消毒的小毛刷蘸取经 1∶10 稀释的疫苗涂在毛囊内，注意拔羽毛时不要引起创伤、出血等。在接种后 3～5 d 即可发痘疹，7 d 后达高峰，以后逐渐形成痂皮，3 周内完全恢复。接种后必须检查发痘情况。发痘好，说明免疫有效；发痘差，则应重复接种。在一般情况下，疫苗接种后 2～3 周产生免疫力，免疫期可持续 4～5 个月。

2.扑灭措施

发生本病时，应及时隔离病禽，防止疫情扩大蔓延，淘汰并销毁严重的黏膜型病禽，对禽舍、运动场和用具进行严格消毒。鸡群发病后，被隔离的病鸡应在完全康复后 2 个月方可合群。

3.治疗

病鸡可采用对症治疗，以减轻症状，防止并发症。对症治疗可剥除痂块，伤口处涂擦紫药水或碘酊。口腔、咽喉处用镊子除去假膜，涂敷碘甘油。眼部可把蓄积的干酪样物挤出，用 2% 的硼酸液冲洗干净，再滴入 5% 的蛋白银溶液。大群鸡用鸡痘散和吗啉胍混料，连用 3～5 d。为防止继发感染，可在饲料或饮水中加入广谱抗生素，如环丙沙星、恩诺沙星等，连用 5～7 d。

子任务十二 禽病毒性关节炎

禽病毒性关节炎是一种由禽呼肠孤病毒引起的鸡的重要传染病。病毒主要侵害关节滑膜、腱鞘和心肌，引起足部关节肿胀，腱鞘发炎，继而使腓肠腱断裂。病鸡关节肿胀、发炎，行动不便，跛行或不愿走动，采食困难，生长停滞。

【病原】

（1）病毒属性 禽病毒性关节炎的病原为禽呼肠孤病毒。该病毒与其他动物的呼肠孤病毒在形态方面基本相同，病毒粒子无囊膜，呈二十面体对称排列，直径约为 75 nm，在氯化铯中的浮密度为 1.36～1.37 g/mL。其基因组由 10 个节段的双链 RNA 构成。

（2）病毒培养 呼肠孤病毒可通过卵黄囊和绒毛尿囊膜（CAM）接种而在鸡胚中生长繁殖。通过卵黄囊接种，一般在接种后 3～5 d 鸡胚死亡；通过 CAM 接种，通常在接种后 7～8 d 鸡胚死亡。除鸡胚之外，呼肠孤病毒还可在原代鸡胚成纤维细胞、肝、睾丸细胞，以及 Vero、BHK-21 等传代细胞中生长。

（3）抵抗力 禽呼肠孤病毒对热有一定的抵抗能力，能耐受 60 ℃ 达 8～10 h；对乙醚不敏感；对过氧化氢、2% 来苏尔、3% 福尔马林等均有抵抗力。用 70% 乙醇和 0.5% 有机碘可以灭活病毒。

【流行病学】

（1）易感性 鸡呼肠孤病毒广泛存在于自然界，可从许多种鸟类体内分离到。但是鸡和火

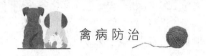

鸡是目前已知可被该病毒引起关节炎的动物。

(2)传染源与传播途径　带毒鸡是重要的传染源。病毒在鸡中的传播有两种方式：水平传播和垂直传播。病毒可通过种蛋垂直传播，但水平传播是该病的主要传染途径。病毒感染鸡之后，首先在呼吸道和消化道复制，然后进入血液，24～48 h后出现病毒血症，随即向体内各组织器官扩散，但以关节腱鞘及消化道的含毒量较高。排毒途径主要是经过消化道。

【症状】

(1)本病大多数野外病例均呈隐性感染或慢性感染，要通过血清学检测和病毒分离才能确定。在急性感染的情况下，鸡表现跛行，部分鸡生长受阻；慢性感染期的跛行更加明显，少数病鸡跗关节不能运动。病鸡食欲和活力减退，不愿走动，喜坐在关节上，驱赶时或勉强移动，但步态不稳，继而出现跛行或单脚跳跃。

(2)病鸡消瘦，贫血，发育迟滞，少数逐渐衰竭而死。检查病鸡可见单侧或双侧蹠部、跗关节肿胀。在日龄较大的肉鸡中可见腓肠腱断裂导致的顽固性跛行。

(3)种鸡群或蛋鸡群受感染后，产蛋量可下降10%～15%。也有报道种鸡群感染后种蛋受精率下降，这可能是病鸡运动功能障碍而影响正常的交配所致。

【病理变化】

(1)病鸡跗关节上下周围肿胀，切开皮肤可见到关节上部腓肠腱水肿，滑膜内经常有充血或点状出血，关节腔内含有淡黄色或血样渗出物，少数病例的渗出物为脓性，与传染性滑膜炎病变相似，这可能与某些细菌的继发感染有关。其他关节腔呈淡红色，关节液增加。根据病程的长短，有时可见周围组织与骨膜脱离。

(2)慢性病例的关节腔内渗出物较少，腱鞘硬化和粘连，在跗关节远端关节软骨上出现凹陷的点状溃烂，然后变大、融合，延伸到下方的骨质，关节表面纤维软骨膜过度增生。有的在切面可见到肌与腱交接部发生的不全断裂和周围组织粘连，关节腔有脓样、干酪样渗出物。

【诊断】

(1)初步诊断　根据症状和病变进行初步诊断。虽然此病的类症鉴别颇为困难，但根据症状和病变的特点，在临诊中可对该病做出初步诊断。

(2)实验室诊断

①病毒的分离与鉴定　病原的分离鉴定是最确切的诊断方法。可从肿胀的腱鞘、跗关节的关节液、气管和支气管、肠内容物及脾脏等取病料进行病毒分离。

②琼脂扩散试验　是最常用的鸡病毒性关节炎的诊断方法。病毒感染2～3周后，该方法能检查出呼肠孤病毒的群特异性抗体。

【防制】

1. 预防

(1)加强管理　一般的预防方法是加强卫生管理及鸡舍的定期消毒。采用"全进全出"的饲养方式，对鸡舍彻底清洗和消毒，可以防止由上批感染鸡留下的病毒的感染。患病鸡长时间不断向外排毒，是重要的感染源，因此，对患病鸡要坚决淘汰。

(2)免疫接种　接种弱的活疫苗可以有效地产生主动免疫，一般采用皮下接种途径。但用弱毒苗与马立克氏病疫苗同时免疫时，会干扰马立克氏病疫苗的免疫效果，故两种疫苗接种时间应相隔5 d以上。无母源抗体的后备鸡，可在6～8日龄用活苗首免，8周龄时再用活苗加强免疫，在开产前2～3周注射灭活苗，一般可使雏鸡在3周内不受感染。

2．治疗

对该病目前尚无有效的治疗方法。

子任务十三　禽脑脊髓炎

禽脑脊髓炎（AE）是由禽脑脊髓炎病毒（AEV）主要侵害幼龄鸡中枢神经系统的一种传染病。该病以共济失调，头颈部肌肉震颤和两肢轻瘫及不全麻痹为特征，故又称为"流行性震颤"。该病使母鸡产蛋率急剧下降。

【病原】

（1）病原特性　禽脑脊髓炎病毒属小 RNA 病毒科，肠道病毒属，无囊膜。AEV 不同毒株间无血清学差异，但野毒株和鸡胚适应毒株之间有明显生物学区别。野毒株的致病性有差异，都为嗜肠性，从粪便排毒，易经口感染，但有些野毒株主要为嗜神经性，引起中枢神经系统严重损害，呈现中枢神经系统症状。鸡胚适应毒株是高度嗜神经性的，通过消化道以外的途径接种各种年龄的鸡，都可能引起发病，除非剂量极大，不能经口感染，不从鸡传给鸡。

（2）病毒培养　病毒能在发育鸡胚中增殖，病毒抗原集中存在于鸡胚的胃肠道（腺胃、肌胃、肠道）肌层中，这些器官的组织匀浆是琼脂扩散试验的最佳抗原。

（3）抵抗力　病毒对环境的抵抗力很强，对氯仿、酸、胰酶、胃蛋白酶、DNA 酶有抵抗力，双价镁离子可保护其不受热影响。

【流行病学】

（1）易感性　鸡、野鸡、鹌鹑和火鸡能自然感染，雏鸭、幼鸽和珠鸡可人工感染发病。各种年龄的鸡均有易感性，但 3 周龄的雏鸡易感性最高。

（2）传染源与传播途径　自然条件下本病主要经消化道感染，粪便中含有多量病毒，幼雏排毒可持续 20 d 以上，而 3 周龄以上的雏鸡排毒仅持续 5 d 左右。垂直传播在本病的发生上起重要作用，有的雏鸡在出壳后的第一天即表现临诊症状，并能在孵化器传播本病。

【症状】

垂直传播的雏鸡潜伏期为 1～7 d，而通过接触传播或经口感染的鸡，至少为 11 d。

自然发病的鸡，出现症状通常在 1～2 周龄，但也有的在出雏时即发病。

（1）病鸡最早出现的症状是精神沉郁，目光呆滞，随即出现共济失调，特别是驱赶时表现更为明显。

（2）严重时病鸡不能起立，坐于脚踝，甚至倒卧一侧。头颈震颤一般出现在共济失调之后，持续时间长短不一，常呈阵发性，人工刺激也可引发震颤症状，有的鸡则仅见头颈震颤而不见共济失调。

（3）病鸡饮食减少，衰弱，最后死亡。发病率 5%～90%，病死率 10%～70%。

（4）2 周龄后的鸡感染后，很少出现临床症状。

（5）成年鸡都为隐性感染，一般表现为产蛋量减少，不出现神经症状，但血清学试验呈阳性，其所产的蛋可能带毒，使后代发病。

【病理变化】

（1）肉眼可见的病变　肉眼唯一可见的病变是病雏腺胃壁中有一种白色的小病灶，是由浸

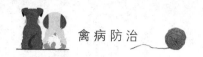

润的淋巴细胞团块所致。成年鸡则无肉眼可见病变。

(2)病理组织学变化　主要在中枢神经系统,呈现散在性的非化脓性脑脊髓炎和背根神经炎。脑和脊髓所有部位出现血管周围淋巴细胞浸润,呈现所谓"管套"现象,神经小胶质细胞呈弥漫性或结节性增生,脑干神经细胞中央染色质溶解。外周神经不受侵害,具有鉴别诊断意义。

(3)内脏器官组织学变化　腺胃壁肌层、肌胃、胰腺和心肌中有多量淋巴细胞呈滤泡状增生浸润,具有诊断意义。

【诊断】

(1)根据本病在鸡群的流行特点、临床症状和病理组织学变化,可做出初步诊断。

(2)分离病毒可采取病鸡脑组织经抗生素处理后,接种于5～7日龄鸡胚卵黄囊,继续孵化,雏鸡出壳后观察10 d有无出现症状,有症状时取病鸡脑、胰和腺胃做病理组织学检查,观察是否有特征性病理组织学变化,或用荧光抗体法检查病毒抗原。

(3)血清学试验可用中和试验、琼脂扩散试验、间接荧光抗体法、ELISA技术和被动血凝试验等检测血清抗体。

【防制】

1.预防

(1)加强管理　加强消毒与隔离措施,防止从疫区引进种苗和种蛋,防止本病传入。鸡感染后1个月内的蛋不宜孵化。

(2)免疫接种　活毒疫苗是一种用1143毒株制成的活苗,可通过饮水法接种,鸡接种疫苗后1～2周排出的粪便中能分离出AEV。这种疫苗可通过自然扩散感染且具有一定的毒力,故小于8周龄的鸡只不可使用此苗,以免引起发病。处于产蛋期的鸡群也不能接种这种疫苗,否则可能使产蛋量下降10%～15%,持续时间从10 d至2周。产蛋期鸡群建议于10周以上,但不能迟于开产前4周接种疫苗,在接种后不足4周所产的蛋不能用于孵化,以防仔鸡由于垂直传播而发病。

灭活疫苗　AE灭活苗用AEV野毒或AR-AE胚适应株接种SPF鸡胚,取其病料灭活制成油乳剂苗。这种疫苗安全性好,免疫接种后不排毒、不带毒,特别适用于无AE病史的鸡群。可于种鸡开产前18～20周或产蛋鸡做紧急预防接种。灭活苗价格较高,且要逐只抓鸡注射,但免疫效果确实,从而达到通过母源抗体保护雏鸡的目的。

2.治疗

本病尚无特异性疗法。将轻症鸡隔离饲养,加强管理并投与抗生素预防细菌感染,维生素E、维生素B_1、谷维素等药可保护神经和改善症状。重症鸡应挑出淘汰。全群还可用抗AE的卵黄抗体(康复鸡或免疫后抗体滴度较高的鸡群所产的蛋制成)做肌内注射,每只雏鸡0.5～1.0 mL,每日1次,连用2 d。

子任务十四　鸭　瘟

鸭瘟是由鸭瘟病毒引起的鸭和鹅的急性败血性传染病。其特征为病禽体温升高,两腿发软、下痢、流泪,部分病鸭头颈肿大;食道黏膜有小点出血,并有灰黄色假膜覆盖或溃疡,泄殖腔黏膜充血、出血、水肿和假膜覆盖;肝有不规则、大小不等的出血点和坏死灶。

【病原】

(1)病原特性 鸭瘟病毒属疱疹病毒,病毒粒子呈球形,基因组为DNA,有囊膜。

(2)病毒培养 病毒能在9~12日龄鸭胚绒毛尿囊膜上生长增殖和继代,随着继代次数增加,鸭胚在4~6 d死亡,致死的胚体广泛出血、水肿,绒毛尿囊膜上有灰白色坏死灶,肝亦有坏死灶。病毒也适应于鹅胚,但不能直接适应于鸡胚,必须通过鸭胚或鹅胚继代后才能适应于鸡胚。病毒也能适应于鸭胚、鹅胚、鸡胚成纤维细胞培养,并引起细胞病变,细胞培养物用吖啶橙染色可见核内包涵体。病毒连续通过鸭胚、鸡胚和细胞培养传代后,对鸭的毒力减弱,可用于研制疫苗。病毒毒株间的毒力有差异,但各毒株的免疫原性相似。

(3)抵抗力 病毒对外界的抵抗力不强,加热80 ℃经5 min即可死亡;在夏季阳光直射下9 h毒力消失,在秋季(25~28 ℃)阳光直射下9 h毒力仍存活。病毒在4~20 ℃污染禽舍内存活5 d。病毒对低温抵抗力较强,在-5~-7 ℃经3个月毒力不减弱,-10~-20 ℃经1年对鸭仍有致病力。病毒对乙醚和氯仿敏感。病毒在pH 7~9时,经6 h不减弱毒力;在pH 3和pH 11时,病毒迅速灭活。

【流行病学】

(1)易感性 自然情况下仅鸭感染,鹅在同病鸭密切接触时,有时也可引起发病,某些野生水禽也能感染,成为本病的自然疫源。鸡对鸭瘟的抵抗力强,但人工感染2周龄的雏鸡可引起发病,鸭瘟病毒适应鸡胚后,对鸭失去致病力,但对1日龄至1月龄雏鸡的毒力大大提高,其病死率甚高。鸽、麻雀、兔、小鼠对本病无易感性。不同年龄、性别和品种的鸭均可感染,以番鸭、麻鸭、绵鸭易感性最高,北京鸭次之。在自然流行中,成年鸭和产蛋母鸭发病和死亡较为严重,1个月以下雏鸭发病较少。但人工感染时,雏鸭也容易感染,死亡率也很高。

(2)传染源与传播途径 病鸭、潜伏期的感染鸭以及康复不久的带毒鸭是本病的传染源,病毒存在于病鸭各器官、血液、分泌物和排泄物中,肝、脑、食道、泄殖腔含毒量最高。病禽通过分泌物、排泄物等大量排毒,污染饲料、饮水、土壤、用具等,经消化道感染,还可通过交配、眼结膜和呼吸道而感染。吸血昆虫也可能成为本病的传播媒介。人工感染时,滴鼻、点眼、泄殖腔接种、皮肤刺种、肌内和皮下注射等均可使健康鸭发病。

健康鸭和病鸭在一起放牧、在水中相遇,或是放牧时经过发病的地区,都能发生感染。某些水禽感染带毒后,可成为传播本病的自然疫源和媒介。

(3)流行规律 本病在一年四季均可发生,但以春夏之际和秋季流行最严重,这是由于以上季节饲养数量多,鸭群放牧,大量上市,购销、调运频繁。当鸭瘟传入易感鸭群后,一般在3~7 d开始出现零星病例,再经3~5 d陆续出现大批病鸭,进入流行发展期和流行盛期,每天发病十几只到数十只,整个流行过程达2~6周。如果鸭群中有免疫鸭或耐过鸭时,流行过程较缓慢,流行可长达2~3个月或更长。

【症状】

自然感染潜伏期一般为3~4 d。

(1)病初体温升高到43 ℃以上,高热稽留。病鸭精神委顿,食欲减少或废绝,饮欲增加,头颈缩起,羽毛蓬松,翅膀下垂;双腿无力,伏卧不起,不愿走动,被驱赶时两翅扑地而走,前行几步即停止,当两腿完全麻痹时,则完全不能站立。病鸭不愿下水,如被赶入水中,漂浮于水面不

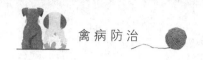

游动并挣扎回岸。

(2)流泪和眼睑水肿是本病的一个特征症状。病初流出澄清浆液性分泌物,沾湿眼睑周围羽毛,以后分泌物变为黏性或脓性,常将眼睑黏合。严重者眼睑水肿或翻出于眼眶外,结膜充血,常有小出血点,甚至形成小溃疡。部分病鸭头颈部肿胀,俗称"大头瘟"。

(3)病鸭从鼻中流出稀薄或黏稠的分泌物,呼吸困难,呼吸时发出鼻塞音,叫声嘶哑。病鸭发生下痢,排出绿色或灰白色稀便,肛门周围羽毛被污染并结块。泄殖腔黏膜充血、出血、水肿,严重者黏膜外翻。翻开肛门可见泄殖腔黏膜有黄绿色假膜,不易剥离。病至后期,病禽极度衰弱,不久死亡。病程一般 2～5 d,慢性可拖延 1 周以上。病死率高达 90%以上。

(4)鹅感染鸭瘟时,体温升高至 42.5～43 ℃,流泪,鼻流浆液性或黏性分泌物,两腿发软,肛门黏膜水肿,食道和泄殖腔黏膜有一层灰黄色假膜覆盖,黏膜充血或斑点状出血和坏死。

【病理变化】

(1)鸭瘟呈急性败血症变化。皮肤有许多散在的出血斑,眼睑常粘连在一起,下眼睑结膜出血或有少量干酪样物覆盖。头颈肿胀的病例,皮下组织呈黄色胶样浸润。食道黏膜有纵行排列的灰黄色假膜覆盖或小出血斑点,假膜易剥离,剥离后留有溃疡灶,这种病变具有特征性。

(2)有些病例的腺胃与食道交界处有一条灰黄色坏死带或出血带。肠黏膜充血、出血,以十二指肠和直肠最为严重。泄殖腔黏膜的病变与食道相同,黏膜表面覆盖一层灰褐色或绿色坏死结痂,黏着很牢固,不易剥离,黏膜上也有出血斑点和水肿,具有诊断意义。

(3)产蛋母鸭卵泡形态不整齐,卵泡膜充血、出血,有的卵泡破裂,引起腹膜炎。

(4)肝脏表面和切面有大小不等的灰白色坏死点,少数坏死点中间有小出血点,这种变化也具有诊断意义。

(5)雏鸭感染鸭瘟时,法氏囊呈深红色,表面有针尖状的坏死灶,囊腔充满白色的凝固性渗出物。

(6)鹅感染鸭瘟病毒后的病变与鸭相似,食道黏膜有散在坏死灶,坏死痂脱落后留有溃疡,肝也有坏死点和出血点。

【诊断】

(1)根据流行病学特点、特征症状和病理变化可做出初步诊断。其流行特点是鸭和鹅发病,其他家禽不发病,传播迅速,发病率和病死率高。特征症状是体温升高,流泪,两腿麻痹和部分病鸭头颈肿胀。特征病理变化是食道和泄殖腔黏膜溃疡,有假膜覆盖及肝脏有坏死灶和出血点。确诊可进行病毒分离鉴定和中和试验。

(2)本病应与鸭巴氏杆菌病加以鉴别。鸭巴氏杆菌病除鸭外,其他家禽也可发病,头颈不肿胀,食道和泄殖腔黏膜无假膜,取心血、肝、脾制作涂片,进行瑞氏染色镜检,可见到两极浓染的巴氏杆菌,应用抗生素有很好的疗效。当查到巴氏杆菌,应用抗生素无效时,应考虑两种病并发感染。

【防制】

1. 预防

(1)加强管理　不从病区引进鸭,如需引进时,要严格检疫。禁止到鸭瘟流行区域和野禽出没的水域放牧。

(2)预防接种　用鸭瘟鸭胚化弱毒疫苗或鸡胚化弱毒疫苗进行预防接种。雏鸭 20 日龄首免,4～5 月龄再强化免疫 1 次。3 月龄以上鸭免疫 1 次,免疫期可达 1 年。母鸭应在开产前

1个月或停产时接种,以防止影响产蛋。

2．扑灭措施

一旦发生鸭瘟,立即采取隔离措施,对鸭群进行紧急接种。禁止病鸭外调、出售,停止放牧,防止病毒扩散。受威胁区所有鸭和鹅应注射疫苗,建立免疫带。

子任务十五　鸭病毒性肝炎

鸭病毒性肝炎是由鸭肝炎病毒引起的小鸭的一种高度致死性传染病。临诊以角弓反张为特征,病理变化以肝炎和出血为特征。发病急,传播快,死亡率高。

【病原】

(1)病原特性　鸭肝炎病毒属微 RNA 病毒,大小为 20～40 nm。本病毒分 1、2、3 三个血清型,在血清学上有明显差异,无交叉免疫性。

(2)病毒培养　1 型鸭肝炎病毒能在 9 日龄鸡胚尿囊腔中增殖,10%～60% 的鸡胚在接种后 5～6 d 死亡,鸡胚发育不良或水肿。病毒经在鸡胚连续传代 20～26 代后,即失去对新生雏鸭的致病力。这种鸡胚适应毒在鸭胚成纤维细胞上培养,可产生细胞病变。鸭胚肝或肾原代细胞可用来培养 1 型鸭肝炎病毒。

(3)抵抗力　病毒对外界环境抵抗力很强,在污染的孵化器内至少存活 10 周,在阴凉处的湿粪中可存活 37 d 以上,在 4℃ 条件下可存活 2 年以上,在 -20℃ 则可存活长达 9 年,在 2% 来苏尔溶液中 37℃ 能存活 1 h,在 0.1% 福尔马林中能存活 8 h。病毒对氯仿、乙醚有抵抗力。病毒加热至 56℃ 经 60 min 仍可存活,但 62℃ 经 30 min 即可灭活。病毒在 1% 福尔马林或 2% 氢氧化钠中 2 h,2% 漂白粉溶液中 3 h 均可灭活。

【流行病学】

(1)易感性　本病主要感染 5～10 日龄雏鸭,成年鸭、鸡、火鸡和鹅有抵抗力。1 周龄内的雏鸭病死率可达 95%,1～3 周龄的雏鸭病死率为 50% 或更低,4～5 周龄的小鸭发病率和病死率较低。

(2)传染源与传播途径　本病主要由购入带毒雏鸭引起,带毒的野禽、成年鸭、人员来往、车辆、饲料、用具等也可成为传播媒介。

(3)流行规律　本病一年四季均可发生,但主要在孵化季节,我国南方 2—5 月和 9—10 月,北方 4—8 月发生较多。肉鸭在舍饲情况下,可常年发生。环境环境条件恶劣可促进本病的发生。

【症状】

雏鸭突然发病,传播迅速,一般死亡多发生在 3～4 d。病初精神萎靡、眼半闭、厌食、缩颈、翅下垂、蹲伏、行动呆滞或跟不上群。发病后半日到 1 d 出现神经症状,表现为运动失调,全身抽搐,两脚乱蹬,倒向一侧,头仰向后背,故称"背脖病",有时在地上旋转。通常病禽在出现神经症状后数小时内死亡,喙端和爪尖淤血呈暗紫色,少数病鸭死前排黄白色和绿色稀便。1 周龄以内的雏鸭急性暴发该病时,死亡之快令人惊奇。

【病理变化】

特征病变在肝脏、脾脏和肾脏。肝肿大,质脆,色暗或发黄,表面有大小不等的出血斑点,

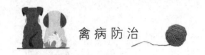

胆囊肿大,充满胆汁。脾脏有的肿大,斑驳状。多数病例肾脏肿大和充血。其他器官无明显变化。

【诊断】

(1)根据主要发生于 2 周龄以下的雏鸭、突然发病、迅速传播的流行病学特点,出现明显的神经症状,特征病变在肝脏、脾脏和肾脏等,可初步诊断为本病。

(2)可靠的方法是采取病料接种 1～7 日龄的易感鸭,复制出该病典型症状和病变,而接种同一日龄的具有母源抗体的雏鸭,有 80%～100% 受到保护,即可确诊。也可取病鸭的肝组织悬液或血液,经抗生素处理后,接种 9 日龄鸡胚尿囊腔,鸡胚在第 5～6 天死亡,可见胚体发育停滞,腹部和股部水肿,尿囊液增多和变为淡绿色,卵黄囊缩小,内容物变黏稠,肝脏呈淡绿色,表面有黄白色坏死点。

(3)本病应与黄曲霉急性中毒加以区别,黄曲霉急性中毒也表现明显的神经症状,与病毒性肝炎相似,但不引起肝脏的出血。

【防制】

1. 预防

母鸭在开产前用鸡胚化鸭肝炎弱毒疫苗皮下接种 2 次,每次 1 mL,间隔 2 周。通过母源抗体,可使雏鸭在 2 周内获得保护,度过易感期。在有鸭肝炎的疫场,雏鸭在 10～14 日龄时仍需进行 1 次免疫接种。未经免疫的种鸭群,其后代 1 日龄时经肌内注射 0.5 mL 弱毒疫苗,即可受到保护。

2. 治疗

发病鸭群可皮下注射康复鸭血清,或高免血清,或免疫母鸭蛋黄匀浆 0.5～1.0 mL,可起到降低死亡率、制止流行和预防发病的作用。

子任务十六　鸭坦布苏病

鸭坦布苏病是由一种新型黄病毒——坦布苏病毒(TMUV)引起的,以产蛋鸭出现瘫痪、产蛋量下降、头颈摇摆,肉鸭初期出现软脚、打滚、采食量下降,后期出现断羽、掉羽为特征的鸭病毒性传染病。

【病原】

(1)病毒属性　坦布苏病毒归属于黄病毒科、黄病毒属,是蚊媒病毒类成员。黄病毒属有病毒 70 余种,包含登革热病毒、日本脑炎病毒、黄热病毒、西尼罗河病毒等多种常见病毒。坦布苏病毒粒子的直径为 40～50 nm,大小为 10.9 kb,电镜下呈小球形,为对称的十二面体,表面有镶嵌糖蛋白的脂质包膜,病毒包膜内含有核衣壳蛋白,病毒核酸为单股正链 RNA。黄病毒大多能够凝集鹅、鸽和新生雏鸡的红细胞,但其血凝素易于破坏,而且血凝反应要求比较严格的 pH 域。

(2)培养特性　鸭坦布苏病毒易在 9～11 日龄的鸭胚、鸡胚尿囊腔或尿囊膜上生长,可以用鸭胚或 SPF 鸡胚来进行病毒的分离和增殖。胚的病变主要表现为:胚体出血、死亡,尿囊膜增厚,尿囊液减少。鸭坦布苏病毒可以在鸡胚成纤维细胞(CEF)和鸭胚成纤维细胞(DEF)上增殖,适应致细胞病变效应(DEF)后的病毒通常在 36~48 h 产生 CPE,随时间延长,CPE 更加明显,表现为细胞折光性增强,细胞变圆以及细胞融合,最终崩解死亡。

(3)抵抗力 坦布苏病毒为有囊膜的单股 RNA 病毒,可被氯仿灭活,对去氧胆酸钠敏感。在 pH 为 1~5 时不稳定。该病毒不耐热,56℃经 15 min 即可灭活。

【流行病学】

(1)易感性 本病毒可感染除番鸭外的所有品种产蛋鸭,如蛋鸭(绍兴鸭、缙云麻鸭、山麻鸭、金定鸭、康贝尔鸭、台湾白改鸭)、肉种鸭(樱桃谷鸭、北京鸭)、野鸭等,还可感染其他动物,如猪、鸡、麻雀等。

(2)传染源与传播途径 患病鸭和带毒鸭是主要传染源。节肢动物是黄病毒属病毒主要的宿主和传播媒介,坦布苏病毒可通过库蚊传播,鸟类特别是家禽为其贮存宿主。但鸭坦布苏病毒的具体传播媒介不明。该病在秋季流行严重,推测可能与蚊虫有关,但进入蚊虫较少的冬季后,该病仍然在部分地区蔓延,因此,是否有其他的传播途径有待进一步证实。

(3)流行规律 该病发病突然,传染迅速,在 2~3 d 可以感染整个养殖区,感染率高达100%。但是死亡率相对较低,如果能够及时采取治疗措施,病鸭死亡率可以控制在15%~20%。

【症状】

(1)肉鸭 感染最早可在 20 日龄之前发病,以出现神经症状为主要特征,表现为站立不稳,倒地不起和步态不稳。病鸭仍有饮食欲,但多数因饮水采食困难,衰竭死亡,死淘率一般在5%~30%。

(2)蛋鸭 蛋鸭感染发病初期采食量突然下降,在短短数天内可下降到原来的 50%甚至更少,产蛋率随之大幅下降,可从产蛋高峰期的 90%~95%下降到 5%~10%,受精率一般会降低 10%~20%,发病率最高可以达到 100%,死淘率在 5%~50%不等。病鸭体温升高,排草绿色稀薄粪便。感染的早期,发病鸭一般不表现神经症状,感染后期则神经症状明显,表现为瘫痪、步态不稳、共济失调,恢复后有明显的换羽过程。

【病理变化】

(1)肉鸭 解剖主要病变可见心包积液、心肌萎缩、坏死;肝脏出血、萎缩;肠道出血。有神经症状的病死鸭还可见脑膜出血,脑组织水肿,呈树枝状出血,有时伴有肾脏红肿或尿酸盐沉积。

(2)蛋鸭 主要病变可见卵巢发育不良,卵泡变性、变形、坏死或液化、卵泡膜充血、出血。有神经症状的病死鸭还可见脑膜出血,脑组织水肿,呈树枝状出血。

【诊断】

根据发病特点、临床症状和病理变化可做出初步诊断。确诊主要依赖病毒分离、血清学检测和分子生物学检测。病鸭的卵泡膜、脑膜、脾脏、肝脏等病变组织适宜分离病毒,卵泡膜中最易分离和检测到病毒。血清学检测方法有 ELISA 技术、琼扩试验、补体结合试验和病毒中和试验等。

【防制】

1.预防

(1)加强管理 要合理安排养殖密度,鸭舍内要给予鸭群足够的活动空间,保持良好的通风环境;要及时清理鸭舍内的粪便,消灭鸭场中的蚊蝇,定期进行消毒处理;定期接种基础疫

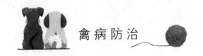

苗,虽然目前对于鸭黄病毒病和常规疫苗之间的病理学关系并不明确,但是基础疫苗的接种工作仍然十分关键,需要引起养殖人员的重视。

(2)免疫接种 采用鸭坦布苏病毒活疫苗,肌内注射,每只鸭 0.5 mL。雏鸭 5～7 日龄首免,2 周后加强免疫 1 次;产蛋鸭在开产前 1～2 周免疫 1 次。

2.治疗

目前尚没有一种药品能够对鸭坦布苏病起到很好的治疗效果。一些中草药制剂可以对该病起到一定程度的防控作用。根据发病的情况,组方以轻泻肝火、健脾为主。发病鸭群可适当添加多种维生素、清瘟败毒散、黄芪多糖、双黄连等对症治疗,提高鸭群抵抗力。

子任务十七 雏番鸭细小病毒病

雏番鸭细小病毒病(MDP),又称雏番鸭细小病毒感染、雏番鸭"三周病",是由雏番鸭细小病病毒(MDPV)引起的,以腹泻、呼吸困难和软脚为主要症状的一种急性、败血性传染病,主要侵害 1～3 周龄的雏番鸭,具有高度传染性,发病率和死亡率高。病变的主要特征是肠黏膜坏死、脱落。除雏番鸭外,其他禽类和哺乳动物均不感染发病。本病可造成雏番鸭大批死亡,不死者成为僵鸭。

【病原】

(1)病毒属性 MDPV 为细小病毒科、细小病毒属的成员,病毒直径 22～23 nm,无囊膜,二十面体对称,病毒基因组为单股 DNA。其生物学特性与小鹅瘟病毒(GPV)相似,通过交叉中和试验可以把 MDPV 和 GPV 区分开来,有高效价抗 GPV 抗体的雏番鸭对 MDPV 仍然易感。MDPV 对鸡、番鸭、麻鸭、鸽子、猪等动物的红细胞均无凝集作用。

(2)培养特性 MDPV 通过尿囊腔途径病毒接种 11～13 日龄番鸭胚或 12～13 日龄鹅胚,能在其中增殖,并引起胚胎死亡;不感染鸡胚;病毒能在番鸭胚成纤维细胞上生长并引起细胞病变,荧光抗体染色在细胞核内出现明亮的黄绿色荧光,说明病毒在细胞核内复制。

(3)抵抗力 MDPV 对乙醚、胰蛋白酶、酸和热等有很强的抵抗力,但对紫外线照射很敏感。

【流行病学】

(1)易感性 雏番鸭是唯一自然感染发病的动物,发病率和死亡率与日龄密切相关,日龄越小,发病率和死亡率越高。一般从 4～5 日龄初见发病,10 日龄达高峰,发病率为 20%～60%,病死率为 20%～40%。以后逐渐减少,20 日龄以后表现为零星发病。近年来,雏番鸭发病日龄有增大的趋势,30～40 日龄的也可发病,但发病率和死亡率低。麻鸭、北京鸭、樱桃谷鸭、鹅和鸡未见自然感染病例,即使与病番鸭混养或人工接种病毒,也不出现临诊症状。

(2)传染源与传播途径 病番鸭和带毒番鸭是主要的传染源。成年番鸭感染病毒后不表现任何症状,但能随分泌物、排泄物排出大量病毒,成为重要的传染来源。带毒的种蛋污染孵化器及出雏器,使出壳的雏番鸭成批发病。发病的雏番鸭通过粪便排出大量病毒,污染了饲料、饮水,主要通过消化道传播。

(3)流行规律 本病发生无明显季节性,但是冬春气温低,育雏室空气流通不畅,空气中氨和二氧化碳浓度较高,发病率和死亡率较高。

【症状】

本病的潜伏期 4～9 d,病程 2～7 d,病程长短与发病日龄密切相关。根据病程长短,本病可分为最急性型、急性型和亚急性型。

(1)最急性型 多发生于出壳后 6 d 以内的雏番鸭,病势凶猛,病程很短,只有数小时。多数病雏不表现症状即衰竭、倒地死亡。病雏的喙端、泄殖腔、蹼等变化不明显,偶见羽毛直立、蓬松。临死时两腿乱划,头颈向一侧扭曲。本型发病率低,占整个病雏的 4%～6%。

(2)急性型 多发生于 7～21 日龄雏番鸭,约占整个病雏数的 90% 以上。主要表现为精神委顿,羽毛蓬松,两翅下垂,尾端向下弯曲,两脚无力,懒于走动,厌食,离群;有不同程度腹泻,排出灰白或淡绿色稀粪,并黏附于肛门周围;呼吸困难,喙端发绀,后期常蹲伏,张口呼吸。病程一般为 2～4 d,濒死前两腿麻痹,倒地,衰竭死亡。

(3)亚急性型 本型病例较少,往往是由急性型转来,也可见于日龄较大的雏鸭。主要表现为精神委顿,喜蹲伏,两腿无力,行走缓慢,排黄绿色或灰白色稀粪,并黏附于肛门周围。病程 5～7 d。病死率低,大部分病愈鸭颈部、尾部脱毛,嘴变短,生长发育受阻,成为僵鸭。

【病理变化】

1.最急性型

由于病程短,病理变化不明显,只在肠道内出现急性卡他性炎症,并伴有肠黏膜出血,其他内脏器官无明显病变。

2.急性型

病理变化典型,呈全身败血症的变化。全身脱水明显;大部分病死鸭肛门周围有稀粪黏附,泄殖器扩张、外翻;心脏变圆,心壁松弛,尤以左心室病变明显;肝稍肿大,胆囊充盈;肾和脾稍肿大;胰腺肿大,表面散布针尖大小灰白色病灶。特征性病变在肠道,空肠中、后段显著膨胀,在肠道膨大处有一小段质地松软的黏稠渗出物,长 3～5 cm,呈黄绿色,主要由脱落的肠黏膜、炎性渗出物和肠内容物组成。也有的病例在肠黏膜表面附着散在的纤维素凝块,呈黄绿色或暗绿色;两侧盲肠均有不同程度的炎性渗出和出血;直肠内黏液增多,黏膜有许多出血点,肠管粗大。其他内脏器官一般无明显可见的肉眼变化。

【诊断】

1.临床诊断

根据流行病学、临诊症状和病理变化可以做出初步诊断。确诊必须进行病毒的分离和鉴定。

2.实验室诊断

(1)病毒分离 取濒死期雏番鸭的肝、脾、胰腺等组织制成悬浮液,冻融两次,取上清液,过滤除菌或双抗处理后,通过尿囊腔接种 11～13 日龄番鸭胚,每胚 0.1 mL,37℃孵育,观察到第 10 天,一般初次分离时胚胎的死亡时间为 3～7 d。随着传代次数的增加,胚胎死亡时间稳定在 3～5 d。死亡胚体绒毛尿囊膜增厚,胚胎充血,翅、趾、背和头部有出血点。收集尿囊液做进一步鉴定病毒之用。

(2)病毒的鉴定 目前用于鉴定 MDPV 的血清学方法有 ELISA 技术、荧光抗体技术、琼脂扩散试验、乳胶凝集抑制试验(LA)、中和试验(NT)等。

番鸭对 GPV 和 MDPV 都易感,并且 GPV 和 MDPV 又存在共同抗原,所以,要把 MDPV

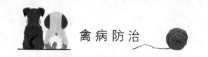

和 GPV 区分开来,必须通过血清学、分子生物学方法或交叉中和试验。对 MDPV 特异的单抗在对分离物的鉴定和对临诊样品的快速诊断上发挥很重要的作用。基于 MDPV 特异性单抗的乳胶凝集试验和免疫荧光试验可用于临诊样品 MDPV 病毒的检测,而乳胶凝集抑制试验则可用于血清流行病学调查和免疫鸭群的抗体监测。

【防制】

1. 预防

(1)加强管理 严格的生物安全措施对本病的防制具有重要意义。对种蛋、孵化室、用具和育雏室的严格消毒尤为重要,结合预防接种,可减少或防止本病的发生和流行。

(2)免疫接种 国内已研制出 MDPV 弱毒疫苗供雏番鸭和种鸭免疫预防用,也可使用灭活疫苗。雏番鸭出生后 48 h 内,皮下注射番鸭细小病毒弱毒疫苗。在疫区的雏番鸭,可在出壳后 4 d 内注射抗番鸭细小病毒的高免血清或高免蛋黄液。在种鸭产蛋前用番鸭细小病毒灭活苗进行免疫,孵出的雏番鸭将获得母源抗体,可抵抗番鸭细小病毒感染。

2. 治疗

发病时可用高免血清进行治疗,用番鸭细小病毒弱毒疫苗反复免疫鸭,收集琼扩抗体效价在 1:32 以上的鸭血清,即雏番鸭细小病毒病高免血清。该血清用于雏番鸭本病的预防,可大大减少发病率,用量为每只雏鸭皮下注射 1 mL。对发病鸭进行治疗时,使用剂量为每只雏鸭皮下注射 2～3 mL。

子任务十八 小　鹅　瘟

小鹅瘟(GP)是由小鹅瘟病毒(GPV)引起的雏鹅的一种急性或亚急性败血性传染病,以渗出性肠炎为主要病理变化。

【病原】

(1)病原特性 小鹅瘟病毒属细小病毒科,呈六角二十面体对称,无囊膜,基因组为单股 DNA,仅有 1 个血清型。

(2)病毒培养 病毒存在于病雏的内脏器官、脑及血液中。初次分离可将病料制成悬液,接种于 12～14 日龄鹅胚的绒毛尿囊腔内或绒毛尿囊膜上,胚体经 5～7 d 死亡。连续多次继代后,致死日程稳定在 3 d 左右。初次分离时可在鹅成纤维细胞(GFF)上增殖,但不产生细胞病变。在 GFF 上适应的病毒,能在单层上形成分散的颗粒性细胞病变和发生细胞脱落,并见细胞融合成合胞体。用盖玻片培养染色镜检,可见核内包涵体。

(3)抵抗力 病毒对外界环境抵抗力较强,能抵抗 56℃ 存活 3 h,在 -20℃ 至少能存活 2 年。

【流行病学】

(1)易感性 自然病例仅发生于鹅和番鸭的幼雏。白鹅、灰鹅和狮头鹅幼鹅的易感性相似。发病一般在 4～5 日龄开始,数日内蔓延全群,病死率可达 70%～100%,10 日龄以上者死亡率一般不超过 60%,20 日龄以上的发病率低,而 1 月龄以上则极少发病。

(2)传染源与传播途径 本病最初的传播媒介是带毒的种蛋,通过垂直传播使雏鹅出壳后发病,通过粪便大量排毒,直接或间接接触而迅速传播,使雏鹅大批发病。资料表明,在本病流行的年份,头几批孵出的雏鹅都很健康,如一旦传入本病,孵坊被污染,以后每批雏鹅几乎全部感染发病和在1周内死亡。

(3)流行规律 病鹅痊愈后和无症状感染的鹅,都可获得坚强的免疫力,其后代也可获得被动免疫。所以,本病的流行有一定的周期性,在大流行后的1年或数年往往不再发病。

【症状】

潜伏期1日龄感染为3～5 d,2～3周龄感染为5～10 d。

3～5日龄发病者常为最急性型,不见前驱症状,一旦发病即极度衰弱,或倒地乱划,不久死亡。1～2周龄的雏鹅发病多为急性型,精神委顿,打瞌睡,虽能采食,但随采随丢,多饮水;排灰白或淡黄绿色稀便,混有气泡;鼻流浆液性鼻液,呼吸用力,喙端色泽变暗;临死前两腿麻痹或抽搐。病程1～2 d。15日龄以上者病程稍长,一部分转为亚急性,以委顿、消瘦和腹泻为主要症状,少数幸存者在一段时间内生长不良。

【病理变化】

1.最急性型

小肠呈急性卡他性炎症,肠黏膜充血,呈弥漫性红色,有时可见出血,黏膜表面附有多量黄色黏液,其他器官无明显病变。

2.急性型

(1)败血症变化 有明显心力衰竭变化,表现为心肌苍白无光泽,松软,心脏变圆,心房扩张。肝淤血肿大,质脆,少数肝实质有针头大至粟粒大坏死灶。肾稍肿、暗红色,有时有坏死灶。胰腺肿大或有小坏死点。

(2)特征病变 小肠(空肠和回肠)膜坏死脱落,与凝固性的纤维素渗出物形成栓子或包裹在肠内容物表面的假膜,堵塞肠腔。剖检时可见靠近卵黄与回肠部的肠段,外观极度肿大,质地坚实,如香肠状,长2～5 cm,肠腔被一淡灰或淡黄色的栓子塞满。

【诊断】

本病根据出壳不久的雏鹅大量发病、死亡的流行病学特点,结合症状和小肠特有的病变,即可做出初步诊断。确诊需做病毒分离鉴定或特异抗体检查,亦可用免疫荧光法、病毒中和试验、琼脂扩散试验和ELISA试验证实病毒。

【防制】

1.预防

在本病流行严重的地区,给成年母鹅接种小鹅瘟疫苗,是预防本病的有效方法。母鹅留种前1个月每只肌注尿囊液500倍稀释0.5 mL,15 d后再每只肌注尿囊液0.1 mL,隔10 d后留作种蛋,整个产蛋期内,雏鹅都可获得很好的保护。如种鹅未及时进行免疫,而雏鹅受到威胁时,也可用弱毒疫苗对刚出壳的雏鹅进行紧急预防接种。

2.治疗

当鹅群发生本病后,应立即用抗小鹅瘟血清进行注射,可起到一定防治效果。刚出壳的雏鹅皮下注射0.5 mL,对已发病的雏鹅皮下注射1～2 mL。

抗小鹅瘟血清的制备方法是,选用待宰的成年鹅,每只皮下注射小鹅瘟鹅胚绒毛尿囊液100倍稀释1～2 mL,相隔7～10 d皮下注射小鹅瘟鹅胚绒毛尿囊液原液0.5～1.0 mL,再隔

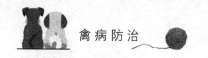

10～12 d 放血制备血清。每毫升加青霉素、链霉素各 1 000 IU,冻结状态下可保存 2 年。

本病主要通过孵坊污染传播,因此,应对孵化场所、设备、用具和种蛋进行严格消毒,发生本病后立即停止孵化。

【思与练】

一、填空题

1.新城疫病毒通常被分为以下几种类型:_____、_____、_____、_____、_____。

2.鸡马立克氏病根据病变发生的主要部位,可分为 _____、_____、_____ 和 _____,也可表现为混合型。

3.禽法氏囊病自然感染仅发生于鸡,主要发生于 _____ 周龄的鸡,以 _____ 周龄发生最多。

4.禽痘在临床分为 _____ 和 _____ 两型,两者皆有的称为混合型。

5.小鹅瘟的特征病变是 _____ 和 _____ 膜坏死脱落,堵塞肠腔。

二、判断题

1.新城疫、禽流感病毒都具有血凝性。(　　　)

2.候鸟迁徙是传播禽流感的主要原因。(　　　)

3.成年鸡感染传染性支气管炎仅表现轻微的呼吸道症状,主要表现产蛋量下降。(　　　)

4.感染传染性喉气管炎时,喉头、气管黏膜肿胀,出血和糜烂,有血性黏稠渗出物。(　　　)

5.神经型马立克氏病主要侵害外周神经,患鸡呈现"劈叉"姿势。(　　　)

6.夏秋季节多发生皮肤型禽痘,冬季则以白喉型禽痘多见。(　　　)

7.部分鸭感染鸭瘟后出现头颈部肿胀,俗称"大头瘟"。(　　　)

三、简答题

1.急性型禽流感的临床症状有哪些?

2.典型新城疫的病理剖检变化有哪些?

3.皮肤型马立克氏病的临床症状有哪些?

4.典型传染性法氏囊炎的病理变化有哪些?

5.黏膜型禽痘的病理变化有哪些?

任务二

家禽常见细菌病

【知识目标】

了解家禽常见细菌病的病原特性。

掌握家禽常见细菌病的流行病学特点。

掌握家禽常见细菌病的特征症状与病理变化。

掌握家禽常见细菌病的防制措施。

【能力目标】

能够正确进行家禽常见细菌病的流行病学调查。

能够熟练进行家禽常见细菌病的临床诊断、鉴别诊断和病理学诊断。

能够熟练进行家禽常见细菌病的预防控制操作。

【素质目标】

培养严谨的科学态度和良好的职业道德。

培养爱护动物、注重动物福利的职业素养。

培养好学敬业和吃苦耐劳的精神。

【相关知识】

子任务一　禽大肠杆菌病

禽大肠杆菌病是由致病性大肠杆菌 O_1、O_2、O_{36}、O_{78} 等血清型菌株所引起的,不同类型的大肠杆菌病的总称。禽类大肠杆菌感染很少引起腹泻,而是引发一些特殊的疾病,包括胚胎和幼雏死亡、气囊病、急性败血症、肉芽肿、输卵管炎、心包炎、腹膜炎、全眼球炎、卵黄性腹膜炎等。

【病原】

大肠杆菌属革兰氏阴性,具有非抗酸性和染色均一、不形成芽孢的杆菌。其大小通常为 $(2\sim3)~\mu m\times0.6~\mu m$,许多菌株能运动,有周身鞭毛,能发酵多种糖类产酸、产气。大肠杆菌的

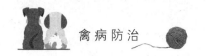

抗原成分复杂,可分为菌体抗原(O)、鞭毛抗原(H)和表面抗原(K),后者有抗机体吞噬和抗补体的能力。根据菌体抗原的不同,可将大肠杆菌分为150多型,其中有16个血清型为致病性大肠杆菌。本菌对外界的抵抗力一般,常用消毒剂对本菌都有杀灭作用。大多数大肠杆菌是在正常条件下不致病的共栖菌,但特定条件下,如移位侵入肠外组织或器官可致肠杆菌病;也有极少数是病原性大肠杆菌。

【流行病学】

(1)易感性　禽大肠杆菌病可发生于鸡、鸭、鹅和火鸡。目前以鸡危害最严重,尤其是雏鸡,其发病率为11%～69%,死亡率为3.8%～90%,可造成重大经济损失。鸡大肠杆菌病多见于5～9周龄的雏鸡,2周龄的幼鸡也可发病。据病理剖检所见,病淘种鸡大肠杆菌病的发病率在90%以上。

(2)传染源与传播途径　正常情况下鸡的肠道内有1%～15%的大肠杆菌是潜在的致病血清型,因此,粪便是大肠杆菌的主要传染来源。啮齿类动物的粪便也经常含有致病性大肠杆菌,通过媒介引入禽群,引起感染发病。本病的传播途径是多方面的,主要有:病原穿透卵壳膜侵入种蛋,使胚胎感染;通过空气中的尘埃传播,主要引起大肠杆菌性气囊炎、心包炎以及败血症;通过泄殖腔或人工输精传播,可引起输卵管炎、卵黄性腹膜炎;通过被污染的饲料、饮水等传播。

(3)流行规律　本病一年四季均可发生,但以冬末春初较为常见,气候阴冷潮湿、卫生条件差、密度大、通风不良等是本病发生的重要诱因。

【症状与病理变化】

家禽在感染致病性大肠杆菌后,临床上常可引起不同类型的症状和病变:

(1)胚胎与幼雏早期死亡　是种蛋被粪便污染,大肠杆菌穿透蛋壳,或产蛋母鸡患有大肠杆菌性输卵管炎、卵巢炎等,致种蛋被污染的结果。

表现为鸡胚在孵化后期(19 d)出壳前死亡,如果感染的鸡胚不死,一般能都出壳,但绝大多数在出壳后表现大肚与脐炎。病雏精神萎靡,不食,腹泻,排白色或黄绿色粪便,多在2～3 d死亡,如耐过不死,由于卵黄吸收不良而成为弱雏,其生长发育受阻。

胚胎感染的主要病变是卵黄不吸收,呈黄绿色黏稠状物,有的甚至变为干酪样或黄棕色水样。出壳后死亡的病雏,主要病变是腹部胀大下垂,脐孔闭合不全,卵黄吸收不良,呈黄绿色或其他色泽,有时变为干酪样。病程稍长者,可见心包炎和腹膜炎。

(2)呼吸道感染(气囊病)　大肠杆菌呼吸道感染又称气囊病,易发生于5～12周龄鸡,特别是6～9周龄时更为多见。除单发外,还常伴发于传染性支气管炎、新城疫、鸡毒支原体感染。病鸡呼吸症状明显,呈现咳嗽、呼吸困难、呼吸啰音,并发出异常音,食欲明显减少,逐渐消瘦,一般病死率可达20%～30%。有些病鸡如心包炎严重,则可突然死亡。

病变主要表现为气囊浑浊增厚,表面可见渗出性干酪样沉积物,胸气囊充满干酪样物。由此继发心包炎和肝周炎,心包膜浑浊增厚,心包积液,呈淡黄色,略黏稠,心包上附有纤维素假膜。肝周炎表现为渗出性纤维素炎和肝坏死,表面常见玉米粉状物沉积或形成纤维素假膜,被膜下散在大小不等的出血点和坏死点。有的病死鸡有明显的腹膜炎,腹水增多。

(3)心包炎　一般由致病性大肠杆菌侵入机体后,病原体通过血流进入心包而引起发病。临床上一般无明显症状,病禽常突然倒地,心跳停止,死亡。

主要病变可见明显的心包膜浑浊增厚,并被覆黄色纤维蛋白渗出物,心外膜水肿,心包腔积有淡黄色渗出物。

（4）肝周炎　肝表面附着纤维素性渗出物，甚至形成灰白色假膜。

（5）腹膜炎　直接感染往往是病原侵入机体后，通过血流而进入腹腔，引起广泛的纤维素性腹膜炎。继发感染一般都因输卵管感染后，病原上行至卵黄囊，或直接由卵黄感染后，病原在卵黄上生长繁殖，促使卵黄落入腹腔，或卵黄囊破裂后，卵黄液漏入腹腔而发病。病鸡表现为腹部膨胀，下垂，个别鸡呈企鹅姿势。

主要病变：如果卵黄落入腹腔，则卵黄与内脏粘连在一起，结成团块；如果卵黄囊破裂，则整个腹腔内充满纤维素性渗出物和游离的卵黄液，并有特殊腥臭味。

（6）输卵管炎　大肠杆菌可通过腹气囊感染，或由泄殖腔侵入，引发本病，种鸡感染则多由人工输精引起。

症状轻者，病鸡精神、食欲不受影响，仅表现为产白皮蛋、沙皮蛋、薄皮蛋和畸形蛋等，有的鸡常因产蛋不下而死。剖检可见单纯的输卵管炎，输卵管充血发红，分泌物增多。

重者，病鸡精神不振，食欲不佳，腹泻，渐进性消瘦，产蛋停止。剖检可见输卵管扩张，管壁变薄，内有大量干酪样团块阻塞，团块的大小常与发病时间有关。

（7）滑膜炎　本病可能是病原体侵入机体，通过血流感染关节的结果。病鸡一侧或两侧跗关节肿大，跛行，肿胀也可发生于其他关节。剖检见滑膜囊内有数量不等的灰白色或淡红色渗出液，病程长者可变为干酪样物，关节面粗糙，关节周围组织充血水肿。

（8）大肠杆菌性肉芽肿　以慢性过程为特征，临床表现为消瘦衰弱。剖检可见在肝、盲肠、十二指肠和肠系膜上，偶尔在肝、脾、肺和肾等处，产生特殊的肉芽性结节状物。

（9）大肠杆菌性脑病　由大肠杆菌突破血脑屏障进入脑部而引发，病鸡闭眼垂头，或将头置于笼架上呈昏睡状，后期出现共济失调、头向后仰等神经症状。大多数病鸡死亡，病程约 5 d。

（10）全眼炎　表现为整个眼球发炎，结膜充血，角膜浑浊，眼前房积脓，眼睛灰白色，常引起失明。

【诊断】

根据流行病学资料、病史、临床症状，尤其是剖检变化可做出初步诊断。确诊需做细菌学诊断。

【防制】

（1）加强饲养管理，搞好环境卫生，定期消毒，注意鸡舍的通风换气和温度、湿度、饲养密度的控制。

（2）大肠杆菌对多种药物均敏感，但也易产生抗药性，为此，治疗时应做药敏试验，以保证治疗效果。

子任务二　禽沙门氏菌病

禽沙门氏菌病是由沙门氏菌属种的一种沙门氏菌所引起的禽类的急性或慢性疾病的总称。由鸡白痢沙门氏菌所引起的称为鸡白痢，由鸡伤寒沙门氏菌引起的称为禽伤寒，由其他有鞭毛能运动的沙门氏菌所引起的禽类疾病则统称为禽副伤寒。禽沙门氏菌病在世界各地普遍存在，对养禽业的危害性很大。

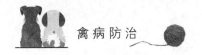

【病原】

沙门氏菌为两端稍圆的细长杆菌[(0.3～0.5) μm×(1～2.5) μm]，对一般碱性苯胺染料着色良好，革兰氏阴性。细菌常单个存在，很少见到两菌以上的长链。在涂片中偶尔可见丝状和大型细菌。本菌不能运动，不液化明胶，不产生色素，无芽孢，无荚膜，兼性厌氧。分离培养时应尽量避免使用选择性培养基，因为某些菌株特别敏感。沙门氏菌在某些培养基中生长良好，如营养肉汤或琼脂平板。在普通琼脂、麦康凯培养基上生长，该菌形成圆形、光滑、无色半透明、露珠样的小菌落。该菌在外界环境中有一定的抵抗力，常用消毒药可将其杀死。

一、鸡白痢

鸡白痢是由鸡白痢沙门氏菌引起的雏鸡的败血性传染病。该病以排白色糊状粪便为特征，有的有关节炎及其周围滑膜鞘炎。成年鸡是以损害生殖器官为主的慢性或隐性感染，成为带菌者和病原传播者。

【流行病学】

(1)易感性　各品种、各年龄的鸡均易感，初生雏最易感，于出壳后1～2周发病、死亡率最高，以后随日龄增长而逐渐减少。火鸡对本病有易感性，但次于鸡。鸭、雏鹅、珠鸡、鹌鹑、麻雀、欧洲莺和鸽也有自然发病的报道。

(2)传染源与传播途径　病鸡和带菌母鸡是本病的主要传染源。鸡白痢的垂直传播，是带菌母鸡排出带菌卵，在孵化时成为死胚、病雏、弱雏或带菌雏，也可因带有病原体的粪便污染种蛋后，经蛋壳穿入而使胚胎感染。水平传播是雏鸡出壳后，啄食被感染鸡排出的粪便污染的饲料、饮水、垫料、羽毛等，经消化道引起。此外也可经呼吸道和眼结膜感染发病。

(3)流行规律　营养不良、密度过大、温度过低、通风不良、阴冷潮湿等均可增加发病率和死亡率。

【症状】

(1)由胚胎感染而能出壳的雏鸡，出壳后表现衰弱、嗜睡、腹部膨大，食欲丧失，绝大部分1～2 d后死亡。如胚胎感染出壳后不立即发病，或在出壳后感染的雏鸡，多在出壳后4～5 d陆续发病，日渐增多，2～3周发病和死亡达到高峰。病程一般4～5 d，短的1 d。

(2)最急性型呈败血症，无明显症状，迅速死亡，有的见有呼吸困难和气喘。大多数表现典型的临诊症状，病雏怕冷，挤在热源处或扎堆，精神萎靡，闭眼、缩颈、翅尾下垂、缩成一团，不食。同时病雏排灰白色糊状稀便，混有气泡，并黏附于肛门周围的绒毛上。如肛门被黏糊封闭，常可影响排粪。由于肛门炎症引起疼痛，病雏常发出"叽叽"的叫声。如肺部有感染，则表现为呼吸困难，伸颈张口，将病雏放于耳边，可听到呼吸时发出的哗卜声，最后因呼吸困难及心力衰竭而死。

(3)有的病雏有关节炎及临近滑膜鞘炎，关节肿大，跛行或蹲伏于地。有的鸡眼呈云雾状混浊、失明。

(4)成年鸡多无明显症状，须用血清学试验才能检出。少数母鸡产蛋量减少或停产，精神沉郁，头、颈下垂，厌食，排白色稀便，鸡冠萎缩，贫血，有的鸡因卵黄性腹膜炎而腹部下垂。

【病理变化】

(1)雏禽　死雏卵黄吸收不良，如油脂状或干酪样。肝脏、心肌、肺脏、肌胃有灰白色坏死点或黄白色小结节。盲肠内积有渗出物，干酪样，有时混有血液，肠管增粗，肠壁增厚、变硬，盲肠、直肠壁上有黄白色小结节。胆囊肿大。有出血性肺炎。输尿管扩张,充满灰白色尿酸盐。

(2)育成阶段的青年鸡　突出病变是肝肿大2～3倍,暗红色至深紫色,有的略带土黄色,表面可见散在或弥漫的小红点或黄白色大小不等的坏死灶,质地极脆弱,易破裂出血。

(3)产卵母鸡　卵泡变色、变形、变质,呈淡青或黑绿色,卵泡膜增厚,呈囊状、三角形,卵黄呈油脂状或豆腐渣样物质。变性的卵泡以一长蒂和卵巢相连。有的阻塞输卵管,或落入腹腔引起广泛的卵黄性腹膜炎和腹腔脏器粘连。

(4)公鸡　常见睾丸肿大或萎缩,有坏死灶。输精管扩张,充满黏稠渗出物。

【诊断】

根据流行病学、临诊症状和病理变化可做出初步诊断。成年鸡可用全血平板凝集试验做出诊断。但鸡白痢与禽伤寒和禽副伤寒病原有交叉反应,确诊必须做细菌学诊断。

【防制】

(1)定期检疫,淘汰带菌鸡,净化种鸡群。每月检疫1次,连续3次,淘汰阳性鸡,以后每3个月重复1次,直到连续2次不出现阳性反应以后,改为每隔6个月或1年1次。

(2)加强饲养管理,育雏室要定期消毒,勤换垫料,保持清洁干燥,温度恒定,通风良好,密度合理。

(3)药物预防,可在饲料中添加土霉素、喹诺酮类等药物进行预防。

二、禽伤寒

禽伤寒是由鸡伤寒沙门氏菌引起的主要发生于成年鸡的一种急性败血性传染病,临诊以发热、贫血、冠苍白皱缩、白细胞大量增加与红细胞大量减少为特征。

【流行病学】

(1)易感性　本病主要发生于鸡,火鸡、鸭、珠鸡、孔雀、鹌鹑等也可感染,野鸭、鹅、鸽不易感。成年鸡易感,但通常情况下,1～5月龄的青年鸡表现高度易感,最易发病时间在2～4月龄,特别是开产前后易发,并且都表现为败血症。发病鸡如能康复,可成为带菌鸡。

本病也可发生于雏鸡,但临诊症状与鸡白痢难以区别,因此往往被人们忽略。

(2)传染源与传播途径　禽伤寒与鸡白痢一样,可通过多种形式传播,蛋媒传播是一种主要形式。在育成鸡群的传播一般是通过感染鸡的粪便污染饲料、饮水、垫料和用具等,经消化道侵入,也可通过结膜等传播。老鼠也是机械传播的重要媒介。

(3)流行规律　本病一般呈散发。

【症状】

潜伏期一般为4～5 d。

年龄较大的鸡和成年鸡,急性者突然停食,精神萎靡,翅下垂并离群站立一旁,体温升高至43～44℃,排黄绿色稀便,饮水增加,鸡冠、肉髯苍白皱缩。发热期白细胞数增至正常值的2～3倍,异嗜性白细胞增加,而淋巴细胞和其他细胞保持正常范围,红细胞数减少,血细胞比容下降,一般低于30.7%。急性者病程2～7 d,一般5 d左右,病死率10%～50%,或更高。慢性者病程可达数星期之久,死亡率较低,发病禽康复可成为带菌鸡。

【病理变化】

(1)最急性病例　通常看不到明显病变。

(2)急性病例　常见血液稀薄而色淡,肝、脾、肾充血肿大。肝表面常可见灰白色粟粒状坏

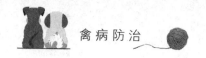

死小点,胆囊充满胆汁而膨大。

(3)亚急性或慢性病例 特征病变是肿大的肝脏呈淡绿色或古铜色,质地脆弱,有时也常见散在的灰白色小坏死点。脾与肾显著充血肿大,卵巢、卵泡常见充血、变形与变色,由于卵黄囊破裂,常引发严重的卵黄性腹膜炎。肠道出现轻重不同的卡他性肠炎,黏液增多并有多量胆汁。心肌、肺和公鸡睾丸有时可见灰白色坏死小灶,与鸡白痢相似。

【诊断】

对雏鸡需要进行细菌学分离与鉴定才能做出诊断。对青年鸡的诊断可根据流行病学、临床症状和病理变化做出初步诊断,确诊需进行病原分离与鉴定。

【防制】

同鸡白痢。

三、禽副伤寒

禽副伤寒是指由多种能运动的不同血清型沙门氏菌所引起的各种禽类疾病的总称。常见的病原有鼠沙门氏菌、鸭沙门氏菌、海得堡沙门氏菌、婴儿沙门氏菌、肠炎沙门氏菌等。其中以鼠沙门氏菌最为常见。

【流行病学】

(1)易感性 家禽中鸡和火鸡最常见,野禽也可感染。其中以雏禽和幼禽最为敏感,常引起败血症,较大的或成年禽感染后以慢性为主并终生带菌。

(2)传染源与传播途径 病原可直接经卵巢进入蛋内,但主要是病原经蛋壳穿入蛋。其水平传播方式为带菌粪便污染饲料、饮水、用具、尘埃等传播。鱼粉常带有许多沙门氏菌,因此被污染的鱼粉为重要的媒介物。鼠的粪便常带有鼠伤寒沙门氏菌,为重要的传染源。

【症状】

(1)雏鸡经胚胎感染者,一般在出壳后几天内发生死亡。出壳后感染以出壳后两周内发病死亡最多,主要表现为嗜睡、呆立、头翅下垂,羽毛松乱,厌食而渴欲增加,畏寒,常相互拥挤在一起,呈水样下痢,稀粪黏附于肛门周围。病程1~4 d,病死率10%~20%。

(2)年龄较大的幼禽常呈亚急性经过,主要表现水样下痢。1月龄以上的幼禽一般很少死亡。

(3)雏鸭感染本病常见颤抖、喘息及眼睑浮肿等症状,常突然倒地而死,故有"猝倒病"之称。

(4)成年禽一般为慢性带菌者,常不出现症状,有时出现水泄样下痢。

【病理变化】

(1)雏鸡最急性型的通常病变不明显,仅见肝充血或淤血性肿大,胆囊高度扩张,充满胆汁。

(2)病程稍长者常有典型病变,卵黄凝固不吸收,肝脾充血,有条纹状出血斑或针尖大小的灰白色坏死灶。肾充血,心包炎并常有粘连,心肺多见鸡白痢那样的小结节。肠道炎症严重,十二指肠常可见出血性肠炎,25%~30%的病例可见盲肠中有干酪样栓塞。

(3)成年鸡在急性病例,一般肝、脾、肾均充血肿胀,肠道有出血性炎症,严重者可见坏死性肠炎及心包炎。慢性者除了肠道有炎症、肝和脾有肿大外,一般生殖系统都可出现病变,可见卵巢脓性或坏死性病变,卵巢变形、变色、变质,输卵管有坏死性和增生性病变。

【诊断】

根据临床症状、病理变化和病史等做出初步诊断,但应与大肠杆菌、鸡白痢、禽伤寒等加以鉴别。为此可通过分离培养与生化反应鉴定。

【防制】

同鸡白痢。

子任务三 禽巴氏杆菌病

禽巴氏杆菌病又称禽霍乱,是多种禽类的急性、热性传染病。急性以败血症和剧烈下痢为特征,故又称鸡、鸭出血性败血症;慢性病例则表现为肉髯水肿、关节炎和鼻窦炎。

【病原】

本病的病原是多杀性巴氏杆菌,组织或血液涂片瑞氏染色,菌体呈两极着色。巴氏杆菌对消毒药的抵抗力不强,在5%生石灰、1%漂白粉、50%酒精、0.02%升汞溶液内1 min即可杀死。本菌对热的抵抗力不强,60℃经10 min即死亡。在日光直射下,薄涂片的病菌可很快死亡。本菌在腐败尸体中可存活3个月。本菌对各种实验动物,如小鼠、家兔、豚鼠等均可致死。

【流行病学】

(1)易感性 禽霍乱可发生于所有的家禽和野禽。家禽中以鸡和鸭最易感,鹅的感受性较差。鸡多呈散发,也有群发。育成鸡和成年鸡易感,发病率和病死率都很高,雏鸡也有发生。鸭群中常呈流行性。发病的季节性不明显,但以夏末秋初潮湿、闷热季节较多,主要呈急性发作。

(2)传染源与传播途径 本病主要通过呼吸道及皮肤创伤传染。病鸡的尸体、粪便、分泌物和被污染的场所、土壤、饲料、饮水、用具是传染的主要媒介。昆虫也可传播本病。

【症状】

潜伏期2～9 d,最短48 h发病。根据症状,本病可分为最急性型、急性型和慢性型。

(1)最急性型 通常发生于流行初期,以高产的肥胖鸡最常见。表现为突然发病死亡,无明显症状。晚上饲喂时一切正常,次日发现病死在鸡舍内。有的病鸡精神沉郁,突然倒地挣扎,拍打翅膀,抽搐死亡。病程短的数分钟,长的也不过数小时。

(2)急性型 此型最常见,病鸡精神沉郁,羽毛蓬松,缩颈闭眼,离群呆立;体温升高到42.5～44℃,食欲废绝,饮欲增加,常有腹泻,排黄白或灰白带绿色的稀便,有时粪便带血;呼吸困难,口鼻有大量黏稠分泌物,常发出呼噜声,鸡冠、肉髯发紫,最后衰竭死亡。病程半天至3 d,不死则转为慢性。

(3)慢性型 多由急性转来,见于流行后期,以慢性呼吸器官炎症和慢性胃肠炎为主。鼻有黏液性鼻液,鼻窦肿胀,喉头积有黏稠分泌物。有持续性腹泻。有些病鸡一侧或两侧肉髯显著肿大,随后可能有干酪样物,或干结、坏死、脱落。有的关节肿大、疼痛和跛行。病鸡消瘦、贫血,鸡冠苍白,病程可达1个月以上。

(4)病鸭 症状与病鸡基本相似。表现为精神沉郁,缩头曲颈,闭目昏睡,羽毛蓬松,双翅下垂,不愿下水,离群呆立;呼吸困难,常张口呼吸,口鼻和喉分泌物增多,不断从口鼻流出。为

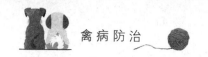

排出喉头内的黏液,病鸭不断摇头,故该病有"摇头瘟"之称。病鸭排白色或铜绿色稀便,有时混有血液。病程稍长者发生关节炎,关节显著肿大,跛行或不能行走,还有掌部肿如核桃大,切开见脓性和干酪样坏死。雏鸭可见多发性关节炎,一侧或两侧的跗、腕以及肩关节肿胀、发热和疼痛。两腿麻痹,起立和行走困难。

【病理变化】

(1)最急性型死亡的病鸡无特殊病变,有时可见心外膜有少量出血点。

(2)急性病例病变较为显著,病鸡的腹膜、腹部脂肪常见小出血点。心外膜、心冠脂肪出血明显,心包增厚,心包积有多量、不透明、淡黄色液体,有的含有纤维素絮状物。肝稍肿,质脆,呈棕色或黄棕色,表面有针尖大的灰白色坏死点,具有特征性。肌胃出血显著,肠道尤其是十二指肠呈卡他性出血性肠炎,肠内容物含有血液。

(3)慢性病例常见慢性呼吸道炎症,鼻腔和鼻窦有多量黏性分泌物,某些病例见肺硬变。有关节炎和腱鞘炎的病例可见关节肿大变形,内含炎性渗出物或干酪样物。公鸡肉髯肿胀,内有干酪样物。母鸡卵泡出血或卵黄破裂引起急性卵黄性腹膜炎。

(4)鸭的病变与鸡相似。心包内充满透明淡黄色渗出物,心包膜、心冠脂肪有出血。肺呈多发性肺炎,间有气肿和出血。鼻腔黏膜充血或出血。肝稍肿大,表面有针尖大出血点和灰白色坏死点。肠道以小肠前段和大肠黏膜充血和出血最严重,小肠后段和盲肠较轻。

(5)雏鸭为多发性关节炎,可见关节囊增厚,内含红色浆液或灰黄色浑浊黏稠液体,关节面粗糙,附有黄色干酪样物或红色肉芽组织。肝脂肪变性和局部坏死。心肌也有坏死灶。

【诊断】

根据本病流行特点、临床症状和特征病变,以及治疗效果,多可做出诊断。必要时可用肝脏或心血做涂片,分别进行革兰氏和瑞氏染色、镜检。当发现有大量两极浓染的革兰氏阴性小球杆菌时,可做出初步诊断。最后确诊必须进行病原分离培养、鉴定和动物接种试验。本病与鸡新城疫、鸭瘟有相似之处,应注意加以区别。

【防制】

平时加强饲养管理,搞好卫生消毒。引种时要进行严格检疫,防止本病传入。在发病地区应进行预防注射,并采取综合防疫措施,防止本病的发生和流行。发现本病时,应立即采取封锁、隔离、治疗、消毒等有效的防制措施,尽快扑灭疫情。青霉素、链霉素、喹喏酮、土霉素、磺胺类药物等对本病有一定疗效。

子任务四 鸡传染性鼻炎

鸡传染性鼻炎是由副鸡嗜血杆菌引起的急性上呼吸道传染病。临床特征是鼻腔和鼻窦炎症,表现为流鼻液、颜面部水肿和结膜炎。

【病原】

鸡嗜血杆菌呈多形性。在初分离时为一种革兰氏阴性的小球杆菌,两极染色,不形成芽孢,无荚膜,无鞭毛,不能运动。24 h 的培养物,菌体为杆状或球杆状,大小为(0.4~0.8) μm×(1.0~3.0) μm,并有成丝的倾向。培养48~60 h 后发生退化,出现碎片和不规则的形态,此时将其移到新鲜培养基上可恢复典型的杆状或球杆状状态。

本菌为兼性厌氧,在含 10% 的大气条件下生长较好。对营养的需求较高,鲜血琼脂或巧克力琼脂可满足本菌的营养需求。经 24 h 培养后,在琼脂表面形成细小、柔嫩、透明的针尖状小菌落,不溶血。本菌可在血琼脂平板每周继代移植保存,但多在 30～40 次继代移植后失去毒力。有些细菌,如葡萄球菌在生长过程中可排出 V 因子。因此,副鸡嗜血杆菌在葡萄球菌菌落附近可长出一种卫星菌落。若把副鸡嗜血杆菌均匀涂布在 2% 胨陈琼脂平板上,再用葡萄球菌做一直线接种,则在接种线的这缘有副鸡嗜血杆菌生长,这可作为一种简单的初步鉴定。若用含 5%～10% 鸡血清的糖发酵管,可测定本菌的生化特性。

本菌的抵抗力很弱,培养基上的细菌在 4 ℃ 时能存活 2 周,在自然环境中数小时即死。本菌对热及消毒药也很敏感,在 45 ℃ 存活不过 6 min,在真空冻干条件下可以保存 10 年。

【流行病学】

(1)易感性　各种年龄的鸡均可感染,以育成鸡和产蛋鸡最易发生。雉鸡、珠鸡、鹌鹑偶然也能发病。其他禽类、小鼠、豚鼠和家兔都不感染。

(2)传染源与传播途径　病鸡和隐性带菌鸡为本病的传染源,可由飞沫及尘埃经呼吸道传染,但多数通过污染的饲料和饮水经消化道感染,麻雀可成为传播媒介。

(3)流行规律　本病多呈地方流行性。在鸡群中传播迅速,3～5 d 可波及全群,但死亡率低。鸡舍阴冷潮湿、通风不良、密度过大、混群饲养、饲料中缺乏维生素 A 等,可促进本病的发生。

【症状】

潜伏期自然感染为 1～3 d。

病初鼻流清稀鼻液,病鸡不断打喷嚏、甩头,以后变为黏性浆液,附着于鼻孔,干燥后常在鼻孔周围结痂,并有难闻的臭味。结膜发炎,眼睑红肿,颜面部水肿。炎症如蔓延到气管和肺部,病鸡呼吸困难,并有啰音。病鸡饮食欲减少,或有下痢,体重减轻,仔鸡生长不良,母鸡产蛋减少,公鸡肉髯肿大。病程一般 4～18 d。

【病理变化】

主要病变为鼻腔和眶下窦黏膜呈急性卡他性炎症。鼻黏膜充血发红,积有多量黏液。眶下窦黏膜充血发红,内含渗出物凝块,甚至为干酪样。结膜充血肿胀,呈卡他性炎症。脸部及肉髯皮下水肿。卵泡膜出血,卵泡变形、破裂。严重时可见气管黏膜炎症,偶有肺炎及气囊炎。

【诊断】

本病根据多发生于青年鸡和产蛋鸡,迅速蔓延全群,呈现鼻腔和窦的急性卡他性炎症的症状和病理变化,可做出初步诊断。

(1)病原学检查　用鼻腔分泌物涂片镜检,可发现两极浓染、革兰氏阴性的小球杆菌。用消毒棉拭子自 2～3 只早期病鸡的窦内、气管或气囊无菌采取病料,直接在血琼脂平板上划线,然后再用葡萄球菌在平板上划线,放在有 5% CO_2 的缸内,置 37 ℃ 培养,24～48 h 后在葡萄球菌菌落边缘可长出一种细小菌落,有可能是鸡嗜血杆菌。获得纯培养后,再做其他鉴定。

(2)血清学诊断　用加有 5% 鸡血清的鸡肉浸出液培养鸡嗜血杆菌制备抗原,用凝集试验检查鸡血清中的抗体,通常鸡被感染后 7～14 d 即可出现阳性反应,可维持 1 年或更长时间。试管法抗原 60 μL/mL,1∶5 稀释血清,与抗原各 1 滴,3 min 内出现凝集者为阳性。平板法抗原是试管抗原的 10 倍,1∶5 稀释血清,与抗原各 1 滴,3 min 内出现凝集者为阳性。此外,血凝抑制试验、琼脂扩散试验也可用于诊断本病。

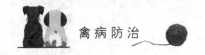

【防制】

在有本病流行的地区,鸡群 35 日龄时,用鸡传染性鼻炎多价灭活油剂菌苗,皮下或肌内注射 0.5 mL,100 日龄时,再次免疫,每只 1 mL,可有效控制本病的发生。

加强饲养管理,搞好环境卫生,改善通风,降低饲养密度,定期消毒,防止或减少有害因素产生等措施,可减轻发病。

已发生本病的鸡群,可用红霉素、多西环素、高利米先、喹诺酮类或磺胺类药物进行治疗。药物治疗仅能减轻病情,缩短病程,但不能根除本病,停药后往往可能复发。

子任务五　鸡坏死性肠炎

鸡坏死性肠炎又称鸡肠毒血症,是由魏氏梭菌引起的一种急性传染病。该病主要表现为病鸡排出黑色间或混有血液的粪便,病死鸡以小肠后段黏膜坏死为特征。

【病原】

魏氏梭菌为两端钝圆的粗大杆菌,单个或成双排列,短链较少,无鞭毛,不能运动,在动物机体里或含血液的培养基中可形成荚膜,无芽孢,革兰氏阳性。厌氧菌,对营养要求、厌氧要求不高。在普通培养基上均易生长,在葡萄糖血琼脂上的菌落特征如下:圆形、光滑、隆起、淡黄色、直径 2~4 mm,有的形成圆盘形,边缘呈锯齿状。

【流行病学】

(1)易感性　自然条件下仅见鸡发生本病,肉鸡、蛋鸡均可发生,尤以平养鸡多发,育雏和育成鸡多发。肉鸡发病多见 2~8 周龄。

(2)流行规律　一年四季均可发生,但在炎热潮湿的夏季多发。该病的发生多有明显的诱因,如鸡群密度大、通风不良、饲料的突然更换且饲料蛋白质含量低,不合理地使用药物添加剂,球虫病的发生等均会诱发本病。一般情况下该病的发病率、死亡率不高。

【症状】

此病常突然发生,病鸡往往没有明显症状就突然死亡。病程稍长可见病鸡精神沉郁,羽毛粗乱,食欲不振或废绝,排出黑色间或混有血液的粪便。一般情况下发病鸡只较少,如治疗及时,1~2 周即可停息。死亡率 2%~3%,如有并发症或管理混乱,则死亡明显增加。

【病理变化】

打开新鲜病尸腹腔后即可闻到一般疾病所少有的尸腐臭味。最具特征的变化在肠道,尤以小肠的中后段最明显。肠道表面呈污灰黑色或污黑绿色,肠腔扩张充气,是正常肠管的 2~3 倍,肠壁增厚。肠腔内容物呈液状,有泡沫,为血样或黑绿色。肠壁充血,有时见出血点,黏膜坏死,呈大小不等、形状不一的麸皮样坏死灶。有的形成伪膜,易剥脱。其他脏器多有瘀血,无特异变化。

【诊断】

根据流行病学特点和特征的病理变化可做初步诊断。本病的确诊主要靠病料涂片镜检以及病原菌的分离鉴定。新鲜病死鸡可采取肠道黏膜刮取物涂片或肝脏触片,革兰氏染色,镜下可见大量均一的革兰氏阳性、短粗、两端钝圆的大杆菌,呈单个散在或成对排列,着色均匀,有荚膜。在陈旧培养物中偶见芽孢。细菌的分离鉴定同前所述。在诊断中应注意与溃疡性肠炎相区别。鉴别要点是用肝组织涂片镜检和用病料饲喂鹌鹑,如为溃疡性肠炎,幼鹑几乎100%死亡,而坏死性肠炎的病料喂鹌鹑则不会发病。肝组织涂片中,溃疡性肠炎病料可见到菌体和芽孢,鸡坏死性肠炎时仅见有菌体。

【防制】

1.预防

对本病的预防主要是加强饲养管理,提高鸡只抗病能力,采取有效措施减少各种应激因素的影响,并做好其他疾病的预防工作。平养鸡要控制球虫病的发生,对防制本病有重要意义。

2.治疗

抗生素有较好的治疗效果。林可霉素对人工发病及自然病例均有良好的治疗效果,其用量为每吨饲料添加 2.2～4.49 mg,连续饲喂,不但可以预防和治疗本病,而且可促进肉鸡生长,提高饲料报酬。有的选用庆大霉素饮水,按 10 mg/kg 体重,每天 2 次,连服 5 d。值得注意的是,在治疗的同时,鸡舍卫生条件要改善,认真做好卫生消毒工作,降低密度,加强通风,搞好饲养管理等对迅速控制本病是非常重要的。

子任务六 鸡葡萄球菌病

鸡葡萄球菌病是由金黄色葡萄球菌引起的鸡的急性败血性或慢性传染病。临诊表现主要为急性败血症、关节炎、雏鸡脐炎等。雏鸡感染后多为急性败血症,中雏为急性或慢性,而成年鸡多为慢性经过。雏鸡和中雏死亡率较高,是集约化养鸡场的重要传染病之一。

【病原】

病原为金黄色葡萄球菌,属微球菌科,葡萄球菌属。典型的菌体为圆形或卵圆形,直径0.7～1 μm。在固体培养基上生长的细菌常呈葡萄串状排列,而在脓汁或液体培养基中生长的细菌则单在、成对或呈短链状排列。致病性菌株菌体稍小,且菌体的排列和大小比较整齐。本菌易被碱性染料着色,革兰氏染色呈阳性,老龄菌可呈革兰氏阴性,无鞭毛,无荚膜,不形成芽孢。

本菌对外界理化因素的抵抗力较强,在尘埃、干燥的脓汁或血液中能存活几个月,加热80 ℃经 30 min 才能杀死。本菌对龙胆紫、青霉素、红霉素、庆大霉素、林可霉素、氟吐诺酮类等药物敏感,但由于广泛或滥用抗生素,耐药菌株不断增多,在临床用药前最好经过药敏试验,选择最敏感的药物。

【流行病学】

1.易感性

家禽的葡萄球菌病常发生于鸡和火鸡,鸭和鹅也可感染发病。

2.传播途径

损伤的皮肤、黏膜是葡萄球菌主要的入侵门户。对家禽来说,皮肤创伤是葡萄球菌病主要的传染途径,常见于脐带感染、鸡痘、啄伤、刺种、带翅号或断喙、网刺、刮伤和扭伤,吸血昆虫的叮咬等。也可通过直接接触和空气传播,这种情况多见于饲养管理上的失误。

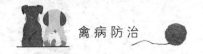

3.流行特点

(1)鸡的品种与本病的发生有一定的关系,轻型、白羽、产白壳蛋的鸡种易发。

(2)各种年龄的鸡均可发生,但以40~60日龄为鸡群的高发阶段。

(3)一年四季均可发生,但以雨季、潮湿季节多发。

(4)在饲养方式上,平养与笼养都有发生,但以笼养发病较多,国外曾称该病为"笼养病"。

(5)葡萄球菌病的发病率和死亡率一般不高,但饲养管理上的缺点,可促进本病的发生和增高死亡率,尤其是雏鸡和中雏。

【症状】

鸡葡萄球菌病的临床表现与病原菌的种类和毒力、鸡只日龄、感染部位及机体状态有关,主要表现为急性败血型、脐炎型、关节炎型、眼炎型、肺炎型等类型。急性败血型和脐炎型发病急、病程短,而关节炎型多呈慢性经过。

(1)急性败血型 这是本病最常见的一种类型,常发生于40~60日龄的中雏。病鸡精神沉郁,不愿运动,常呆立或蹲伏一处,双翅下垂,缩颈,眼半闭呈瞌睡状,羽毛松乱,无光泽,食欲减退或废绝,饮水量减少。部分病鸡有腹泻,排出灰白色或黄绿色稀便。较为显著的症状是:胸、腹部皮肤呈紫色或紫褐色,皮下浮肿,积聚数量不等的血样渗出液,有时可延伸及大腿内侧,触时有明显的波动感,局部羽毛脱落,或用手一摸即可脱掉,有的可自行破溃,流出茶色或紫红色液体,与附近羽毛粘连,局部污秽。有的病鸡在翅膀背侧及腹侧、翅尖、背部、腿部等处的皮肤出现大小不等的出血、皮下浸润,溶血糜烂,后期则表现为炎性坏死,局部形成暗紫色干燥的结痂,无毛。病雏多在2~5 d死亡,严重的1~2 d死亡。死亡率10%~50%,差异主要与环境条件等因素有关。

(2)脐炎型 脐炎多发生在刚出壳不久的幼雏,多因脐孔闭合不全而感染葡萄球菌,俗称"大肚脐"。病雏眼半闭、无神,腹部膨胀,脐孔发炎肿胀,局部质硬呈黄红或紫黑色,有时脐部有暗红色或黄色液体,病程稍长则变成干涸的坏死物。发生脐炎的病鸡一般在出壳后2~5 d死亡。

(3)关节炎型 多发生于雏鸡,表现为多个关节炎性肿胀,特别是趾、跖关节常多见。肿胀的关节呈紫红或紫黑色,有波动感,有的见破溃,并形成污黑色结痂。病鸡表现跛行,不愿站立和走动,多伏卧,一般仍有食欲,多因采食困难或被其他鸡只踩踏而逐渐消瘦,最后衰竭死亡。病程10 d以上。

(4)眼炎型 可出现于急性败血型的后期,也可单独出现。主要表现为上、下眼睑肿胀,眼睛闭合,被脓性分泌物粘连,用手掰开时,见眼结膜红肿,眼角有多量的分泌物,并见有肉芽肿。病程长的,眼球下陷,失明。最后常因饥饿、踩踏、衰竭而死。

(5)肺炎型 多发生于中雏,主要表现为呼吸困难和全身症状,病死率一般在10%以上。该种病型较为少见,常和急性败血型混合发生。

【病理变化】

(1)急性败血型 特征性的肉眼病变是胸部病变,可见死鸡胸部、前腹部羽毛稀少或脱落,皮肤呈紫黑色浮肿。切开皮肤可见皮下充血和溶血,皮下组织呈弥漫性紫红色或黑红色,积有大量胶冻样粉红色水肿液,水肿可自胸、前腹延至两腿内侧、后腹部,向前可达嗉囊周围。同时,胸、腹、腿内侧见有散在的出血斑点或条纹,特别是龙骨柄处肌肉弥漫性出血更为明显,病程长的,还可见轻度坏死。除胸部皮下出血和水肿的病变以外,有些病鸡可出现肝肿大,淡紫红色,有花纹或斑驳样变化,小叶明显。病程较长的病例,肝表面可见数量不等的白色坏死点。脾偶见肿大,紫红色,病程稍长者也有白色坏死点。心包扩张,积蓄有黄白色心包液,心冠脂肪和心外膜偶见出血点。

(2)关节炎型　可见关节和滑膜炎症,表现为关节肿胀,滑膜增厚,关节腔内有浆液性或纤维素性渗出物。病程较长的病例,渗出物变为干酪样物,关节周围结缔组织增生及关节变形。

(3)脐炎型　脐部肿大,呈紫红色或紫黑色,有暗红色或黄红色液体,时间稍久,则为脓样干涸坏死物。卵黄吸收不良,呈紫红或黑灰色,并混有絮状物。

(4)眼炎型　病例病变与生前相似。

(5)肺炎型　病例肺淤血、水肿、实变,甚至可见黑紫色坏痘病变。

【诊断】

根据流行病学特点、各型的临床症状及病理变化,可做出初步诊断。但最后确诊还需进行实验室检查。

(1)细菌的分离与鉴定　根据不同病型采取不同的病料,常采集皮下渗出液、血液、肝脾、关节腔渗出液、雏鸡卵黄囊、脐炎部、眼分泌物等涂片,革兰氏染色、镜检,可见到多量的葡萄球菌。依据细菌的形态、排列和染色特性可做出诊断。必要时进行细菌分离培养,对无污染的病料(如血液等)可接种于普通琼脂平板和含 5%绵羊血的血液琼脂平板,对已污染的病料应同时接种于 7.5%氯化钠甘露醇琼脂平板,置 37 ℃培养 24 h 后,再置室温下 48 h,挑取金黄色、周围有溶血环和高盐甘露醇培养基上周围见有黄色晕带的菌落,涂片,革兰氏染色,镜检,可见 G＋、呈葡萄串状排列的菌体。

凝固酶试验常用于鉴定葡萄球菌的致病性。方法有两种:

①玻片法　即挑取新鲜菌落与兔血浆混合,立即观察,若血浆中有明显的颗粒出现,即凝固酶阳性。

②试管法　挑取菌苔,混悬于 1∶4 倍稀释的兔血浆 0.5 mL 中制成悬液,37 ℃培养 24 h,凝固者为阳性。此法较前者准确。

(2)动物接种试验　用病料或分离得到的葡萄球菌纯培养物经肌肉(胸肌)接种于 40～50 日龄健康鸡,经 20 h 可见注射部位出现炎性肿胀,破溃后流出大量污秽、紫黑色的渗出液。24 h 后开始死亡,症状和病变与自然病例相似。

【防制】

(1)防止和减少外伤的发生　鸡舍内网架安装要合理,网孔不要太大,捆扎塑料网的铁丝头要处理好,不能裸露,消除鸡笼、网具等的一切尖锐物品,堵截葡萄球菌病的侵入和感染门户。在断喙、带翅号、剪趾、免疫刺种时要细心并注意消毒。

(2)搞好鸡舍卫生和消毒工作　定期用适当的消毒剂进行带鸡消毒,可减少鸡舍环境中的细菌数量,降低感染机会。

(3)加强饲养管理和药物预防　饲喂全价饲料,特别注意供给充足的维生素和矿物质;鸡舍要适时通风换气,保持干燥;鸡群不易过大,避免拥挤;适时断喙,防止互啄现象发生,断喙前后要使用药物进行预防。

(4)做好其他疫病的预防　适时做好鸡痘的预防接种,防止继发感染。

(5)预防接种　常发地区,可用国内研制的葡萄球菌多价氢氧化铝灭活苗给 20 日龄雏鸡注射来控制本病的发生和蔓延。

(6)治疗　一旦鸡群发病,要立即全群给药治疗。金黄色葡萄球菌易产生耐药性,应通过

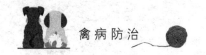

药敏试验,选择敏感药物进行治疗。一般可选用抗生素进行治疗。

子任务七　禽弯曲杆菌性肝炎

禽弯曲杆菌性肝炎又称禽弧菌性肝炎,是由弯曲杆菌属的嗜热弯曲杆菌(主要是空肠弯曲杆菌)引起的鸡的一种急性或慢性传染病。本病以肝出血、坏死性肝炎伴有脂肪浸润,发病率高,死亡率低,产蛋量下降,日渐消瘦,腹泻和慢性经过为特征。

【病原】

弯曲杆菌属的嗜热弯曲杆菌从临床意义上可分为3种:空肠弯曲杆菌、结肠弯曲杆菌和鸥弯曲杆菌。其中空肠弯曲杆菌是从禽类分离出来的最常见的一种,是人、禽、兽均可感染的病原菌;结肠弯曲杆菌可从禽类肠道及禽类肉品中分离到;鸥弯曲杆菌主要从野生的海鸟,如海鸥分离到。

弯曲杆菌是纤细、螺旋状弯曲的杆菌,大小为$(0.5 \sim 5.0)$ $\mu m \times (0.2 \sim 0.5)$ μm,具有多形性,呈弧状或逗点状、螺旋状,当两个菌体连成短链时,可呈S形或海鸥展翅形。菌体端或两端着生鞭毛,有运动性。革兰氏染色均为阴性,复染时宜用石炭酸复红,沙黄不易着色。

本菌为微嗜氧菌,在含有5%氧气、10%二氧化碳和85%氮气的环境下生长良好。最适生长温度为43℃,37～42℃也可生长,故称本菌为嗜热弯曲杆菌,最适生长pH为7.2。本菌对营养物质要求较高,常用的培养基有10%马血琼脂、20%鸡血清肉汤。弯曲杆菌在血液琼脂平板上不溶血;在液体培养基中轻微混浊生长,常有油脂状沉淀,不易散开;在麦康凯琼脂上生长微弱或不生长。

弯曲杆菌含有耐热的O抗原和不耐热的H、K抗原。本菌的血清学分型方法很多,目前国内外主要采用的是依赖耐热的可溶性O抗原的间接血凝分型法和依赖不耐热的H、K抗原的玻片凝集分型法两种。前法将弯曲杆菌分为60个血清型,后法将弯曲杆菌分为56个血清型。

弯曲杆菌对干燥极其敏感,干燥、日光可迅速将其杀死。本菌对氧敏感,在外界环境中很快就会死亡。对酸和热敏感,pH 2～3经5 min、58℃经5 min可杀死本菌。固体培养物置室温下2～3 d即可死亡。冻干可长期保存本菌。本菌对各种常用的消毒剂较敏感。多数菌株对红霉素、多西环素、卡那霉素、庆大霉素、氟喹诺酮类药物有不同程度的敏感性。

【流行病学】

(1)易感性　本病自然感染主要发生于鸡,以将近开产的小母鸡和产蛋数月的成年鸡最易感,雏鸡可感染并带菌。现已知除鸡、火鸡、鸭等家禽外,鸽子、鹧鸪、鹌鹑、雉鸡和部分狩猎鸟能感染本病。

(2)传播途径　禽是弯曲杆菌最重要的贮存宿主。通过粪便污染的饲料、饮水经消化道感染构成本病主要的传播途径。带菌鸡多在天气突变、转群和注射疫苗等应激情况下发病。在育雏过程中,鸡群之间有很强的横向传播能力。与污染的环境有接触的家蝇、蟑螂等昆虫体内可分离出空肠弯曲杆菌,这些昆虫可能会起传播作用。

【症状】

潜伏期约2 d,临床上以缓慢发作、持续期长、没精神、消瘦和腹泻为特征。

(1)雏鸡常呈急性经过,表现为精神沉郁和腹泻。病雏呆立、缩颈、闭目,羽毛杂乱无光,肛门周围污染粪便,多数病鸡先呈黄褐色腹泻,而后呈糨糊状,继而呈水样,部分病鸡此时即急性死亡。

(2)开产前的小母鸡和正在产蛋的新母鸡感染后常呈慢性经过,表现为精神沉郁,体重减轻,开产期延迟,产蛋初期沙壳蛋、软壳蛋较多,不易达到预期的产蛋高峰,鸡冠苍白、干燥、皱缩并有鳞片状皮屑,常有腹泻。产蛋鸡产蛋率显著下降 25%～35%,甚至因营养不良性消瘦而死亡,病死率一般 2%～15%。肉鸡全群发育迟缓,增重缓慢。

【病理变化】

(1)急性型病鸡死后病变主要是从十二指肠末端到盲肠分叉之间的肠管扩张,积有黏液和水样液体,如病原菌毒力强,可能见到出血变化。

(2)慢性病鸡死后剖检,最明显的病变在肝,可见肝肿大,色泽变淡,呈土黄色,质脆,有大小不等的出血点和出血斑。肝表面和实质内散布黄色星状坏死灶或菜花样黄白色坏死区。有的肝被膜下出血,形成血肿,偶有肝破裂而大出血,此时可见肝表面附有大的血凝块,腹腔内积有血水和血凝块。

【诊断】

根据本病的流行病学、临床症状、病理变化可以做出初步诊断,确诊应以分离到致病性的弯曲杆菌为依据。

(1)病料采集 分离弯曲杆菌最好的病料是胆汁,可用无菌注射器抽取胆汁。也可以采取肝、脾、肾、盲肠内容物用于分离病原。由于弯曲杆菌对干燥敏感,在送检时要特别小心。此外,可将送检病料用杆菌肽或多黏菌素 B 处理,以防污染。

(2)病原分离及鉴定 将病料接种于 10%马血琼脂平板上,把接种好的平板放在塑料袋中,充入含有 5%氧气、10%二氧化碳和 85%氮气的混合气体,在 43 ℃下培养 24 h,挑取单个菌落,染色镜检,见有弯曲杆菌即可确诊。也可将病料接种于 5～8 日龄鸡胚卵黄囊,鸡胚于接种后 3～5 d 死亡,收集死亡鸡胚的尿囊液、卵黄,涂片、染色、镜检。

【防制】

1. 预防

防止鸡群与其他动物、鸟类接触,减少弯曲杆菌传导至鸡群的机会,可防止本病在鸡群中横向传播。对感染过弯曲杆菌的鸡场应对鸡舍、鸡笼、用具、垫料等彻底消毒,清除鸡舍内残余的病原菌。防止本菌污染饲料,尽可能通过严格的生物预防措施,减少或防止媒介如昆虫、麻雀等污染饲料。对鸡群采取有效的药物预防,消除和减少应激,防止和控制其他降低鸡群抵抗力的疾病和寄生虫病。

2. 治疗

在饲料或饮水中添加氟喹诺酮类、金霉素、土霉素、多西环素、庆大霉素、氟苯尼考、磺胺二甲基嘧啶等药物对本病有较好的治疗作用。

子任务八 鸡绿脓杆菌病

鸡绿脓杆菌病是由绿脓假单胞杆菌引起的,主要发生于雏鸡的一种败血性疾病。其特征

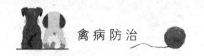

是发病急、发病率和死亡率高,临诊表现为败血症、关节炎和眼炎。

【病原】

病原为绿脓假单胞杆菌,属于假单胞菌科,假单胞菌属。菌体两端钝圆,大小为(1.5～3.0) μm×(0.5～0.8) μm,革兰氏染色呈阴性,一端有一根鞭毛,能运动,单在或成双排列,偶见短链排列。

该菌在普通琼脂培养基上生长良好,菌落圆形、光滑、边缘不整齐、带蓝绿色荧光、有芳香气味。在血液琼脂平板上,菌落大而扁平,灰绿色,周围有明显的β溶血环。在麦康凯琼脂平板上生长良好,培养基呈淡暗绿色,菌落不变红。在SS琼脂平板上形成类似沙门氏菌的菌落,培养48 h后菌落中央呈棕绿色。菌体的代谢产物中有一种毒力很强的外毒素A,具有高度的致死性;另一种外毒素磷脂酶C,是一种溶血毒素。

本菌有O抗原、H抗原、黏液抗原等。用于本菌血清学分型的系统至少有10种以上,目前尚无统一的分型标准,但各国多采用凝集试验分型法。

【流行病学】

(1)易感性 禽类中以雏鸡发病最为常见,多为1～35日龄。

(2)传播途径 绿脓假单胞杆菌广泛存在于土壤、水、空气以及人、畜肠道和皮肤。环境污染及注射用具消毒不严时,可经消化道、呼吸道或创伤感染,引起雏鸡群绿脓杆菌病的暴发流行。其次蚊蝇叮咬也可引起感染。

(3)流行规律 本病主要危害初生雏鸡,多数雏鸡从2日龄开始大批死亡,死亡曲线呈尖峰式,死亡集中在3～5日龄,随后迅速下降,不注射疫苗的公雏不发病。

【症状】

本病发病突然,起病急,病程短。病雏精神沉郁,吃食减少,羽毛粗乱,卧地不起。多数病雏发生不同程度的下痢,排出黄绿色水样稀粪,严重时粪便中带有血丝。由于下痢脱水,病雏消瘦,颈部、胸腹部、两腿内侧皮下水肿,全身衰竭,常很快死亡。有的病雏眼周围水肿,潮湿,眼闭合或半闭,眼流泪,角膜或眼前房混浊,常造成单侧眼失明。有的雏鸡可发生感染绿脓杆菌性关节炎,跗关节和跖关节明显肿大,微红,跛行,严重者以跗关节着地,不能站立。

【病理变化】

病死雏鸡外观消瘦,羽毛粗乱,无光泽。泄殖腔周围被粪便污染。头颈部、胸腹部以及两腿内侧皮下水肿、淤血或溃烂,皮下有淡黄绿色胶冻样浸出物。严重者水肿部位皮下可见出血点或出血斑。内脏器官不同程度充血、出血。肝脆而肿大,呈土黄色,有淡灰黄色、小米粒大小的坏死点。胆囊充盈。脾肿大,有出血点。肾肿大,表面有散在出血小点。心包积液,心冠脂肪出血。心内膜、心外膜见出血斑点。肺充血、出血,呈紫红色或大理石样变化,气囊混浊、增厚。腺胃黏膜脱落,肌胃黏膜有出血斑,易于脱落。肠黏膜充血、出血严重。

【诊断】

结合症状和剖检变化,可做出初步诊断。确诊需进行病原的分离和鉴定。

(1)细菌的分离培养 取病死鸡头颈部或胸腹部皮下水肿液、心血、肝或脾等病料分别接种普通肉汤、普通琼脂平板、血液琼脂平板、麦康凯琼脂平板、SS琼脂平板,于37℃恒温培养18～24 h,观察菌落的特性和颜色。菌落呈蓝绿色者可初步诊断为绿脓杆菌。

(2)形态观察 取细菌的纯培养物,涂片,革兰氏染色,镜检,观察菌体的形态特征,如为革兰氏阴性杆菌,即可判定。

（3）动物接种试验　取 24 h 肉汤纯培养物，腹腔接种健康雏鸡，每只 0.2 mL，并设对照组。从死亡的试验鸡的心、肝、脾等脏器中能分离到绿脓杆菌，即可确诊。

【防制】

1. 预防

改善饲养管理条件，加强卫生消毒，做好种蛋的收集、保存及孵化设备、环境、注射器、针头的清洗和消毒工作；在注射 MD 疫苗的同时，在另一部位注射庆大霉素；雏鸡转入育雏舍后，可在饲料或饮水中加入喹诺酮类药物、多黏菌素等，对本病有很好的预防作用。

2. 治疗

庆大霉素是治疗本病的首选药，大剂量注射庆大霉素有较好的疗效。但对大群雏鸡，通过饮水或拌料口服大剂量庆大霉素、喹诺酮类药物、多黏菌素、新霉素和磺胺嘧啶等，可以收到很好的效果。

子任务九　鸭传染性浆膜炎

鸭传染性浆膜炎又称鸭疫里氏杆菌病，是家鸭、火鸡和多种禽类的一种急性或慢性传染病。临床特点为困倦、眼与鼻孔有分泌物、绿色下痢、共济失调和抽搐。慢性病例为斜颈，病变特点为纤维素性心包炎、肝周炎、气囊炎、干酪性输卵管炎和脑膜炎。

【病原】

鸭疫里氏杆菌为革兰氏阴性小杆菌，不形成芽孢，不运动。纯培养菌落涂片可见菌体呈单个、成对，或偶呈丝状，菌体大小不一，(0.2～0.4) $\mu m \times$ (1～5) μm，用瑞特氏法染色时，菌体两端浓染，呈两极染色特性，用印度墨汁染色可见到荚膜。该菌在巧克力琼脂平板上菌落不溶血，呈小露珠状，在普通琼脂和麦康凯培养基上不能生长。绝大多数鸭疫里氏杆菌在 37 ℃ 或室温下于固体培养基上存活不超过 3～4 d；4 ℃ 条件下，肉汤培养物可保存 2～3 周；55 ℃ 下培养 12～16 h 即失去活力，在水中和垫料中可分别存活 13 d 和 27 d。

【流行病学】

（1）易感性　自然条件下以 1～8 周龄的鸭易感，其中以 2～3 周龄的小鸭最易感，1 周龄以下或 8 周龄以上的鸭极少发病。除鸭外，小鹅也可感染发病。火鸡、雉鸡、鹌鹑和鸡亦可感染，但发病少见。本病在感染群中的污染率很高，可达 90% 以上，死亡率 5%～75% 不等。

（2）传染源与传播途径　本病在育雏期发病较多，主要经呼吸道或通过皮肤损伤感染而发病，饲养条件恶劣是本病的重要诱发因素。

【症状】

（1）急性病例多见于 2～4 周龄的小鸭，临诊表现为精神沉郁，食欲减少或废绝，缩颈，眼鼻有分泌物，排淡绿色稀便，行动迟缓或不愿走动。濒死期出现神经症状，头颈震颤，角弓反张，尾部轻轻摇摆，不久抽搐而死。病程一般为 1～3 d。

（2）4～7 周龄的较大小鸭，多呈亚急性或慢性经过，病程长达 1 周或 1 周以上。病鸭除表现上述症状外，常出现头颈歪斜，受惊扰时不断鸣叫，颈部弯转，转圈或倒退运动。病鸡能长期存活，但发育不良。

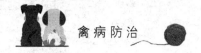

【病理变化】

(1)特征性病变是纤维素性渗出物渗出,形成纤维素性心包炎、肝周炎或气囊炎,渗出物可部分机化或形成干酪样物。少数病例见有输卵管炎,可见输卵管肿大,内有干酪样物。

(2)其他病变可见背下部或肛门周围呈坏死性皮炎,皮肤或脂肪呈黄色,切面呈海绵状,似蜂窝织炎变化。跗关节肿胀,触之有波动,关节液增多,乳白色稠状。

【诊断】

根据本病多发生于 2～3 周龄的小鸭,濒死期呈现神经症状,剖检可见明显的纤维素性炎变化,可做出初步诊断。确诊必须进行微生物学诊断。

(1)涂片镜检　取病鸭血液、肝、脾或脑作涂片,染色、镜检,常可见两极浓染的小杆菌,但菌体往往很少。

(2)细菌分离鉴定　无菌操作采取心血、肝或脑等病变材料,接种于胰酶大豆琼脂平板(TSA)或巧克力培养基上,在含 CO_2 的环境中培养 24～48 h,观察菌落形态和做纯培养,对其特性进行鉴定。也可做玻片凝集或琼脂扩散试验进行血清型鉴定。

(3)荧光抗体法检查　取肝或脑组织作涂片,火焰固定,用特异的荧光抗体染色,在荧光显微镜下检查,鸭疫里氏杆菌呈黄绿色环状结构,多散在。其他细菌不着染。

【防制】

1.预防

改善环境卫生条件,加强消毒,消除有害因素,施行全进全出的饲养管理制度。对经常发病的鸭场,进行药敏试验,选用敏感药物,进行药物预防。也可使用鸭疫里氏杆菌灭活菌苗,在10～14 日龄和 2～3 周龄各接种 1 次。

2.治疗

氟苯尼考是治疗本病的首选药,对大群鸭可通过饮水或拌料口服喹诺酮类药物、丁胺卡那、新霉素、磺胺嘧啶等。本菌极易产生耐药性,应通过药敏试验选择敏感药物进行治疗。

【思与练】

一、填空题

1.禽沙门氏菌病分为_____、_____和_____。

2.禽坏死性肠炎最显著的病理变化在肠道,尤以_____的中后段最明显。

3.禽坏死性肠炎又称肠毒血症,是由_____引起的一种急性传染病。

4._____和_____为禽传染性鼻炎的主要传染源。

5.感染巴氏杆菌病时,病鸭排白色或_____稀便,有时混有血液。

二、判断题

1.禽大肠杆菌呼吸道感染又称气囊病。(　　　)

2.禽伤寒急性病例肝表面常可见灰白色粟粒状坏死小点。(　　　)

3.雏鸭感染禽副伤寒又称"猝倒病"。(　　　)

4.禽坏死性肠炎剖检时打开新鲜病尸腹腔后即可闻到一般疾病所少有的尸腐臭味。(　　　)

5.鸭传染性浆膜炎可以用琼脂扩散试验进行诊断。(　　　)

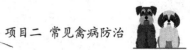

三、简答题

1.滑膜炎性大肠杆菌病的症状与病理变化有哪些？

2.雏鸡白痢的临床症状有哪些？

3.急性型鸡巴氏杆菌病的病理变化有哪些？

4.鸡传染性鼻炎的主要病理变化有哪些？

5.鸭传染性浆膜炎的特征性病理变化有哪些？

任务三

家禽常见其他微生物性疾病

【知识目标】

了解家禽常见其他微生物性疾病的病原特性。

掌握家禽常见其他微生物性疾病的流行病学特点。

掌握家禽常见其他微生物性疾病的特征症状与病理变化。

掌握家禽常见其他微生物性疾病的防制措施。

【能力目标】

能够正确进行家禽常见其他微生物性疾病的流行病学调查。

能够熟练进行家禽常见其他微生物性疾病的临床诊断、鉴别诊断和病理学诊断。

能够熟练进行家禽常见其他微生物性疾病的预防控制操作。

【素质目标】

培养严谨的科学态度和良好的职业道德。

培养爱护动物、注重动物福利的职业素养。

培养好学敬业和吃苦耐劳的精神。

【相关知识】

子任务一　禽支原体病

一、鸡毒支原体感染

鸡毒支原体感染在鸡主要表现为呼吸道症状,如气囊炎等,也称为呼吸道病(CRD)。本病的特征是咳嗽、流鼻液、呼吸道啰音。疾病发展缓慢,病程长,易继发感染,成年鸡多为隐性感染,可在鸡群长期存在和蔓延。

【病原】

鸡毒支原体(MG)是支原体科支原体属中的一个致病种,没有细胞壁,为最小原核生物。

114

MG呈细小球杆状,吉姆萨染色着色良好,呈淡紫色,革兰氏染色阴性。本菌为需氧和兼性厌氧菌,对营养物质的要求极高,需要一个相当复杂的培养基,其中通常加有10%～15%灭活的禽、马或猪血清。MG能凝集鸡和火鸡的红细胞,并且能被相应的抗血清所抑制。

MG接种7日龄鸡胚卵黄囊中,能生长繁殖,但只有部分鸡胚在接种后5～7 d死亡,鸡胚的病变为胚体发育不全,全身水肿,肝脏肿大、坏死,关节肿胀,尿囊膜、卵黄囊出血。如连续在卵黄囊继代,则死亡更加规律,病变更明显。死胚的卵黄囊及绒毛尿囊膜中含菌量最高。

MG对外界抵抗力不强,在直射的阳光下迅速死亡,一般常用的消毒药均能迅速将其杀死。MG对热敏感,45℃经1 h或50℃经20 min即被杀死,经冻干后保存于4℃冰箱可存活7年。

【流行病学】

(1)易感性　各种年龄的鸡都可感染,尤以4～8周龄雏鸡最易感,成年鸡多为隐性感染。

(2)传染源与传播途径　病鸡和隐性感染鸡是传染源。本病的传播有垂直和水平传播两种方式。病原体可通过病鸡咳嗽、喷嚏的飞沫和尘埃经呼吸道传染。垂直传播可构成代代相传,使本病在鸡群中连续不断发生。在感染的公鸡精液中,也发现有病原体存在,因此,交配时也能发生传染。用带有鸡毒支原体的鸡胚生产的弱毒苗,易通过疫苗接种而散播本病。

(3)流行规律　本病一年四季均可发生,以寒冷季节多发。

【症状】

自然感染难以确定潜伏期。

(1)幼龄鸡发病时　症状较典型,最常见的是呼吸道症状,表现为咳嗽、喷嚏、气管啰音和鼻炎。病初流浆液或黏液性鼻液,使鼻孔堵塞,妨碍呼吸,频频摇头。当炎症蔓延至下部呼吸道时,气喘和咳嗽更为显著,并有呼吸道啰音。到了后期,如果鼻腔和眶下窦中蓄积渗出物,则引起眼睑肿胀并向外突出。病鸡食欲不振,生长停滞。如无并发症,病死率也低。本病一般呈慢性经过,病程可长达1个月以上。

(2)产蛋鸡感染后　症状只表现产蛋量下降,孵化率降低,孵出的雏鸡生长发育受阻。

【病理变化】

单纯感染MG的病例,眼观变化主要表现为鼻腔、气管、支气管和气囊内含有黏稠渗出物。气囊的变化具有特征性,气囊壁变厚和混浊,严重者气囊壁有干酪样渗出物,早期如珠状,严重时成堆成块。自然感染的病例多为混合感染,如有大肠杆菌混合感染时,可见纤维素性肝周炎和心包炎。

【诊断】

根据流行特点、症状和病变,可做出初步诊断,但进一步确诊需进行病原分离鉴定和血清学检查。

(1)病原分离　做病原分离时,可取气管或气囊的渗出物制成悬液,直接接种,加有1∶4 000醋酸铊和2 000 IU/mL青霉素的支原体肉汤或琼脂培养基。血清学方法以全血平板凝集试验最常用,其他的还有HI和ELISA试验。

(2)鉴别诊断　鸡毒支原体感染与鸡传染性支气管炎、传染性喉气管炎、传染性鼻炎、曲霉菌病等呼吸道传染病极易混淆,应注意鉴别诊断。

【防制】

1.预防

(1)加强管理　防止各种应激是预防本病的关键。生产实际中应注意保持良好的通风,饲

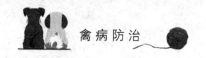

养密度适宜；饲喂全价饲料，防止维生素缺乏；疫苗接种、更换饲料、转群等前后2～3 d应使用敏感药物进行预防。

(2)处理种蛋　种鸡感染鸡毒支原体后可通过种蛋传给下一代，所以对种蛋进行处理以杀灭或减少蛋内的支原体，是有效预防本病的方法之一。处理种蛋的方法有两种：

①变温药物浸泡法　种蛋经一般性清洗，在浸蛋前3～6 h使蛋温升至37～38℃，然后浸入5℃左右的泰乐菌素溶液中(每100 mL水加入400～1 000 mg)，保持15 min，利用温差造成的负压使药物进入蛋内。

②加热法　将种蛋放入46.1℃的孵化箱中处理12～14 h，晾1 h，当温度降至37.8℃时转入正常孵化。这种方法可杀死90%以上的蛋内支原体。

(3)药物预防　对1周龄内的雏鸡，使用敏感药物连续应用5～7 d，可减少雏鸡带菌率；在本病易发年龄使用药物进行预防；使用新城疫等弱毒疫苗点眼、滴鼻、饮水或气雾免疫时，在疫苗中加入链霉素等药物防止激发本病；对开产种鸡每月进行1～2次投药，可减少种蛋带菌。常用药物有：泰乐菌素、链霉素、红霉素、喹诺酮类药物等。

(4)疫苗接种　控制MG感染的疫苗有灭活疫苗和活疫苗两大类。灭活疫苗为油乳剂，可用于幼龄鸡和产蛋鸡。

2.治疗

当鸡群发病时，可选用泰乐菌素、链霉素、红霉素、喹诺酮类药物等进行治疗，用量可适当增加，但一般不要超过两倍。用抗生素治疗时，停药后往往复发，因此，应考虑几种药物轮换使用。

3.净化

在引种时，必须从无本病的鸡场购买。从MG感染阳性场建立无MG鸡群比较困难，但通过灭活疫苗免疫，使收集种蛋前种鸡连续服用高效抗MG药物，结合种蛋的药物浸泡或加热法处理，可大大减少MG经蛋传递的概率。用这种方法培养出不带MG的健雏，以后在2月龄、4月龄、6月龄时进行血清学检查，淘汰阳性鸡，留下阴性鸡群隔离饲养作为种用，并对后代继续观察，确认是健康鸡群后，还应严格执行消毒、隔离措施，并定期做血清学检查，以保安全。

二、鸡传染性滑膜炎

鸡传染性滑膜炎又称鸡滑膜支原体病，是由滑膜支原体(MS)引起的种鸡和火鸡的传染病，其主要表现为渗出性的关节滑膜炎、腱鞘炎和轻度的上呼吸道感染。

【病原】

滑膜支原体与败血支原体在许多特性上是相似的，为多形态的球状体，直径约0.2 μm，吉姆萨染色较好，在固体培养基上生长。典型的菌落特征为圆形隆起，略似花格状，有凸起的中心或无中心。

滑膜支原体对外界环境的抵抗力同败血支原体相似，不耐热。一般常用的消毒药物可将其杀死。

【流行病学】

(1)易感性　本病呈世界性分布，常发生于各种年龄的商品蛋鸡群和火鸡群，在中国部分鸡场阳性率可达20%以上。本病主要感染鸡和火鸡,鸭、鹅及使鸽也可自然感染。急性感染主要见于4~16周龄鸡和10~24周龄的火鸡,偶见于成年鸡;而慢性感染可见于任何年龄。

(2)传播途径 本病的传播途径主要是经卵垂直传播,其次是呼吸道,另外也可直接接触传染。

【症状】

本病的潜伏期为5~10 d。

(1)病原体主要侵害鸡的跗关节和爪垫,严重时也可蔓延到其他关节滑膜,引起渗出性滑膜炎、滑膜囊炎及腱鞘炎。病鸡表现出行走困难,跛行,关节肿大变形,胸前出现水泡,鸡冠苍白,食欲减少,生长迟缓,常排泄含有大量尿酸或尿酸盐的青绿色粪便,偶见鸡有轻度的呼吸困难和气管啰音。上述急性症状之后继以缓慢的恢复,但关节炎、滑膜炎可能会终生存在。成年禽产蛋量可下降20%~30%。本病发病率为5%~15%,死亡率1%~10%。

(2)火鸡症状与鸡相似,跛行是最明显的一个症状,患禽的一个或多个关节常见有热而波动的肿胀。本病的发病率及死亡率均较低,但踩踏和相互鸽啄可能引起较大的死亡率。

【病理变化】

剖检可见病鸡的关节和足垫肿胀,在关节的滑膜、滑膜囊和腱鞘有多量炎性渗出物,早期为黏稠的乳酪状液体,随着病情的发展变成干酪样渗出物。关节表面,尤其是跗关节和肩关节常有溃疡,呈橘黄色。肝脾肿大,肾脏肿大呈苍白的斑驳状。呼吸道一般无变化,偶见有气囊炎病变。

【诊断】

根据流行病学、临床症状及病理变化,可做出初步诊断。此外,要进行实验室诊断,并注意鉴别诊断。

(1)本病的实验室诊断方法主要包括病原体的分离鉴定和凝集试验,其方法与鸡败血支原体病相同。但应注意,在凝集试验中,本病的诊断抗原与败血支原体抗体之间可能会出现一定的交叉反应。

(2)本病的实验室诊断还可采用动物试验,取病鸡关节液及胸部水疱病料,研碎过滤,注射入4周龄幼鸡的足垫关节内,接种鸡在1周内足垫发炎肿胀,即可定为阳性。

(3)本病应与葡萄球菌病、病毒性关节炎相区别。葡萄球菌病通过镜检可排除,而病毒性关节炎病鸡的血清不能凝集本病的抗原,以此即可区分。

【防制】

1.预防

本病的预防所用疫苗为进口的禽滑液囊支原体菌苗,1~10周龄用于颈部皮下注射,10周龄以上用于肌内注射,每只每次0.5 mL,连用2次,间隔4周。

2.治疗

当鸡群发病时,可选用泰乐菌素、泰妙菌素等对支原体有抑制作用的抗生素进行治疗。

子任务二　禽曲霉菌病

禽曲霉菌病是由真菌中的曲霉菌引起的多种禽类的真菌性传染病,主要侵害呼吸器官。

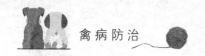

特征是在组织器官中,尤其是肺及气囊发生炎症和形成小结节。多见于雏禽,常呈急性暴发。

【病原】

病原体为烟曲霉,其次为黄曲霉。二者均为需氧菌,在室温和37~45℃均能生长,在马铃薯培养基和其他糖类培养基上均可生长。烟曲霉在沙堡氏培养基、葡萄糖马铃薯培养基、血液琼脂经25~37℃培养,初期形成白色绒毛状菌落,经24~30 h后开始形成孢子,菌落呈面粉状、浅灰色、深绿色、黑蓝色,而菌落周边仍呈白色。

曲霉菌的孢子抵抗力很强,煮沸5 min才能将其杀死,一般消毒液要经1~3 h才能将其杀死,常用消毒剂有5%甲醛、石炭酸、过氧乙酸和含氯消毒剂。本菌对一般抗生素和化学药物不敏感,制霉菌素、两性霉素B、灰黄霉素、克霉唑及碘化钾对本菌有抑制作用。

【流行病学】

(1)易感性　各种禽类都有易感性,以4~12日龄雏禽的易感性最高,常为急性经过,发病率和死亡率高,成年禽有抵抗力,多为慢性和散发。

(2)传播途径　曲霉菌的孢子广泛分布于自然界,在禽舍的地面、垫草及空气中经常可分离出其孢子。禽类常因接触发霉饲料和垫料经呼吸道或消化道而感染。曲霉菌孢子易穿过蛋壳进入蛋内,引起胚胎死亡或雏鸡感染。孵化室严重污染时,新生雏禽也可经呼吸道感染而发病。阴暗潮湿的鸡舍和不洁的育雏器及其他用具、梅雨季节、空气污浊等均能使曲霉菌增殖,易引起本病发生。

【症状】

自然感染的潜伏期2~7 d,人工感染24 h。

急性者可见精神不振,不愿走动,多卧伏,拒食,对外界反应淡漠。病程稍长,可见呼吸困难,伸颈张口,将病鸡放于耳旁,可听到沙哑的水泡破裂声,但不发出明显的"咯咯"声。由于缺氧,鸡冠和肉髯颜色暗红或发紫。食欲显著减少或不食,饮欲增加,常有下痢。离群独处,闭目昏睡,精神委顿,羽毛松乱。有的表现神经症状,如摇头、头颈不随意屈曲、共济失调和两腿麻痹。病原侵害眼时,结膜充血、肿胀、眼睑闭合,下眼睑有干酪样物,严重者失明。急性病程2~7 d,慢性可延至数周。

【病理变化】

病变主要表现在肺和气囊。典型病例均在肺脏表面散在果粒大至黄豆大的黄白色或灰白色结节。结节柔软有弹性,切开见有层次的结构,中心为干酪样坏死组织,内含大量菌丝体,外层为类似肉芽组织的炎性反应层,并含有巨细胞。气囊壁通常增厚,附有黄白色干酪样结节,该结节由炎性渗出物和菌丝体组成。病程较长时,干酪样结节更大,数量更多,气囊壁变厚,并融合形成更大的病灶。随着病程的延长,曲霉菌在干酪样及增厚的囊壁上形成分生孢子,此时可见气囊壁上形成圆形隆起的灰绿色霉菌斑,呈绒球状。

【诊断】

根据流行特点、症状和剖检可做出初步诊断,确诊则需进行微生物学检查。取病变组织少许,置载玻片上,加生理盐水1~2滴,用针拉碎病料,加盖玻片后镜检,可见菌丝体和孢子。接种于马铃薯培养基或其他真菌培养基,培养后进行检查鉴定。

【防制】

1.预防

不使用发霉的垫料和饲料是预防曲霉菌病的主要措施。垫料要经常翻晒,妥善保存,尤其是阴雨季节。种蛋、孵化器及孵化厅均按卫生要求进行严格消毒。育雏室应注意通风换气和卫生消毒,保持室内干燥、清洁。长期被烟曲霉污染的育雏室、土壤、尘埃中含有大量孢子,雏禽进入之前,应彻底清扫干净、换土,并用甲醛熏蒸消毒或0.4%过氧乙酸喷雾后密闭数小时,通风后使用。

2.治疗

发现疫情时,迅速查明原因,并立即排除,同时进行环境、用具等的消毒工作。

本病目前尚无特效的治疗方法。用制霉菌素防制本病有一定效果,剂量为每100只雏鸡每次用50万IU,每日2次,连用2～4 d。也可用1∶3 000的硫酸铜或0.5%～1%碘化钾饮水,连用3～5 d。

子任务三　禽念珠菌病

禽念珠菌病又称霉菌性口炎、白色念珠菌病,俗称鹅口疮,是由白色念珠菌引起的禽类上消化道的一种真菌性传染病,特征是上消化道(口腔、食道、嗉囊)黏膜产生白色的伪膜和溃疡。

【病原】

本病病原为半知菌纲念珠菌属的一种类酵母状的真菌白色念珠菌,革兰氏染色阳性,在自然界广泛存在,在健康的畜禽及人的口腔、上呼吸道和肠道等处寄居。

该菌为兼性厌氧菌,在沙堡氏培养基上经37℃培养1～2 d,形成2～3 mm大小、奶油色、凸起的圆形菌落。菌落表面湿润,光滑闪光,边缘整齐,不透明,较黏稠,略带酒酿味。

该菌对外界环境及消毒药有很强的抵抗力。

【流行病学】

(1)易感性　本病可发生于多种禽类,如鸡、火鸡、鸽、鸭、鹅等,且以幼龄禽多发,成年禽亦有发生。鸽以青年鸽易发且病情严重,多发生在夏秋炎热多雨季节。

(2)传染源与传播途径　病禽和带菌禽是主要传染源,病菌通过分泌物和排泄物污染饲料、饮水,经消化道感染。雏鸽主要是通过带菌亲鸽的"鸽乳"而感染,但内源性感染不可忽视,如营养缺乏、长期应用广谱抗生素或皮质类固醇、饲养管理卫生条件不好,以及其他疾病使机体抵抗力降低,都可以促使本病的发生。

【症状】

病禽主要表现为精神沉郁,食量减少或停食,羽毛粗乱;消化障碍,嗉囊扩张下垂、松软,挤压时有痛感,并有酸臭气体或液体自口中排出。有时病禽下痢,粪便呈灰白色。一般1周左右病禽逐渐瘦弱死亡。

【病理变化】

剖检病理变化主要集中在上消化道,可见喙缘结痂、口腔、咽、食道、嗉囊黏膜表面,开始为乳白色或黄色斑点,后来融合成斑块状或团块状的灰白色伪膜,用力撕脱后可见红色的溃疡出血面。少数病禽引起胃黏膜肿胀、出血和溃疡,颈胸部皮下形成肉芽肿。

【诊断】

根据流行病学、临床症状与病理变化可做出初步诊断。确诊需刮取口腔、食道黏膜渗出物涂片,用显微镜检查菌体,或将采取的分泌物接种沙堡氏培养基,分离白色念珠菌,并将该菌经

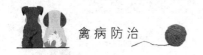

皮下接种小鼠或家兔,白色念珠菌可使小鼠和家兔的肾和心肌形成脓肿。

【防制】

1. 预防

加强饲养管理,改善卫生条件。防止饲料和垫料发霉,减少应激,室内应干燥通风,防止拥挤、潮湿;种蛋表面可能带菌,在孵化前要严格消毒。

2. 治疗

发生本病后,可选用下列药物进行治疗:

(1)制霉菌素　5 000 U/只饮水,2次/d连用3 d;或按150万 U/kg饲料加制霉菌素。

(2)硫酸铜　按1∶3 000倍稀释,进行全群饮水,连用3 d,可在一定程度上控制本病的发生和发展。

(3)个别治疗　可将鸡口腔伪膜刮去,涂碘甘油。嗉囊中可以灌入数毫升2%硼酸水。

子任务四　禽衣原体病

禽衣原体病又称鹦鹉热或鸟疫,是由鹦鹉热衣原体引起的一种接触性传染病,以结膜炎和鼻炎,气囊、腹腔浆膜、心外膜增厚,表面有纤维性炎症为特征。本病也是一种重要的人畜共患病,必须给予足够的重视。

【病原】

衣原体归于衣原体目衣原体科,是一类介于立克次氏体与病毒之间,具有滤过性、严格细胞内寄生的革兰氏阴性原核细胞型微生物。

衣原体有独特的发育周期,不同发育阶段的衣原体在形态、大小和染色特性上有差异。衣原体在形态上可分为个体形态和集团形态两类。个体形态又有大、小两种。一种是小而致密的,称为原体,具有高度感染性,呈球形、梨形或椭圆形,吉姆萨染色呈紫色,马基维洛染色呈红色;另一种是大而疏松的,称为网状体,无感染性,呈圆形或椭圆形,吉姆萨染色和马基维洛染色均呈蓝色。鹦鹉热衣原体在细胞内可出现多个包涵体,成熟的包涵体经吉姆萨染色呈深紫色,革兰氏阴性。

可将禽源鹦鹉热衣原体分为两类:一类是强毒株,能引起急性流行,可致自然宿主和试验宿主死亡,重要脏器出现广泛性血管充血和炎症,并可使接触感染禽鸟的人员和试验研究人员发生严重感染;另一类是低致病性毒株,能引起慢性进行性流行,感染后不产生严重的临床症状,若无并发感染,死亡率一般低于5%。

由于衣原体严格细胞内寄生,目前只能用鸡胚(鸭胚)、细胞培养及动物接种3种方式培养。

衣原体对理化因素的反抗力不强,对热、脂溶剂和去污剂及常用消毒液均十分敏感。青霉素、金霉素、四环素、红霉素等均可抑制衣原体的生长繁殖,但链霉素、庆大霉素、卡那霉素、新霉素等则不能抑制。

【流行病学】

(1)易感性　衣原体的宿主范围十分广泛,火鸡、鸭和鸽易感染发病。一般来说,幼龄家禽比成年易感,易出现临床症状,死亡率也高。鸡对鹦鹉热衣原体具有较强的抵抗力,肉仔鸡和育雏期蛋鸡相对易感。

(2)传染源与传播途径 健康鸡可经消化道、呼吸道、眼结膜、伤口和交配等途径感染衣原体,吸入有感染性的尘埃是衣原体感染的主要途径。患病或感染畜禽可通过血液、鼻腔分泌物、粪便、尿、乳汁及流产胎儿、胎衣和羊水大量排出病原体,污染水源和饲料等成为感染源。吸血昆虫(如蝇、蜱、虱等)可促进衣原体在动物之间的迅速传播。

(3)流行规律 本病不具明显的季节性。禽类感染后多呈隐性。

【症状】

潜伏期短的只有 10 d,长的可达 9 个月以上。

(1)幼鸭表现为颤抖、共济失调,排绿色水样粪便,眼和鼻孔周围有浆液性或脓性分泌物。发病率 10%～80%,死亡率 0～30%,其差异主要取决于感染时的年龄和是否混合感染沙门氏菌。成年鸭多为隐性感染。

(2)2～3 周龄的幼鸽多呈急性经过,病鸽精神委顿、厌食、腹泻,有时表现结膜炎和鼻炎,呼吸困难发出"咯咯"声,后期病鸽消瘦、衰弱,易发生死亡。康复鸽成为无症状的带菌者。鸽的感染率为 30%～90%。

(3)中国鸡群中普遍存在鹦鹉热衣原体感染,血清阳性率较高,多呈隐性经过,偶有肉仔鸡、育雏期蛋鸡和产蛋鸡发病较严重。肉仔鸡和育雏期蛋鸡感染强毒株可表现为肺炎型、水肿型和无卵巢、无输卵管型。产蛋期首次感染衣原体,其症状同育成鸡,二次感染的鸡群主要表现为有蛙鸣音、排亮绿色粪便、产蛋率下降,严重的鸡群产蛋率下降到 40%左右;白壳蛋、软壳蛋、沙壳蛋多,小蛋(无黄蛋)、畸形蛋少。

【病理变化】

(1)鸭的病变表现为全身性浆膜炎,胸肌萎缩;肝肿大,肝周炎;脾肿大,有时肝、脾有灰色或黄色坏死灶。

(2)鸽的病变表现为气囊、腹腔浆膜、心外膜增厚,表面有纤维蛋白渗出;肝、脾常见肿大,变软变暗。

(3)肉鸡病变主要集中在肺脏、细支气管、气囊。一般可见脾肿大,表面有灰黄色坏死灶或出血点;肝肿大而脆,色变淡,有小坏死灶;气囊膜增厚混浊,有时被黄色纤维素性脓性渗出物覆盖,严重者形成黄色干酪物;肺淤血;心包囊有明显浆液性或浆液纤维素性炎症反应;肠道充血,可见泄殖腔内容物内含有较多尿酸盐。产蛋鸡病变主要集中在卵巢和输卵管,早期子宫腔出现轻度水肿,卵巢有发育正常的 6～7 个接近成熟的卵黄,中期液体增多,后期渗出液体增多,蛋黄漂浮如同水煮样。

【诊断】

禽衣原体病的诊断不能仅依靠病史和临床检查,确诊必须进行病原分离鉴定或血清学试验。

(1)病原分离鉴定 无菌操作收集病禽的组织器官(气囊、脾、心、肝和肾)或活禽的喉头/泄殖腔拭子,经常规处理后接种敏感鸡胚或细胞培养。卵黄囊接种于发育良好的 5～7 日龄鸡胚,3～10 d 内鸡胚死亡,卵黄囊管充血,卵黄液镜检可见支原体的原体。鸡胚不死亡的,有时需要盲传几代。有条件的实验室可细胞培养分离。

(2)血清学检查 血清学试验常用补体结合试验,可作为衣原体感染的定性诊断。也可使

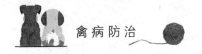

用琼扩试验、间接血凝试验、ELISA及免疫荧光试验等。

（3）鉴别诊断　本病在临床症状和剖检变化上易与支原体病、肾型传染性支气管炎、沙门氏菌病、巴氏杆菌病、大肠杆菌病及禽流感等疫病混淆。

【防制】

1．预防

为有效防制禽衣原体病，应采取综合措施，杜绝引入传染源，控制感染动物，阻断传播途径。强化检疫，防止新传染源引入。保持禽舍的卫生。

2．治疗

鹦鹉热衣原体对青霉素和四环素类抗生素都较敏感，其中以四环素类的治疗效果最好。大群治疗时可在每千克饲料中添加四环素（金霉素或土霉素）0.4 g，充分混匀，连续喂药 1～3 周，可以减轻临床症状和消除病禽体内的病原。必须注意的是，为减少对金霉素吸收的干扰作用，宜将饲料中的钙含量降至 0.7%以下。

3．控制措施

发现病禽要及时隔离和治疗。一旦怀疑，应该快速采取方法予以确诊，必要时对全部病禽扑杀以消灭传染源。带菌禽类排出的粪便中含有大量衣原体，故禽舍要勤于清扫，清扫时要注重个人防护。鹦鹉热衣原体可以传播给人并可引起严重疾病（鹦鹉热），因此在处理感染禽鸟和污染材料时必须格外小心，注意做好个人防护工作，如戴口罩等。

【思与练】

一、填空题

1．鸡毒支原体感染的传播有_____和_____传播两种方式。

2．滑膜支原体感染的传播途径主要是经_____垂直传播，其次是呼吸道。

3．禽曲霉菌病是由真菌中的_____引起的多种禽类的真菌性传染病。

4．禽衣原体是一类严格_____内寄生的革兰氏_____原核细胞型微生物。

二、判断题

1．鸡毒支原体能凝集鸡和火鸡的红细胞。（　　）

2．滑膜支原体感染后禽只关节炎、滑膜炎可能会终生存在。（　　）

3．禽曲霉菌病可引起神经症状。（　　）

4．鸟疫是一种重要的人畜共患病。（　　）

三、简答题

1．鸡毒支原体感染时气囊的变化有哪些？

2．滑膜支原体感染的临床症状有哪些？

3．禽患曲霉菌病时气囊的变化有哪些？

4．禽衣原体感染时气囊的变化有哪些？

任务四

家禽常见寄生虫病

【知识目标】

了解家禽常见寄生虫病的病原及宿主特性。

掌握家禽常见寄生虫病原的生活史。

掌握家禽常见寄生虫病的特征症状与病理变化。

掌握家禽常见寄生虫病的预防与治疗方法。

【能力目标】

能够正确进行家禽常见寄生虫病的流行病学调查。

能够熟练进行家禽常见寄生虫病的临床诊断、鉴别诊断和病理学诊断。

能够熟练进行家禽常见寄生虫病的预防与治疗技术操作。

【素质目标】

培养严谨的科学态度和良好的职业道德。

培养爱护动物、注重动物福利的职业素养。

培养好学敬业和吃苦耐劳的精神。

【相关知识】

子任务一　禽球虫病

一、鸡球虫病

鸡球虫病是由艾美尔球虫寄生于鸡肠上皮细胞内引起的一种寄生虫病。鸡球虫病是鸡常见且危害十分严重的寄生虫病,雏鸡的发病率和致死率均较高。病愈的雏鸡生长受阻,增重缓慢;成年鸡多为带虫者,但增重和产蛋能力降低。

【病原】

病原为原虫中的艾美尔科艾美尔属的球虫,中国已发现 9 种。不同种的球虫,在鸡肠道内

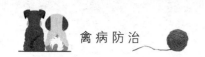

寄生部位不一样,其致病力也不相同。柔嫩艾美尔球虫寄生于盲肠,致病力最强;毒害艾美尔球虫寄生于小肠中 1/3 段,致病力强;巨型艾美尔球虫寄生于小肠,以中段为主,有一定的致病作用;堆型艾美尔球虫寄生于十二指肠及小肠前段,有一定的致病作用,严重感染时引起肠壁增厚和肠道出血等病变;和缓艾美尔球虫、哈氏艾美尔球虫寄生在小肠前段,致病力较低,可能引起肠黏膜的卡他性炎症;早熟艾美尔球虫寄生在小肠前 1/3 段,致病力低,一般无肉眼可见的病变;布氏艾美尔球虫寄生于小肠后段,盲肠根部,有一定的致病力,能引起肠道点状出血和卡他性炎症;变位艾美尔球虫寄生于小肠、直肠和盲肠,有一定的致病力,轻度感染时肠道的浆膜和黏膜上出现单个的、包含卵囊的斑块,严重感染时可出现散在的或集中的斑点。

【生活史】

鸡球虫的发育要经过 3 个阶段。①无性阶段,在其寄生部位的上皮细胞内以裂殖生殖进行。②有性生殖阶段,以配子生殖形成雌性细胞、单性细胞,两性细胞融合为合子,这一阶段是在宿主的上皮细胞内进行的。③孢子生殖阶段,是指合子变为卵囊后,在卵囊内发育形成孢子囊和子孢子,含有成熟子孢子的卵囊称为感染性卵囊。鸡感染球虫,是由于吞食了散布在土壤、地面、饲料和饮水等外界环境中的感染性卵囊而发生的。

【流行病学】

(1)鸡球虫的感染过程:粪便排出的卵囊,在适宜的温度和湿度条件下,经 1～2 d 发育成感染性卵囊;这种卵囊被鸡吃了以后,子孢子游离出来,钻入肠上皮细胞内发育成裂殖子、配子、合子;合子周围形成一层被膜,被排出体外;鸡球虫在肠上皮细胞内不断进行有性和无性繁殖,使上皮细胞受到严重破坏,遂引起发病。

(2)各个品种的鸡均有易感性,15～50 日龄的鸡发病率和致死率都较高,成年鸡对球虫有一定的抵抗力。病鸡是主要传染源,凡被带虫鸡污染过的饲料、饮水、土壤和用具等,都有卵囊存在。鸡感染球虫的途径主要是吃了感染性卵囊。人及其衣服、用具等以及某些昆虫都可成为机械传播者。

(3)球虫虫卵的抵抗力较强,在外界环境中一般的消毒剂不易破坏。卵囊对高温和干燥的抵抗力较弱。饲养管理条件不良,鸡舍潮湿、拥挤,卫生条件恶劣时,最易发病。在潮湿多雨、气温较高的梅雨季节易暴发球虫病。

【症状】

临床上根据球虫病发病部位不同分为盲肠球虫病和小肠球虫病。

(1)盲肠球虫病　3～6 周龄幼鸡常为此型,由柔嫩艾美尔球虫引起。病鸡早期出现精神萎靡,拥挤在一起,翅膀下垂,羽毛逆立,闭眼瞌睡,下痢,排出带血液的稀粪或排出的全部是血液,食欲不振,鸡冠苍白,发病后 4～10 d 死亡,不及时治疗死亡率可达 50%～100%。

(2)小肠球虫病　由柔嫩艾美尔球虫以外的其他几种艾美尔球虫引起,较大日龄幼鸡的球虫病为此类型。这种类型的球虫病病程较长,病鸡表现为冠苍白,食欲减少,消瘦,羽毛蓬松,下痢,一般无血便,两脚无力,瘫倒不起,最后衰竭死亡,死亡率较盲肠球虫病低。

【病理变化】

(1)柔嫩艾美尔球虫主要侵害盲肠,两支盲肠显著肿大,可为正常的 3～5 倍,肠腔中充满凝固的或新鲜的暗红色血液,盲肠上皮变厚,有严重的糜烂。

(2)毒害艾美尔球虫损害小肠中段,使肠壁扩张、增厚,有严重的坏死。在裂殖体繁殖的部位,有明显的淡白色斑点,黏膜上有许多小出血点。肠管中有凝固的血液或有胡萝卜色胶冻状的内容物。

（3）巨型艾美尔球虫损害小肠中段，可使肠管扩张，肠壁增厚；内容物黏稠，呈淡灰色、淡褐色或淡红色。

（4）堆型艾美尔球虫多在上皮表层发育，并且同一发育阶段的虫体常聚集在一起，在被损害的肠段出现大量淡白色斑点。

（5）哈氏艾美尔球虫损害小肠前段，肠壁上出现大头针头大小的出血点，黏膜有严重的出血。

（6）若多种球虫混合感染，则肠管粗大，肠黏膜上有大量的出血点，肠管中有大量的带有脱落的肠上皮细胞的紫黑色血液。

【诊断】

根据肠道的特异性病变，用显微镜检查肠黏膜刮取物来确诊。严重感染时（临床型）容易做出诊断；但轻度感染时（亚临床型）则困难。有几种病可以引起与球虫病相似的症状和病变，如组织滴虫病、沙门氏菌病、坏死性或溃疡性肠炎、大肠杆菌若干菌株引起的肠毒症、盐和药物摄入过量，应注意鉴别诊断。

【防制】

1. 预防

（1）分开喂养　成年鸡与雏鸡分开喂养，以免带虫的成年鸡散播病原导致雏鸡暴发球虫病。加强饲养管理。保持鸡舍干燥、通风和鸡场卫生，定期清除粪便，堆放，发酵以杀灭卵囊。保持饲料、饮水清洁，笼具、料槽、水槽定期消毒，一般每周1次，可用沸水、热蒸汽或3%～5%热碱水等处理。补充足够的维生素K和给予3～7倍推荐量的维生素A可加速鸡患球虫病后的康复。

（2）视不同的鸡群制订不同预防方案

①肉用仔鸡群　离子载体类和非离子载体类药物都能预防临床型球虫病的暴发，以及减少亚临床型感染造成的经济损失。为了保持抗球虫药的效能或推迟球虫耐药性的产生，应对这些抗球虫药采取轮换和穿梭用药方案。

②肉鸡群　合理地搭配一个穿梭方案中的用药和在肉鸡的一个生产周期只用一种药物（单一用药），二者相比，前者能够得到更高的生产效益。

③后备禽群

笼养蛋禽：在这种类型的饲养方式下，家禽无需对球虫产生免疫力，所以在地面那段生长期，用药同肉仔鸡一样，一直到上笼后的1周停药。

肉用种鸡或地面饲养的蛋禽：为了使这些家禽产生对球虫的免疫力，轻度感染是必需的。因此，应该人为地控制用药，使球虫在体内能够生活，但并不引起死亡或太严重的损伤。在合适的时间内，在饲料中添加适宜浓度的氨丙啉、球痢灵或更强一点的杀球虫药，如尼卡巴嗪和离子载体类药物，可达到这一目的。

（3）球虫病的免疫　对于肉用禽，笼养或网上饲养的禽类，对球虫有无免疫力是无关紧要的。要想对球虫病产生免疫力，禽类必须摄入足够量的活球虫卵囊并发生感染。这些卵囊完成几个生活周期后大量地增殖，禽类以后便可耐受足够量的卵囊侵袭而不发病。由于各种球虫之间无交叉免疫性，机体必须建立对每一种球虫的免疫力。禽类可能对某一种球虫有免疫力，而对另一种仍很敏感。免疫力不是永久的，如果环境不提供一个经常的、足够水平的重复

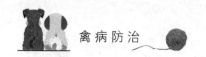

感染的条件,那么禽类对球虫的免疫力就会逐渐消失。免疫的产生和持续时间可能受某些疾病和条件的影响,如马立克氏病、传染性法氏囊病和霉菌毒素中毒病对球虫的免疫有不利的影响。

2. 治疗

对鸡球虫病的治疗主要是依靠药物,使用的药物有化学合成的和抗生素两大类。

①氨丙啉 可混饲或饮水给药。混饲,预防浓度为 $100\sim125$ mg/kg,连用 $2\sim4$ 周;治疗浓度为 250 mg/kg,连用 $1\sim2$ 周,然后减半,连用 $2\sim4$ 周。应用本药期间,应控制每千克饲料中维生素 B_1 的含量以不超过 10 mg 为宜,以免降低药效。

②硝苯酰胺(球痢灵) 混饲,预防浓度为 125 mg/kg,治疗浓度为 $250\sim300$ mg/kg,连用 $3\sim5$ d。

③莫能霉素 预防按 $80\sim125$ mg/kg 浓度混饲连用。与盐霉素合用有累加作用。

④盐霉素(球虫粉、优素精) 预防按 $60\sim70$ mg/kg 浓度混饲连用。

⑤马杜拉霉素(抗球王、杜球、加福) 预防按 $5\sim6$ mg/kg 浓度混饲连用。

⑥常山酮(速丹) 预防按 3 mg/kg 浓度混饲连用至蛋鸡上笼,治疗用 6 mg/kg 混饲连用 1 周。

⑦尼卡巴嗪 混饲,预防浓度为 $100\sim125$ mg/kg,育雏期可连续给药。

⑧磺胺类药 对治疗已发生感染的优于其他药物,故常用于球虫病的治疗。常用的磺胺类药有:复方磺胺-5-甲氧嘧啶、磺胺间二甲氧嘧啶、磺胺-6-甲氧嘧啶等。

二、鸭球虫病

鸭球虫病是由泰泽属、温扬属和艾美尔属的某些球虫引起的一种原虫病。鸭球虫病在鸭群中经常发生,耐过的病鸭生长发育受阻,增重缓慢,对养鸭业危害极大。

【病原】

鸭球虫的种类较多,分属于艾美尔科的艾美尔属、泰泽属、温扬属和等孢属,多寄生于肠道,少数艾美尔属球虫寄生于肾脏。据报道,鸭球虫中以毁灭泰泽球虫致病力最强,暴发性鸭球虫病多由毁灭泰泽球虫和菲莱氏温扬球虫混合感染所致,后者的致病力较弱。

毁灭泰泽球虫卵囊呈短椭圆形,浅绿色。初排出的卵囊内充满含粗颗粒的合子,孢子化后不形成孢子囊,8 个香蕉形的子孢子游离于卵囊内,无极粒。

菲莱氏温扬球虫卵囊较大,呈卵圆形,浅蓝绿色。卵囊壁外层薄而透明,中层黄褐色,内层浅蓝色。新排出的卵囊内充满含粗颗粒的合子,有微孔,孢子化卵囊内含 4 个瓜子形孢子囊,狭端有斯氏体,每个孢子囊内含 4 个子孢子和 1 个圆形孢子囊残体,有 $1\sim3$ 个极粒,无卵囊残体。

【流行病学】

随粪排出的毁灭泰泽球虫卵囊在 0 ℃ 和 40 ℃ 时停止发育,孢子化所需适宜温度为 $20\sim28$ ℃,最适宜温度为 26 ℃,孢子化时间为 19 h;寄生于小肠上皮细胞内,严重感染时,盲肠和直肠也见有虫体;有两代裂殖增殖;从感染到随粪排出卵囊的最早时间为 118 h。

随粪排出的菲莱氏温扬球虫卵囊在 9 ℃ 和 40 ℃ 时停止发育,$24\sim26$ ℃ 的适宜温度下完成孢子化需 30 h;寄生于卵黄蒂前后肠段、回肠、盲肠和直肠绒毛的上皮细胞内及固有层中,有三代裂殖增殖;潜伏期为 95 h。

【症状】

急性鸭球虫病多发生于 $2\sim3$ 周龄的雏鸭,于感染后第 4 天出现精神委顿、缩颈、不食、喜卧、渴欲增加等症状;病初拉稀,随后排暗红色或深紫色血便,发病当天或第 2～3 天发生急性死亡,耐过的病鸭逐渐恢复食欲,死亡停止,但生长受阻,增重缓慢。慢性型一般不显症状,偶见有拉稀,常成为球虫携带者和传染源。

【病理变化】

毁灭泰泽球虫危害严重,肉眼病变为整个小肠呈泛发性、出血性肠炎,尤以卵黄蒂前后范围的病变严重。肠壁肿胀、出血;黏膜上有出血斑或密布针尖大小的出血点,有的见有红白相间的小点,有的黏膜上覆盖一层糠麸状或奶酪状黏液,或者有淡红色或深红色胶冻状出血性黏液,但不形成肠心。

菲莱氏温扬球虫致病性不强,肉眼病变不明显,仅可见回肠后部和直肠轻度充血,偶尔在回肠后部黏膜上见有散在的出血点,直肠黏膜弥漫性充血。

【诊断】

从病变部位刮取少量黏膜,做成涂片,用瑞氏或吉姆萨液染色,在高倍镜下见到大量的发育阶段虫体可确诊。也可取病鸭的粪便,用饱和食盐水或硫酸镁水溶液漂浮法检查,如见有大量的卵囊,即可确认为本病的流行。

【防制】

1.预防

鸭舍应保持清洁干燥,定期清除粪便,防止饲料和饮水被鸭粪污染。饲槽和饮水用具等经常消毒。定期更换垫料,换垫新土。

2.治疗

在球虫病流行季节,对地面饲养达到 12 日龄的雏鸭,可将磺胺间六甲氧嘧啶、磺胺甲基异噁唑、克球粉等治球虫的药物混于饲料中喂服。

三、鹅球虫病

鹅球虫病分为肾型球虫病和肠型球虫病两大类,寄生于肾的球虫有 1 种,肠道的有 14 种。

【病原】

引起鹅球虫病的球虫有 15 种,其中以截形艾美尔球虫致病力最强,寄生于肾小管上皮,使肾组织遭到严重破坏。

【流行病学】

3 周至 3 月龄幼鹅最易感,常呈急性经过,病程 2～3 d,致死率可高达 87%。截形艾美尔球虫以外的其他种鹅球虫均寄生于肠道,单独感染时,有些种可引起严重发病,而另一些种则致病力弱,但混合感染时也会严重致病。

【症状】

肾球虫病表现为精神不振,翅膀下垂,食欲缺乏,极度衰弱和消瘦,腹泻,粪带白色。重症幼鹅致死率颇高。肠道球虫病呈现出血性肠炎症状,食欲缺乏,精神萎靡,腹泻,粪稀或有红色黏液,重者可因衰竭而死亡。

【病理变化】

肾球虫病可见肾肿大,呈淡灰黑色或红色,肾组织上有出血斑和针尖大小的灰白色病灶或条纹,内含尿酸盐沉积物和大量卵囊。肾小管肿胀,内含卵囊、崩解的宿主细胞和尿酸盐。肠

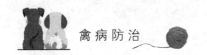

球虫病可见小肠肿胀,呈现出血性卡他性炎症,尤以小肠中段和下段最为严重,肠内充满稀薄的红褐色液体,肠壁上可能出现大的白色结节或纤维素性类白喉坏死性肠炎。

【诊断】

根据症状、流行病学调查、病变及粪便,或肠黏膜涂片,或在肾组织中发现各发育阶段虫体而确诊。

【防制】

1. 预防

将鹅群从高度污染的潮湿地区移开。在发病地区对雏鹅用药物预防。

2. 治疗

鹅球虫病除选用各种磺胺类药物外,也可选用优素精、氨丙啉等。

子任务二　禽组织滴虫病

禽组织滴虫病是由组织滴虫属的火鸡组织滴虫寄生于鸡、火鸡等禽类盲肠和肝引起的一种急性原虫病,又称盲肠肝炎、黑头病。主要特征为鸡冠、肉髯发绀,呈黑色;肝坏死和盲肠溃疡。

【病原】

火鸡组织滴虫为多形性虫体,随着寄生部位和发育阶段不同而形态变化较大,根据其寄生部位分组织型虫体和肠腔型虫体。

(1)组织型虫体　生长于火鸡肝组织细胞病变的边缘,呈现圆形或变形虫形,直径一般为 $8\sim14~\mu m$,观察时使用恒温镜台(40℃左右)可见虫体伸出指状、叶状或丝状伪足,有时可达数个,无鞭毛,具有伪足。

(2)肠腔型虫体　生长在盲肠腔和培养基中,呈变形虫样,虫体有一条粗壮的鞭毛,呈圆形、椭圆形或变形状。大小为 $5\sim30~\mu m$,新鲜虫体可呈节律性的钟摆样运动。一般可见一根鞭毛,偶尔见两根,鞭毛长 $6\sim11~\mu m$,平均 $8~\mu m$。

【生活史】

组织滴虫主要以盲肠中的异刺线虫的虫卵作为媒介。异刺线虫有较多的贮藏宿主,如蚯蚓、苍蝇等,因此,禽类食入带组织滴虫的异刺线虫卵或蚯蚓而发生感染。

寄生于盲肠内的组织滴虫钻入异刺线虫体内,进入其卵巢中繁殖,并进入其虫卵内。当异刺线虫虫卵随鸡粪排到外界后,组织滴虫有虫卵卵壳的保护,故能在外界环境中生活很长时间。如果蚯蚓吞食土壤中的鸡异刺线虫虫卵成幼虫,组织滴虫随同虫卵或幼虫进入蚯蚓体内,鸡食入这样的蚯蚓,既感染了异刺线虫,同时也感染了组织滴虫。因此,蚯蚓起到一种自养鸡场周围环境中收集和集中异刺线虫虫卵的作用。预防组织滴虫病,必须考虑蚯蚓在此中所起的作用。

【流行病学】

火鸡是组织滴虫的主要宿主,火鸡可严重感染组织滴虫病,并发生死亡;鸡也可被感染,但很少呈现症状。幼龄火鸡易感,2 周龄至 4 月龄的幼龄火鸡易感性最强,死亡率也高。成年火鸡多为带虫者,而污染严重时出现急性发病过程。该病一年四季均可发生,但以温暖、潮湿、多雨的夏秋季节发生较多。饲养管理和卫生条件差易促进该病的发生。

该病通过消化道而感染。当该病暴发流行时,健康家禽采食被病禽粪便污染的饲料、饮用水或接触被病禽粪便污染的用具及土壤而感染。

【症状】

本病潜伏期为 7～12 d,最短为 5 d,常在感染后第 11 天出现症状。病鸡食欲缺乏,呆立,翅下垂,步态蹒跚,畏寒,下痢,粪恶臭呈淡黄色或淡绿色,严重者黄中带血,甚至完全是血便。病后期,鸡冠、肉髯发绀,呈暗黑色,故称"黑头病"。病愈康复鸡的体内仍有组织滴虫,可带虫数周至数月。

【病理变化】

剖检的特征性病变发生在盲肠和肝。盲肠肿大,内充满干燥、坚硬、干酪样的凝固栓子,似凝固栓塞,栓塞的横切面呈同心层状,中心是黑红色的凝固血块,外围包被灰白色或黄色的渗出物和坏死物质。肝肿大,呈紫褐色,表面出现黄色或黄绿色局限性圆形的、中央稍凹陷边缘稍隆起的坏死区,直径达 1 cm,有豆粒大甚至指头大。下陷的病灶周围形成一个同心圆的边界。在成年火鸡和鸡,肝坏死区可能融成片,形成大面积的病变区。

【诊断】

根据组织滴虫病的特异性肉眼病变和临诊症状便可诊断。实验室诊断检查方法:用约40℃的生理盐水稀释盲肠黏膜刮下物,做成悬液标本,镜下可见呈钟摆式运动的虫体。取肝组织切片,经吉姆萨染色镜检,可见组织型虫体。

【防制】

1. 预防驱除

定期驱出鸡异刺线虫是防治本病的根本措施,火鸡与鸡不能同场饲养,也不应将原养鸡场改养火鸡。

2. 药物防治

发现病鸡应立即隔离治疗,重病鸡淘汰,鸡舍地面用 3% 火碱溶液消毒。

(1)甲硝唑(灭滴灵) 每千克饲料加入 250 mg,混饲,连用 5 d,有良好的治疗效果。预防可按每千克饲料加入 200 mg,混饲,连用 3 d 为 1 个疗程,停药 3 d,再用下一个疗程,连续 5 个疗程。

(2)二甲基咪唑 治疗用每千克饲料加入 600 mg 混入饲料,疗程不得超过 5 d,预防用可按每千克饲料 150 mg 混饲,休药期为 5 d。

子任务三 禽住白细胞虫病

禽住白细胞虫病俗称"白冠病",是由住白细胞虫寄生于鸡的白细胞和红细胞内引起的一种原虫病。其主要特征是下痢、贫血、鸡冠苍白、内脏器官和肌肉广泛性出血以及形成灰白色裂殖体结节。

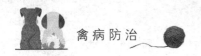

【病原】

鸡住白细胞虫有两种,为卡氏住白细胞虫和沙氏住白细胞虫,其中卡氏住白细胞虫致病性强且危害较大。原虫寄生在家禽内脏器官的细胞内,进行裂殖生殖,所以在这些器官的细胞内可以发现大小不等的裂殖体。裂殖体呈圆球形,直径可达 $100 \sim 420$ μm,外围一层薄膜,里面含有大量点状的裂殖子,裂殖子进入血液中的红细胞和白细胞内形成配子体,配子体经过裂殖生殖产生雌、雄配子。被寄生的白细胞发生变形,往往变成两头尖的梭形,白细胞的核被挤于一端,其细胞质被压到虫体两侧,配子体的大小为 $(14 \sim 15)$ μm × $(4.5 \sim 5.5)$ μm。含配子的血液被库蠓和蚋吸食后,又开始了下一个生活周期。

【生活史】

住白细胞虫的生活史由 3 个阶段组成:孢子生殖在昆虫体内;裂殖生殖在宿主的组织细胞中;配子生殖在宿主的红细胞或白细胞中。本虫的发育需要有昆虫媒介,沙氏住白细胞虫的发育在蚋体内完成,卡氏住白细胞虫的发育在库蠓体内完成。

孢子生殖发生在昆虫体内,可在 $3 \sim 4$ d 完成。进入昆虫胃中的大、小配子迅速长大,大配子和小配子结合成合子,逐渐增长为动合子。动合子发育为卵囊,并产生子孢子,子孢子从卵囊逸出后进入唾液腺。

裂殖生殖发生在鸡的内脏器官。当吸血昆虫吸血时随其唾液将住白细胞虫的子孢子注入鸡的体内,经血液循环到达肝,侵入肝实质细胞进行裂殖生殖,其裂殖子一部分重新侵入肝细胞,另一部分随血液循环到其他组织细胞,再进行裂殖生殖。经数代裂殖生殖后,裂殖子则进入红细胞或白细胞进行配子生殖。

配子生殖是在鸡的末梢血液或组织中完成的,宿主细胞是红细胞、成红细胞、淋巴细胞和白细胞。配子生殖的后期,即大配子体和小配子体成熟后,释出大、小配子是在吸血昆虫体内完成的。

【流行病学】

该病是由吸血昆虫传播的,因此发病有明显的季节性。北方主要发生于 7—9 月,南方主要发生于 4—10 月。

鸡的年龄与住白细胞虫的感染率成正比,而和发病率却成反比。一般 $2 \sim 4$ 月龄的鸡感染率和发病率较高,而 8 月龄以上的鸡虽然感染率高,但发病率低,血液中的虫体也较少,大多数为带虫者。

【症状】

以 $3 \sim 6$ 周龄雏鸡发病最为严重,常为急性经过。病鸡精神沉郁,食欲减少,两翅下垂,两腿轻瘫,口中流涎,呼吸困难,粪便呈绿色,贫血,鸡冠和肉垂苍白。严重病例以咯血或口中流出鲜血、呼吸困难而死亡为特征性症状。中鸡和成年鸡感染后病情较轻,死亡率也低。病鸡冠苍白,消瘦,排水样白色或绿色稀粪,成年鸡产蛋量下降,甚至停产。

【病理变化】

尸体消瘦;血液稀薄,高度贫血;肝、脾明显肿大,有出血点;肌肉尤其是胸肌、腿肌和心肌有出血点,胸肌、腿肌、心肌以及肝、脾等器官上有白色小结节,结节为针尖至粟粒大,与周围组织有明显的界限。

【诊断】

根据流行特点、症状和剖检变化,可做出初步诊断。必要时,可以鸡翅静脉或鸡冠采 1 滴血,涂成薄片,或用病变的脏器制成触片,用吉姆萨染色,镜检发现虫体即可确诊。

【防制】

1.杀虫

消灭蠓、蚋是预防本病的关键措施。在流行季节,每隔6～7 d用杀虫剂(0.1%敌杀死、0.01%速灭杀丁或0.1%敌敌畏)喷洒禽舍及其周围环境。地面撒布石灰乳,并清除杂草和污水沟。

2.药物防治

(1)乙胺嘧啶(息疟定)　每千克饲料加入2～5 mg,混饲,有预防作用。

(2)磺胺喹噁啉(SQ)　每千克饲料加入500 mg,混饲,有预防作用。

(3)磺胺间二甲氧嘧啶(SDM)　预防用每千克饲料加入25～75 mg混饲或混饮;治疗用每升水加入500 mg,混饮2 d,然后再按每升水加入300 mg,混饮2 d。

(4)磺胺-6-甲氧嘧啶(SMM)　每千克饲料加入2 g,混饲,连用4～5 d。

子任务四　禽肠内寄生虫病

一、鸡蛔虫病

鸡蛔虫病是禽蛔科禽蛔属的鸡蛔虫寄生于鸡肠道内所引起的一种线虫病。鸡蛔虫分布广,感染率高,对雏鸡危害性很大,严重感染时常发生大批死亡。

【病原】

形态特征:虫体淡黄色,圆筒形,体表角质层具有横纹,口孔位于体前端,其周围有一个背唇和两个亚腹唇,在背唇上有一对乳突,而两个亚腹唇上各有一个乳突。雄虫长58～62 mm,最大宽度为1.12～1.50 mm,在泄殖孔的前方具有一个近似椭圆形的肛前吸盘,吸盘上有明显的角质环。尾部具有性乳突10对,分成4组排列,肛前3对,肛侧1对,肛后3对,尾端3对。具有等长的交合刺1对。雌虫长65～80 mm,最大宽度为1.46～1.50 mm。阴门位于虫体的中部,肛门位于虫体的亚末端。虫卵呈椭圆形,大小为(73～90) μm×(45～60) μm。

【生活史】

鸡蛔虫为直接发育,虫卵随粪便排出体外,落在潮湿的土壤上,在适当的温度下便开始发育,发育至含二期幼虫的虫卵,具有感染力,因此称为感染性(侵袭性)虫卵。侵袭性虫卵污染饲料或饮水,被鸡吞食,卵在鸡的消化道中孵出幼虫,幼虫到十二指肠后段的肠腔与肠绒毛的深处,并钻进肠黏膜内,破坏李氏分泌腺。经1周后,幼虫又从黏膜内逸出,自由生活于十二指肠后部的肠腔中,发育为成虫。成虫主要寄生于鸡小肠中,感染严重时在嗉囊、肌胃、盲肠和直肠中亦有寄生。鸡食入感染性虫卵至蛔虫发育成熟共需50 d左右。

【症状】

患病雏鸡表现为生长不良,精神萎靡,常呆立不动,两翅下垂,羽毛松乱,鸡冠苍白,食欲异常,初期食欲减退,下痢和便秘交替出现,有时稀粪中带有血液,鸡体消瘦并可导致死亡。

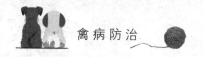

【病理变化】

小肠黏膜见有炎症、出血,肠壁上有颗粒状化脓灶或结节。严重感染时可见大量虫体聚集,相互缠结,引起肠阻塞,甚至肠破裂和腹膜炎。

【诊断】

采集鸡粪,用饱和盐水漂浮法检查虫卵,或结合剖检病(或死)鸡,在粪便中发现虫卵或剖检时发现虫体可确诊。

【防制】

1. 预防

定期清洁禽舍,定期消毒,对鸡粪进行堆积发酵处理,杀灭虫卵。

2. 治疗

(1)左旋咪唑　按每千克体重 20 mg 投喂。

(2)丙硫苯咪唑　按每千克体重 10～20 mg 投喂。

(3)奥苯达唑　按每千克体重 40 mg 投喂。

(4)噻嘧啶　按每千克体重 60 mg 投喂。

(5)芬苯达唑　按每千克体重 20 mg 投喂。

二、鸡绦虫病

鸡绦虫病是由赖利属的多种绦虫寄生于鸡的十二指肠中引起的,常见的赖利绦虫有棘沟赖利绦虫、四角赖利绦虫和有轮赖利绦虫 3 种。

【病原】

棘沟赖利绦虫和四角赖利绦虫是大型绦虫,两者外形和大小很相似,长 25 cm,宽 1～4 mm。棘沟赖利绦虫头节上的吸盘呈圆形,上有 8～10 列小钩,顶突较大,上有钩 2 列,中间宿主是蚂蚁。四角赖利绦虫头节上的吸盘呈卵圆形,上有 8～10 列小钩,颈节比较细长,顶突比较小,上有 1～3 列钩,中间宿主是蚂蚁或家蝇。有轮赖利绦虫较短小,头节上的吸盘呈圆形,无钩,顶突宽大肥厚,形似轮状,突出于虫体前端,中间宿主是甲虫。棘沟赖利绦虫和四角赖利绦虫的虫卵包在卵囊中,每个卵囊内含 6～12 个虫卵。有轮赖利绦虫的虫孵也包在卵囊中,每个卵囊内含 1 个虫卵。

【生活史】

成虫寄生于家禽的小肠内,成熟的孕卵节片自动脱落,随粪便排至体外,被适宜的中间宿主吞食后,在其体内经 2～3 周时间发育为具有感染能力的似囊尾蚴,禽吃了这种带有似囊尾蚴的中间宿主而受感染,在禽小肠内经 2～3 周时间即发育为成虫。成熟孕节经常不断地自动脱落并随粪便排至外界。

【症状】

各种年龄的鸡均能感染,其他如火鸡、雉鸡、珠鸡、孔雀等也可感染,17～40 日龄的雏鸡易感性最强,死亡率也最高。棘沟赖利绦虫等各种绦虫都寄生在鸡的小肠,用头节破坏了肠壁的完整性,引起黏膜出血,肠道炎症,严重影响消化机能。病鸡表现为下痢,粪便中有时混有血样黏液。轻度感染造成雏鸡发育受阻,成鸡产蛋量下降或停止。寄生绦虫量多时,可使肠管堵塞,肠内容物通过受阻,造成肠管破裂和引起腹膜炎。绦虫代谢产物可引起鸡体中毒,出现神经症状。病鸡食欲不振,精神沉郁,贫血,鸡冠和黏膜苍白,极度衰弱,两足常发生瘫痪,不能站立,最后因衰竭而死亡。

【病理变化】

肠黏膜增厚,肠道有炎症,肠道有灰黄色的结节,中央凹陷,其内可找到虫体或黄褐色干酪样栓塞物。

【诊断】

鸡绦虫病的诊断常用尸体剖检法。剪开肠道,在充足的光线下,可发现白色带状的虫体或散在的节片。如把肠道放在一个较大的带黑底的水盘中,虫体就更易辨认。绦虫的头节对种类的鉴定是极为重要的,因此要仔细寻找。剥离头节时,可用外科刀深割下那块带头节的黏膜,并在解剖镜下用两根针剥离黏膜。对细长的膜壳绦虫,必须快速挑出头节,以防其自解。

通过对活禽的粪检可找到白色小米粒样的孕卵节片。某些绦虫(如膜壳绦虫)的虫卵可散在于粪便的涂片中。

【防制】

1. 预防

由于鸡绦虫在其生活史中必须要有特定种类的中间宿主参与,预防和控制鸡绦虫病的关键是消灭中间宿主,从而中断绦虫的生活史。集约化养鸡场采取笼养的管理方法,使鸡群避开中间宿主,这可以作为易于实施的预防措施。使用杀虫剂消灭中间宿主是比较困难的。

2. 治疗

当禽类发生绦虫病时,必须立即对全群进行驱虫。常用的驱虫药有以下几种。

(1)硫氯酚 鸡按每千克体重 150～200 mg,鸭按每千克体重 200～300 mg,以 1∶30 的比例与饲料配合,1 次投服。鸭对该药较为敏感。

(2)氯硝柳胺 鸡按每千克体重 50～60 mg,鸭按每千克体重 100～150 mg,1 次投服。

(3)吡喹酮 鸡、鸭均按每千克体重 10～15 mg,1 次投服,可驱除各种绦虫。

(4)丙硫苯咪唑 鸡、鸭均按每千克体重 10～20 mg,1 次投服。

(5)氟苯哒唑 鸡按每千克饲料 30 mg 混饲,对棘沟赖利绦虫有效,其驱虫率可达 92%。

(6)羟萘酸丁萘脒 鸡按每千克体重 400 mg,1 次投服,对赖利绦虫有效。

子任务五　禽体外寄生虫病

一、鸡皮刺螨

鸡皮刺螨也称红螨、鸡螨和栖架螨,寄居在鸡巢内,吸食鸡血,造成鸡渐进性消瘦、贫血和产蛋量下降。该病是蛋鸡养殖中最常见、危害最严重的外寄生虫病,呈世界性分布,广泛流行于亚热带和温带地区的蛋鸡场。

【病原】

虫体呈长椭圆形,后部略宽。虫体淡红色或棕灰色,雌虫大小为(0.72～0.75) mm ×0.4 mm,吸饱血的雌虫可达 1.5 mm。雄虫大小为 0.60 mm×0.32 mm。假头长,螯肢 1 对,

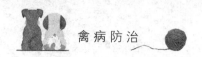

呈细长的针状,足很长,末端均有吸盘。

【生活史】

鸡皮刺螨的发育包括卵、幼虫、若虫、成虫 4 个阶段,其中若虫为 2 期。侵袭鸡只的雌螨在每次吸饱血后 12～24 h 在鸡窝的缝隙或碎屑中产卵,每次产 10 多粒。在 20～25 ℃条件下,卵经 48～72 h 孵化出幼虫,幼虫不吸血,经 24～48 h 蜕化为第 1 期若虫;第 1 期若虫吸血后在 24～28 h 蜕化为第 2 期若虫;第 2 期若虫吸血后在 24～48 h 蜕化为成虫。从卵到成虫需经过 7 d。成虫耐饥能力较强,4～5 个月不吸血仍能生存。

【致病性】

鸡皮刺螨主要在夜间侵袭吸血,但如鸡白天留居舍内或母鸡孵卵时亦可遭受侵袭。林禽刺螨与鸡皮刺螨不同,白天及夜间都能在鸡身上发现,因为这种螨能连续在鸡身上繁殖。囊禽刺螨与林禽刺螨生活史相似,也能在鸡体上完成其生活史,但大部分螨卵产于鸡窝内。

【症状】

患病鸡群不稳定,焦躁,采食量下降,贫血。有痒感,皮肤时有小红疹出现。雏鸡感染后生长发育不良,大量侵袭幼禽可引起死亡。母鸡长期被叮咬和吸血会造成贫血,产蛋量下降,蛋壳颜色变淡,饲料消耗增加,严重的可衰竭死亡。

【诊断】

虫体为红色,易于在鸡舍中发现,找到虫体后可确诊。白天可在鸡舍的墙缝等处查找虫体,夜间检查,一般在鸡腿上可发现虫体。

【防制】

1. 预防

在饲养过程中,随时观察笼舍、鸡群的情况,要经常检查鸡只体表,做到早发现、早治疗。预防的有效措施是对鸡群采取笼养,而且鸡笼四面不要挨墙。

2. 治疗

(1)爱比菌素饮水剂 剂量为每千克体重 0.2 mg,饮水内给药,饮用方法同饮水免疫的疫苗。3 d 后再用药一次。感染严重者需增加用药次数,间隔时间 3 d。

(2)长效、缓释苄氯菊酯浸渍的树脂条 黏附于产蛋禽笼上(每笼 2 条)。

(3)马拉硫磷 57%浓缩乳剂、5%粉剂或 4%栖架粉刷剂,用于墙壁、天花板、栖架、产蛋箱、地面垫料、禽体表撒粉或粉刷栖架。

(4)蝇毒磷 0.5%粉剂用于处理垫料。

二、禽羽虱

禽羽虱属昆虫纲、食毛目、短角鸟虱科,吸食禽血,会造成家禽的食欲不振,引起贫血、脱毛,生产性能下降,对疾病抵抗力降低,给养禽业造成一定的损失。

【病原】

禽羽虱体小,雄虫体长 1.7～1.9 mm,雌虫 1.8～2.1 mm。虱体扁平,分头、胸、腹 3 部分,头部有赤褐色斑纹。胸部有 3 对足,无翅。根据寄生部位不同分为头虱、羽干虱和大体虱 3 种。

【生活史】

羽虱属不完全变态,其发育过程包括卵、若虫和成虫3个阶段,整个生活史都在禽身上进行,成熟雄虫于交配完死亡,雌虫可产卵2~3周,产完卵后死亡。所产的卵沾在羽毛的基部,经5~8 d孵化为幼虱,若虫阶段需在2~3周经3~5次蜕皮变为成虫。

【致病性】

虱白天藏伏于墙壁、栖架、产蛋箱的缝隙及松散干粪等处,并在这些地方产卵繁殖;夜晚则成群爬到鸡身上叮咬吸血,每次1个多小时,吸饱后离开。其数量多时,鸡贫血消瘦,产蛋量明显减少。如果产蛋窝内白天比较阴暗,虱也会到鸡身上吸血,以致鸡不愿进去产蛋。雏鸡如果感染严重,可能会因大量失血而死亡。

【症状】

家禽由于遭受虱的啃咬刺激,皮肤发痒而啄痒不安,出现羽毛脱落、皮肤损伤,可见红疹、皮屑,并且长期得不到很好休息,食欲不振,引起贫血消瘦。严重的可以使幼鸡死亡,生长期的鸡发育受阻,蛋鸡的产蛋量下降。鸡对疾病的抵抗力显著降低,易继发感染其他疾病。

【诊断】

在禽类体表发现虱体即可确诊。

【防制】

1. 预防

健康禽不能与病禽混群,每月两次检查禽群,查看有无虱体,对新引进的禽要加强检疫。

2. 治疗

(1)沙浴灭虱　成鸡可选用硫黄沙(黄沙10份加硫黄粉0.5~1份搅拌均匀)或用无毒灭虱精、阿维菌素、伊维菌素等,按产品说明配制成稀释液,再按黄沙10份加稀释液0.5~1份,搅拌均匀后进行沙浴。

(2)喷雾灭虱　春、秋、冬季中午,可选用无毒灭虱精(用5 mL无毒灭虱精加2.5 L水混匀)或用侯宁杀虫气雾剂、无毒多灭灵、溴氰菊酯(灭百可)等,按产品说明配制成稀释液,进行喷雾(将鸡抓起逆向羽毛喷雾)。

(3)环境灭虱方法　可选用无毒灭虱精或侯宁杀虫气雾剂、无毒多灭灵、杀灭菊酯、溴氰菊酯等,按产品说明配制成稀释液,对鸡舍、运动场的地面、栖架、墙壁、缝隙、垫草等进行喷洒,杀灭环境中的鸡虱。必要时隔15~28 d重复用药1次。

【思与练】

一、填空题

1. 禽盲肠球虫病,_____周龄幼鸡常发,由_____引起。

2. 组织滴虫病是由组织滴虫属的火鸡组织滴虫寄生于鸡、火鸡等禽类盲肠和肝引起的一种急性原虫病,又称_____。

3. 鸡住白细胞虫有两种,_____和_____,其中_____致病性强且危害较大。

4. 鸡皮刺螨主要在_____侵袭吸血,但如鸡白天留居舍内或母鸡孵卵时亦可遭受侵袭。

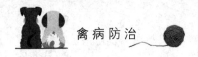

二、判断题

1.小肠球虫病变多发生于小肠中段。（　　）

2.火鸡是组织滴虫的主要宿主。（　　）

3.鸡住白细胞虫病是由吸血昆虫传播的,因此发病无季节性。（　　　）

4.棘沟赖利绦虫等各种绦虫都寄生在鸡的大肠。（　　）

三、简答题

1.鸡盲肠球虫病的病变有哪些?

2.禽组织滴虫病的临床症状有哪些?

任务五

家禽常见普通病

【知识目标】

    了解家禽常见普通病的分类。

    掌握家禽常见普通病的病因。

    掌握家禽常见普通病的特征症状与病理变化。

    掌握家禽常见普通病的预防与治疗方法。

【能力目标】

    能够正确进行家禽常见普通病的病因学调查。

    能够熟练进行家禽常见普通病的临床诊断、鉴别诊断和病理学诊断。

    能够熟练进行家禽常见普通病的预防与治疗技术操作。

【素质目标】

    培养严谨的科学态度和良好的职业道德。

    培养爱护动物、注重动物福利的职业素养。

    培养好学敬业和吃苦耐劳的精神。

【相关知识】

子任务一 营养代谢病

一、家禽痛风

家禽痛风又称尿酸盐沉着症,是由于家禽体内尿酸生成过多和尿酸排泄障碍引起的尿酸盐代谢障碍疾病。其病理特征是血液尿酸水平增高,尿酸盐在关节囊、关节软骨、内脏、肾小管及输尿管和其他间质组织中都有沉积。临诊特征为家禽厌食、衰竭、排白色稀粪、运动迟缓、腿翅关节肿胀。

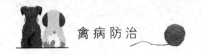

【病因】

引起家禽痛风的病因有多种，主要可划分为两类，一类是体内尿酸生成过多，另一类是机体尿酸排泄障碍。

（1）引起尿酸生成过多的因素　饲喂大量富含核蛋白和嘌呤碱的蛋白质饲料，如动物的内脏、肉屑、鱼粉、大豆、豌豆等，这些物质代谢的终产物导致尿酸生成过多，引起高尿酸血症；家禽极度饥饿或患重度消耗性疾病时导致体内大量蛋白质迅速分解，体内尿酸盐生成较多。

（2）引起尿酸排泄障碍的因素　引起家禽肾功能障碍的因素均能引起尿酸排泄障碍。

①传染性疾病　如肾型传染性支气管炎、传染性法氏囊病、禽腺病毒病、鸡毒支原体病、鸡白痢、艾美尔球虫病等。

②营养失衡　如日粮中长期缺乏维生素 A，可引起肾小管、输尿管上皮细胞代谢障碍，黏液分泌减少，发生痛风性肾炎，使尿酸排泄受阻；饲料中高钙低磷，可使尿液 pH 升高，血液缓冲能力下降，尿酸钙易沉积，形成肾结石，排尿不畅；饲料中镁含量高，也可引起痛风；饲料中食盐含量过多，饮水不足，尿量减少，尿液浓缩，也会引起尿酸的排泄障碍。

③其他中毒因素　如磺胺类药物中毒、霉玉米中毒均能使肾功能受到损坏。

【症状】

本病多发生于生长期的雏鸡和成年鸡，分为内脏型痛风和关节型痛风。

（1）内脏型　较多见，但临诊上不易被发现。病禽表现为食欲不振，鸡冠苍白，贫血，腹泻，排出白色伴黏液状稀粪，泄殖腔周围有凝固白色粪便或发炎，产蛋量下降，蛋的孵化率降低。

（2）关节型　较少见，常表现为趾、腿、翅等关节肿大、疼痛，行动迟缓，跛行，站立困难。

内脏型痛风和关节型痛风多混合发生。

【病理变化】

（1）内脏型　剖检可见内脏浆膜如心包膜，胸膜，肠系膜及心、肝、肺、肾表面覆盖一层白色、絮状或石膏状的尿酸盐沉淀物。肾肿大，色苍白，表面呈雪花样花纹，称"花斑肾"，切开肾脏可见尿酸盐，甚至肾结石。

（2）关节型　患病关节有黏稠状液体流出，在关节面和关节周围的组织可见白色尿酸盐沉积，有的关节面发生糜烂、溃疡及关节囊坏死。

【诊断】

1. 鉴别诊断

与肾型传染性支气管炎的鉴别。肾型传染性支气管炎、痛风均可引起肾脏严重的尿酸盐沉积，使肾脏肿大，呈花斑状外观，有明显的白色尿酸盐沉积。肾型传染性支气管炎有一过性呼吸道症状，腿干瘪，皮肤发绀。内脏痛风及高钙饲料饲喂主要表现为肾脏的病变呈槟榔状，可予以区别。

2. 确诊

根据病因、病史及特征性临床症状、病理变化和鉴别诊断可做出初步诊断。结合实验室化验，鸡血清中尿酸水平高于正常值（2～5 mg/100 mL）时，即可确诊为痛风。

【防治】

1. 预防

要严格按营养标准进行日粮配合，适当提高维生素，特别是维生素 A 的用量；降低饲料中蛋白质的含量,调节钙、磷比例,给予充足的饮水;避免使用损害肾脏的药物,如磺胺类药物、庆大霉素、卡那霉素和链霉素等;大批鸡群可用保肾和利尿类药物饮水,提高肾脏对尿酸盐的排泄能力。

2.治疗

在降低饲料中蛋白质含量的同时,可用阿托方增强尿酸的排泄及减少体内尿酸的蓄积和关节疼痛,0.2～0.5 g/只,一日2次,口服,但有肝、肾疾病者慎用。可用嘌呤醇10～30 mg/只,每日2次,口服。对于成年或老龄鸡,有个别的一侧肾脏损伤导致尿酸盐排泄受阻而发生痛风,不需要处理。

二、维生素缺乏症

(一)维生素A缺乏症

维生素A缺乏症是由于动物缺乏维生素A引起的以分泌上皮角质化和角膜、结膜、气管、食管黏膜角质化,夜盲症、干眼病、生长停滞等为特征的营养缺乏性疾病。维生素A又称视黄醇,是家禽生长发育、视觉和维持器官黏膜上皮组织正常生长和修复所必需的营养物质,与家禽的免疫功能和抗病能力密切相关。

【病因】

鸡对维生素A的需要量与日龄、生产能力及健康状况有很大关系。引起维生素A缺乏的原因主要有:

(1)饲料中维生素A供给不足或需要量增加。鸡体不能合成维生素A,必须从饲料中采食维生素A或类胡萝卜素。不同生理阶段的鸡,对维生素A的需求量不同,在正常情况下,每千克饲料的最低添加量为:雏鸡和育成鸡1 500 IU,肉用仔鸡2 700 IU,产蛋鸡4 000 IU。应分别供给质量较好的成品料,否则就会引起维生素A缺乏症。

(2)维生素A配入饲料后时间过长,或饲料中缺乏维生素E,不能保护维生素A免受氧化,而造成失效。此外,维生素A性质不稳定,非常容易失活,在饲料加工工艺条件不当时,损失很大。饲料存放时间过长、饲料发霉、烈日曝晒等皆可造成维生素A和类胡萝卜素损坏,脂肪酸败变质也能加速其氧化分解过程。

(3)以大白菜、卷心菜等含胡萝卜素很少的青绿植物代替维生素A。

(4)长期患病、胃肠道吸收障碍、腹泻或肝胆疾病影响饲料中维生素A的吸收、利用及贮藏。肝脏中贮存的维生素A消耗很多而补给不足。

(5)日粮中蛋白质和脂肪供给不足,不能合成足够的视黄醇结合蛋白去运送维生素A,脂肪不足会影响维生素A类物质在肠道中的溶解和吸收。饲料中蛋白质含量过低,维生素A在鸡的体内不能正常移送,即使供给充足也不能很好地发挥作用。

(6)种鸡缺乏维生素A,其所产的种蛋及勉强孵出的雏鸡也都缺乏维生素A。

【症状】

(1)雏鸡和初开产的鸡常易发生维生素A缺乏症。雏鸡和雏火鸡表现为厌食、生长停滞、嗜睡、虚弱、运动失调、瘫痪、不能站立、消瘦和羽毛蓬乱。黄色鸡种喙色素消退,冠和肉垂苍白。急性维生素A缺乏时,通常出现流泪,且眼睑下可见干酪样物。干眼病是维生素A缺乏的一个典型病变,但并非所有的雏鸡和雏火鸡都表现有此病变,因为急性缺乏时,雏禽经常是

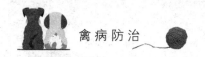
在眼睛受到侵害之前便死于其他原因。对于雏鸡,如不及时补充维生素A,会造成大批死亡。

(2)成年鸡通常在2～5个月出现症状,一般呈慢性经过。维生素A轻度缺乏,鸡的生长、产蛋、种蛋孵化率及抗病能力受到一定影响,但往往不易被察觉。发病鸡表现为精神沉郁,食欲不振,渐进性消瘦,羽毛蓬乱,鼻孔和眼睛常有水样或牛奶样排泄物,眼睑常被粘连在一起。随着病程的发展,眼中可有白色干酪样物积聚,眼球凹陷,角膜混浊呈云雾状、变软或穿孔,最后失明。病鸡鼻孔流出大量黏稠鼻液,呈现呼吸困难。鸡群呼吸道和消化道黏膜抵抗力降低,易诱发传染病。继发或并发家禽痛风或骨骼发育障碍所致的趾爪蜷曲,步态不稳,运动无力、缺乏灵活性,甚至瘫痪。鸡冠白,有皱褶,爪、喙色淡。母鸡产蛋量下降,停产期间隔延长,种蛋孵化率降低。成年公鸡繁殖力下降,精液品质退化,精子数量减少,精子活力降低,且畸形精子率增高,受精率低。

【病理变化】

剖检可见口腔、咽部及食道黏膜上皮角质化脱落,黏膜上出现许多灰白色小结节,破溃后形成溃疡。有时融合成片,形成假膜,但剥离后黏膜完整,无出血溃疡现象,为本病的特征性病变。成年鸡比雏鸡明显。结膜炎或鼻窦肿胀,内有黏性的或干酪样的渗出物。严重时肾脏呈灰白色,有尿酸盐沉积。小脑肿胀,脑膜水肿,有微小出血点。

【诊断】

临床上根据病鸡眼部的典型症状及消化道、泌尿道的典型病变,一般可做出诊断。诊断时,注意与白喉型鸡痘及内脏型痛风等进行鉴别。结合发病原因分析,可确诊。

【防治】

1.预防

(1)为防止幼禽的先天性维生素A缺乏症,种禽饲料中必须含有充足的维生素A。注意饲料的保管和调配,宜现配现喂,不宜长期保存,防止发生酸败、霉变、发酵、发热和氧化,以免维生素A被破坏。平时多喂富含维生素A或维生素A原的饲料,如鱼肝油、牛奶、肝粉、胡萝卜、南瓜和各种青绿饲料等。

(2)全价饲料中添加合成抗氧化剂,防止维生素A在贮存期间氧化损失。防止饲料贮存过久,不要预先将脂溶性维生素A掺入饲料或存放于油脂中。避免将已配好的饲料和原料长期贮存。

(3)改善饲料加工调制条件,尽可能缩短必要的加热调制时间。

2.治疗

(1)对于严重缺乏维生素A的家禽,雏鸡与育成鸡每千克饲料中日给予有效维生素A不低于5 000 IU,产蛋鸡、种鸡不低于8 000 IU,吸收很快,如果不是缺乏症的后期,家禽会很快恢复。

(2)已经发病的鸡只可用添加治疗剂量的饲料治愈,治疗剂量可按正常需要量的3～4倍混料饲喂,连续给药约2周后再恢复正常,或每千克饲料添加5 000 IU维生素A,疗程1个月。也可以应用如下的药物治疗:鱼肝油1～2 mL,喂服或肌内注射,每日3次,连用数日;维生素A注射液0.25～0.5 mL,肌内注射,每日1次,连用数日;3%硼酸水溶液冲洗患眼,再涂上抗生素眼膏(适用于维生素A缺乏所致的眼炎)。

(二)维生素 B₁ 缺乏症

维生素 B₁ 即硫胺素。维生素 B₁ 缺乏症是维生素 B₁ 缺乏导致的以多发性神经炎为典型症状的营养缺乏性疾病。

【病因】

饲料中硫胺素含量不足；通常发生于配方失误，饲料加工过程中的差错等；饲料发霉或贮存时间太长，维生素 B_1 分解损失；鱼粉品质差，硫胺素酶活性太高；抗球虫药和抗生素对维生素 B_1 的拮抗作用。

【症状】

家禽缺乏维生素 B_1 的典型症状是多发性神经炎，表现为厌食、消瘦、消化障碍、体弱、角弓反张，头后仰呈"观星状"，抽搐、运动失调、肌肉麻痹等。成年鸡一般在饲喂维生素 B_1 缺乏日粮 3 周后发病。发病时食欲废绝、羽毛蓬乱、体重减轻、体弱、鸡冠发蓝。严重时肌肉麻痹，鸡头后仰呈"观星状"，运动失调。雏鸡症状大体与成鸡相同，但发病突然。

【病理变化】

无特征性病理变化，胃肠道有炎症，睾丸和卵巢明显萎缩，心脏轻度萎缩。小鸡皮肤水肿，肾上腺肥大，母鸡比公鸡更明显。

【防治】

1. 预防

防止饲料发霉，不能饲喂变质、劣质鱼粉。注意日粮配合，在饲料中添加维生素 B_1 满足家禽需要，鸡的需要量为 $1\sim2$ mg/kg 饲料，火鸡和鹌鹑为 2 mg/kg 饲料。

2. 治疗

小群饲养时可个别强饲或注射硫胺素，每只内服量为 25 mg/kg 体重，肌注量为 $0.1\sim0.2$ mg/kg 体重。

(三)维生素 B_2 缺乏症

维生素 B_2 缺乏症是维生素 B_2 缺乏引起的以病鸡趾爪向内蜷曲、物质代谢障碍为特征的一种营养缺乏病。维生素 B_2 又称核黄素，呈橘黄色结晶，微溶于水，易溶于碱性溶液，对光、碱、重金属敏感，易被破坏。维生素 B_2 是机体内许多氧化还原酶类的辅助因子，调节细胞呼吸的氧化还原过程，对糖类、蛋白质和脂肪代谢具有十分重要的作用。常用的鸡饲料原料中维生素 B_2 的含量有限，谷实类饲料中的含量均满足不了鸡的需要，故在配合饲料中应补充。

【病因】

(1)饲料长期贮存、经常曝晒或饲料配方中含有碱性物质。

(2)饲料中维生素 B_2 含量不足或多维素添加剂质量低劣。一般配合饲料每千克所含维生素 B_2 应在 3 mg 左右，生产中一般用多维素加以补充。多维素中的维生素 B_2 遇到光线及碱性物质易于失效，故要当天配、当天用。

(3)饲喂高脂肪低蛋白饲料，或者动物处于低温状态对维生素 B_2 的需要量增加。

(4)药物的拮抗作用或肠胃疾病影响维生素 B_2 的吸收和转化。

【症状】

(1)雏鸡维生素 B_2 缺乏症一般发生在 2 周龄至 1 月龄。病鸡表现为生长缓慢，皮肤干而粗糙，消化机能紊乱。特征性的症状是产生蜷爪麻痹症，趾爪向内蜷曲成拳状，中趾尤为明显，不能行走，以跗关节着地，展开翅膀维持身体的平衡，两脚发生瘫痪，腿部肌肉萎缩和松弛。病雏吃不到食物，最终衰弱死亡或被其他鸡踩死。育成鸡病至后期，伸开腿躺卧于地，出现瘫痪。

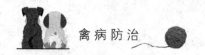

(2)成年蛋鸡缺乏维生素 B_2 时也可出现明显的"蜷爪"症状,但主要表现是产蛋量下降,蛋的孵化率降低,在孵化后 12～14 d 胚胎大量死亡。孵出的初生雏鸡则出现趾爪蜷曲,绒毛蓬乱,皮肤表面有结节状绒毛。

【病理变化】

内脏器官无特征性病变,可见坐骨神经和臂神经两侧对称性显著肿大,质地变软,颜色灰白。尤其是坐骨神经的变化更为明显,其神经干比正常增大 4～5 倍。

【诊断】

1.鉴别诊断

本病应与神经型马立克氏病及传染性脑脊髓炎相区别。神经型马立克氏病除坐骨神经增粗外,内脏器官也有肿瘤,而且有"劈叉"姿势;传染性脑脊髓炎病鸡的头颈震颤,趾爪没有维生素 B_2 缺乏时的蜷曲现象,也没有坐骨神经增粗的剖检变化。

2.确诊

根据本病的特征性症状(趾爪向内蜷曲)和剖检病变(坐骨神经显著增粗),在鉴别诊断的基础上,结合饲料化验结果可确诊。

【防治】

1.预防

饲料中添加酵母、谷类和青绿饲料等富含维生素 B_2 的原料,雏鸡一开食就饲喂标准配合日粮,或在饲料中添加核黄素 2～3 mg/kg,可预防本病。

2.治疗

一般缺乏症可不治自愈。对确定维生素 B_2 缺乏造成的坐骨神经炎,在日粮中添加 10～20 mg/kg 的核黄素,个体内服维生素 B_2 0.1～0.2 mg/只,育成鸡 5～6 mg/只,出雏率降低的母鸡 10 mg/只,连用 7 d 可收到较好疗效。

(四)维生素 B_6 缺乏症

维生素 B_6 又称吡哆醇,是禽体中的重要辅酶。家禽不能合成维生素 B_6,必须从饲料中摄取。其缺乏症是以食欲下降、骨短粗和神经症状为特征的营养代谢病。

【病因】

维生素 B_6 缺乏症一般很少发生,只有在饲料中极度不足或家禽因应激反应对维生素 B_6 的需求量增加的情况下才会发生。

【症状】

维生素 B_6 缺乏时主要引起蛋白质和脂肪代谢障碍,血红蛋白合成受阻,以及神经系统的损害,导致家禽生长发育受阻,引起贫血和神经组织变性,因而具有生长不良、贫血及特征性神经症状。雏鸡在维生素 B_6 缺乏时,主要表现神经症状:异常兴奋,无目的奔跑,拍翅膀,头下垂。以后出现全身性痉挛,运动失调,身体向一侧偏倒,头颈和腿脚抽搐,最后衰竭而死。此外,病雏食欲不振,生长迟缓,羽毛粗糙、干枯蓬乱,鸡冠苍白,贫血。成年鸡食欲不振,消瘦,产蛋率下降,孵化率低,贫血,冠、肉垂、卵巢和睾丸萎缩,最后死亡。成年鸭表现为贫血苍白,一般无神经症状。

【病理变化】

剖检死鸡皮下水肿,内脏器官肿大,脊髓和外周神经变性,有时肝变性。

【防治】

1. 预防

饲料中添加酵母、麦麸、肝粉等富含维生素 B_6 的饲料,可以防止该病的发生。按标准雏鸡和产蛋鸡是 3 mg/kg,种母鸡是 4 mg/kg。在使用高蛋白饲料时应增加维生素 B_6 添加量。应激状态下应额外添加维生素 B_6。

2. 治疗

已经发生缺乏的成禽可肌注维生素 B_6 5～10 mg/只,饲料中添加维生素 B_6 10～20 mg/kg 饲料。

(五)维生素 B_{12} 缺乏症

维生素 B_{12} 缺乏症是维生素 B_{12} 或钴缺乏引起的以恶性贫血为主要特征的营养缺乏性疾病。

【病因】

饲料中长期缺钴;长期服用磺胺类抗生素等抗菌药,影响肠道微生物合成维生素 B_{12};笼养和网养鸡不能从环境(垫草等)获得维生素 B_{12};肉鸡和雏鸡需要量较高,必须加大添加量。

【症状】

雏鸡贫血症与维生素 B_6 缺乏症相同。食欲不振,发育迟缓,羽毛生长不良、稀少无光泽,发生软脚症,死亡率增加。成年鸡产蛋量下降,蛋重减轻,种蛋孵化率低,鸡胚多于孵化后期死亡,胚胎出现出血和水肿。

【病理变化】

剖检可见肌胃糜烂,肾上腺肿大,鸡胚腿肌萎缩,有出血点,骨短粗。

【防治】

1. 预防

补充鱼粉、肉粉、肝粉和酵母等富含钴的原料,或正常饲料中添加氯化钴制剂,可防止维生素 B_{12} 缺乏;每千克种鸡饲料中加入 4 μg 维生素 B_{12} 可使种蛋孵化率提高。

2. 治疗

患鸡肌内注射维生素 B_{12} 2～4 μg/只,或按 4 μg/kg 饲料的治疗剂量添加。

(六)维生素 K 缺乏症

维生素 K 是合成凝血酶原所必需的物质,维生素 K 缺乏导致肝脏的凝血因子合成受阻,临床上表现为血凝障碍、出血不止。各种畜禽都可发生,多见于家禽,特别是笼养和机械化养鸡场的雏鸡及肉鸽场的幼鸽。

【病因】

日粮中维生素 K 缺乏是引起本病的主要原因,特别是无青绿饲料且不添加维生素 K 时。在禽类患肝脏病或慢性消化道病时,脂类物质和脂溶性维生素 K 的吸收受阻。日粮中长期添加磺胺及抗生素等药物,可抑制肠道有益菌群的生长繁殖,从而减少维生素 K 的合成。维生素 K 的颉颃因子(发霉的青绿饲料含有双香豆素、黄曲霉毒素 B_1 等)亦可引起维生素 K 缺乏症。

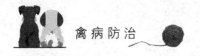

【症状】

用缺乏维生素 K 的日粮饲喂家禽,常在 2～3 周出现症状。主要特征为容易出血,血凝不良,胸部、腿部、翅膀、腹腔或其他组织出血,皮下出血为最多。严重时出血不止,致使病禽呈现严重的贫血和全身代谢障碍,冠、髯、皮肤干燥苍白,呼吸困难,精神委顿,发抖,常蜷缩在一起,很快死亡。肠道出血严重的发生便血。种禽日粮中维生素 K 含量不足时,其种蛋孵化时胚胎死亡率增加,死亡的胚胎表现出血。

【病理变化】

主要为皮下血肿、肺出血和胸、腹腔积血,血液凝固不良,有的肝脏有灰白色或黄色小坏死灶。

【诊断】

主要根据出血及血凝障碍、剖检病变和用维生素 K 试治疗效果好,可做出诊断。必要时可测定凝血酶原。

【防治】

1.预防

向日粮中添加维生素 K 或新鲜的苜蓿、青菜等富含维生素 K 的青绿饲料,或每千克日粮添加维生素 K 0.5～1 mg;及时治疗肝脏和胃、肠道疾病;配好的饲料应避光保存,以防维生素 K 被阳光破坏。

2.治疗

症状较轻者,每千克日粮中添加维生素 K 3～8 mg;病情严重者,肌注维生素 K,剂量为每只 1～2 mg,连用 3～7 d。

(七)维生素 E-硒缺乏症

维生素 E 和硒是动物体内不可缺少的抗氧化物,两者协同作用,共同抗击氧化物对组织的损伤。所以,一般所说的维生素 E 缺乏症,实际上是维生素 E-硒缺乏症。本病主要见于 20～50 日龄雏禽。

【病因】

日粮供应量不足或饲料贮存时间过长是诱发本病的主要原因。

【症状与病理变化】

(1)脑软化症　病雏表现为运动共济失调,头向下挛缩或向一侧扭转,有的前冲后仰,或腿翅麻痹,最后衰竭死亡。病变主要在小脑,脑膜水肿,有点状出血,严重病例见小脑软化或青绿色坏死。

(2)渗出性素质　主要发生于肉鸡。病鸡生长发育停滞,羽毛生长不全,胸腹部皮肤青绿色浮肿。病鸡的特征病变是颈、胸部皮下青绿色,胶冻样水肿,胸肌和腿部肌肉充血、出血。

(3)鸡营养不良(白肌病)　病鸡消瘦、无力,运动失调,剖检可见胸、腿肌肉及心肌有灰白色条纹状变性坏死。

(4)种鸡繁殖障碍　种鸡患维生素 E-硒缺乏症时,表现为种蛋受精率、孵化率明显下降,死胚、弱雏明显增多。

【诊断】

诊断时需鉴别脑软化病与脑脊髓炎,脑脊髓炎的发病日龄常为 2～3 周龄,比脑软化病早;脑软化病的病变特征是脑实质发生严重变性,可和脑脊髓炎相区别。

【防治】

1. 预防

(1)饲料中添加足量的维生素 E,鸡日粮的添加量为 10～15 IU/kg,鹌鹑为 15～20 IU/kg。

(2)饲料贮存时间不可过长,以免受到无机盐和不饱和脂肪酸氧化,或受到拮抗物质(酵母、硫酸铵制剂)的破坏。

2. 治疗

(1)及时治疗通常每千克饲料中添加维生素 E 20 IU,连用 2 周,可在用维生素 E 的同时用硒制剂。渗出性素质病每只禽可肌内注射 0.1%亚硒酸钙生理盐水 0.05 mL,或每千克饲料添加 0.05 mg 硒添加剂。白肌病每千克饲料加入亚硒酸钠 0.2 mg、蛋氨酸 2～3 g 可收到良好疗效。脑软化病可用维生素 E 油治疗,每只鸡 250～350 IU。饮水中供给速溶多种维生素。

(2)植物油中含有丰富的维生素 E,在饲料中混有 0.5%的植物油,也可达到治疗本病的效果。

三、钙磷缺乏症

钙磷缺乏症是家禽饲料中钙、磷、维生素 D 缺乏以及钙、磷比例失调所致的代谢性疾病。主要表现为骨骼形成障碍和产蛋异常。幼鸡表现为佝偻病,成年鸡表现为骨软症,产软壳蛋、无壳蛋等。

钙和磷是鸡体内矿物质中的主要成分,是骨骼的重要成分。钙对维持神经和肌肉组织的正常功能起重要作用。此外,钙还参与凝血过程,并是多种酶的激活剂。磷主要以磷酸根形式参与许多物质的代谢过程,如糖代谢,参与氧化磷酸化过程。

植物中以豆科牧草的含钙量较高,谷物类和块根块茎类饲料中含钙量贫乏,含磷量虽然很丰富,但绝大部分不能被鸡所利用。动物性饲料如鱼粉、肉骨粉中含钙和磷丰富,常用来补充钙和磷的矿物质有石粉、贝壳粉、蛋壳粉、骨粉和磷酸氢钙等。在补充钙和磷时,雏鸡比例约为 2∶1,产蛋鸡约为 4∶1,这样吸收率更高,否则会造成吸收不良。饲料中如果钙的含量过高,可干扰其他元素如磷、锌、锰的吸收和利用。维生素 D 对机体中钙的吸收有促进作用。

【病因】

(1)饲料中钙、磷的含量不足,或钙、磷比例失调。一般雏鸡和育成鸡饲料中钙的含量应为 0.9%左右,有效磷应为 0.5%～0.55%,产蛋鸡饲料含钙量为 3%～3.5%,有效磷含量在 0.4%左右。

(2)饲料中维生素 D 的缺乏。当饲料中维生素 D 缺乏时,可引起钙、磷的吸收和代谢出现障碍。

(3)饲料中含有钙的拮抗因子。草酸和氟均能影响钙的吸收和骨的代谢。

(4)饲料中蛋白质过高,或脂肪、植酸盐过多,或者环境温度高、运动少、光照不足等因素,都可引起钙、磷缺乏。

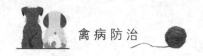
【症状】

钙、磷缺乏可导致病禽蹲伏,不愿运动,步态僵硬,生长发育受阻。

(1)幼禽表现为佝偻病,10日龄到1月龄均能发病。特征性症状为跛行,跗关节肿大,飞节着地蹲伏。全身虚弱、腿无力,喙爪变软弯曲,骨变软肿大。

(2)成年禽表现为骨软症,在产蛋高峰期最为明显,蛋的质量下降,蛋表面皮薄、粗糙、薄厚不均,软皮蛋,产蛋量下降,种蛋孵化率降低。后期胸骨呈S状弯曲,肋骨变形,蹲伏。

(3)病禽的血清碱性磷酸酶活性明显增高,当磷或维生素D缺乏时,血磷浓度低于最低水平。X射线检查,骨密度降低。

【病理变化】

主要病变在骨骼和关节。骨骼和喙发生软化,似橡皮样。骨骺的生长盘变宽和畸形。与脊柱连接处的肋骨呈明显的球状隆起,呈串珠状,肋骨增厚、弯曲,造成胸廓两侧变扁。骨体容易折断。关节膨大,常出现二重关节。关节面软骨肿胀,有纤维样物质附着。

【诊断】

根据饲料分析、病史、临床症状和病理变化做出初步诊断。通过分析饲料成分,测定病禽血钙和血磷水平确诊本病。正常幼鸡、育成鸡的血钙含量为9～12 mg/100 mL,成年鸡为14～17 mg/100 mL。病鸡血钙、血磷水平低于正常值。

【防治】

1.预防

保证家禽饲料中钙、磷和维生素D的供给量。要根据鸡的不同生长阶段确定饲料中钙、磷的供应量。一般雏鸡和育成鸡,要求配合饲料中含鱼粉5%～7%,骨粉1.5%～1.8%,贝壳粉0.5%。成年鸡饲料中含骨粉1.5%,贝壳粉5.5%,这样基本可以满足鸡的要求。在中小鸡饲料中,维生素D的含量要达到每千克饲料200 IU。调整钙、磷的比例,饲料中钙、磷必须平衡,防止钙过多或磷过多。

2.治疗

对发病鸡,一般在饲料中补充骨粉或鱼粉进行治疗,效果较好。同时对饲料配方要分析测定,如果饲料中钙多磷少,则补钙的同时重点补磷,可用磷酸氢钙、过磷酸钙等,或者加喂鱼肝油,加倍饲喂维生素D,连用1～2周。也可以给鸡注射维丁胶性钙,每只鸡1 mL,每天1次,连用3 d。

子任务二　常见中毒病

一、黄曲霉毒素中毒

黄曲霉毒素中毒是重要的人畜共患病之一,是家禽采食某些发霉变质的饲料而发生的以肝脏受损、全身性出血、腹水、消化机能障碍和神经症状等为特征的中毒病。

【病因】

黄曲霉毒素是由黄曲霉菌和寄生曲霉菌代谢产生的一种有毒物质,广泛存在于自然界,在温暖潮湿的环境中最易生长繁殖。因此,各种饲料,如干花生苗、花生饼、玉米粉、谷类、豆类及其饼类、棉籽粉、酒精以及贮藏过的混合饲料,由于保管、贮存不当,在高温、高湿的环境条件,极易为黄曲霉、寄生曲霉生长,产生黄曲霉毒素。家禽采食了这些发霉变质的饲料即可发生中毒,尤以幼鸭的敏感性最高。

【症状】

幼禽中毒主要表现为食欲不振、生长不良、贫血、冠苍白、排血色稀粪、叫声嘶哑。幼鸭还常有鸣叫、脱毛、步态不稳、跛行、呈企鹅状行走、腿和脚呈淡紫色,死亡前出现共济失调、角弓反张等症状。慢性中毒,症状不明显,主要表现为食欲减少、消瘦、衰弱、贫血、全身恶病质现象,时间长者可产生肝组织变性(即肝癌)。产蛋禽开产期推迟,产蛋量下降,蛋个小。有时颈部肌肉痉挛,头向后背。

【病理变化】

特征病变主要在肝。急性中毒时肝肿大(为正常的2~3倍),质变硬(有肿瘤结节),色泽苍白变淡,有出血斑点或坏死。胆囊扩张。肾苍白、肿大,质地脆弱。胰腺有出血点。胸、腿部肌肉有出血点。小肠有炎症。慢性中毒时,肝发生硬化、萎缩,呈土黄色,偶见紫红色,质地坚硬,表面有白色点状或结节状增生病灶。肾出血,心包和腹腔有积水。

【诊断】

根据临床症状和病理变化进行综合性分析,排除传染病与营养代谢病的可能性,并且符合真菌毒素中毒病的基本特点,即可做出初步诊断。确诊可进行实验室诊断。

1. 血液检验

血液检验显示出重度的低蛋白血症、红细胞减少、白细胞增多、凝血时间延长和肝功能异常。

2. 饲料中黄曲霉毒素测定

(1)可疑饲料直观法 取代表可疑饲料样品(玉米、花生等)2~3 kg,分批放盘内,摊成薄层,直接放在波长365 nm的紫外线灯下观察荧光;如样品中有黄曲霉毒素G、黄曲霉毒素 G_2,可见G族毒素的饲料颗粒发出亮黄绿色荧光;如含黄曲霉B族毒素,可见蓝紫色荧光。若不见荧光,可将颗粒摔碎后再观察。

(2)化学分析法 将可疑饲料中黄曲霉毒素提取和净化,用薄层层析法与已知标准黄曲霉毒素相对照,可知所测毒素性质和数量(参照《中华人民共和国食品安全法》有关资料)。

3. 生物鉴定

取待测样品溶于丙二醇或水中,经胃管投给1日龄雏鸭,连喂4~5 d。对照的各雏鸭喂给黄曲霉毒素B的总量为0~16 μg。在最后1次喂毒素后再饲养2 d,然后扑杀全部雏鸭,按胆管上皮细胞异常增生的程度,来判定黄曲霉毒素含量的多少。雏鸭黄曲霉毒素B的 LD_{50} 为12.0~28.2 μg/只。也可取肝组织固定,做组织检查。

【防治】

1. 预防

(1)防霉 预防本病最根本的措施是防止饲料发霉,不喂发霉饲料。防霉的根本措施是破坏霉变的条件,主要是控制水分和温度。粮食作物收制后,防遭雨淋,要及时运到场上散开通风、及时晾晒,使之尽快干燥,水分含量达到谷粒13%以下,玉米12.5%以下,花生仁8%以

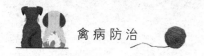

下,并应贮存于干燥处,以防发霉。

(2)去毒　对霉变饲料可用以下方法去除黄曲霉毒素:挑选霉粒或霉团去毒法;用石灰水浸泡或碱煮、漂白粉、氯气等方法解毒;辐射处理法;氨气处理法;利用微生物(无根霉、米根霉)的生物转化作用,使黄曲霉毒素解毒,转变成毒性低的物质;采用热盐水浸泡,是经济安全的好方法,但需时较长;加热加压相结合的办法对许多霉菌及毒素有破坏作用,但黄曲霉毒素、玉米赤霉烯酮、单端孢霉毒素对热的反应稳定。某些研究者报道了水合硅酸钠钙与黄曲霉毒素有高度亲和力,它能与毒素形成稳定化合物,使毒素活性下降。

(3)用霉菌抑制剂或霉菌毒素吸附剂　可以向饲料中加入抗霉菌剂以防发霉,用于谷物和粉料中的药物有 4% 丙二醇或 2% 丙酸钙,或加入霉菌毒素吸附剂。

2.治疗

发现中毒要立即更换新鲜饲料,无特效解毒药物,对急性中毒的雏鸡用 5% 的葡萄糖水,每天饮水 4 次,并在每升饮水中加入维生素 C 0.1 g。尽早服用轻泻剂,促进肠道毒素的排出。如用硫酸钠,按每只鸡每天 1～5 g 溶于水中,连用 2～3 d。

二、鱼粉中毒

鱼粉中毒是家禽饲喂过量鱼粉或霉变鱼粉引起的以肌胃糜烂与溃疡为特征的中毒性疾病。

【病因】

鱼粉在生产加工过程中会产生一些有害物质,如组胺、霉菌毒素、细菌等,家禽摄入过量这类鱼粉,会造成中毒。本病在不同年龄的鸡均可发生,主要见于雏鸡和青年鸡,2～3 周龄发病最多,3～4 周龄死亡率最高,以后死亡率随周龄逐渐下降,但可持续到 7 周龄以上。

【症状】

主要表现为生长发育缓慢,鸡冠和肉髯苍白,精神沉郁,食欲减退,羽毛蓬乱、竖立,头颈、翅膀下垂,闭眼嗜睡,排黑褐色软粪或下痢,有时可见病鸡或死亡鸡从口腔或鼻腔流出暗黑色液体,死亡率可达 10%。病愈后的鸡群生长缓慢,增重和育成率均受到影响。

【病理变化】

病禽嗉囊外观呈黑色,肌肉苍白,消化道内有大量暗黑色液体,尤其在嗉囊、腺胃及肌胃内常充满暗黑色黏稠似沥青样液体。腺胃乳头部扩张、膨大,黏膜增厚,有 1～2 mm 大小的溃疡。肌胃黏膜面皱襞排列不规则,角质膜断裂,肌胃与腺胃结合部及十二指肠开口部附近有不同程度的糜烂,散在米粒大小的溃疡。有时肌胃黏膜呈树皮样,腺胃及十二指肠黏膜表现卡他性炎症。严重病例的肌胃有 3～5 mm 大小的穿孔,且流出多量暗黑色液体,沾污整个腹腔。产蛋鸡因饲料摄入减少导致卵巢萎缩。

【诊断】

根据临床症状和病理变化,结合日粮中鱼粉的比例,即可初步诊断。确诊要进行动物实验。

【防治】

1.预防

改进鱼粉加工工艺,干燥时温度应低于 120℃,以防止肌胃糜烂素的产生。在鱼粉加工干燥时,若预先在原料中加入维生素 C 或赖氨酸,能显著抑制肌胃糜烂素的生成。另外,鱼粉的饲喂量应控制在 8%以下。饲料中添加 30 mg/kg 的西咪替丁,可有效抑制肌胃糜烂的发生。

2.治疗

病初或病情较轻者,可在饲料或饮水中添加 0.2%～0.5%碳酸氢钠。为防止肌胃糜烂引起的出血,可将维生素 K_3 粉剂加入饲料中(剂量为雏鸡 0.4 mg/kg,成年鸡 2 mg/kg),或按 0.5～1.0 mg/只,肌内注射,2～3 次/d,连用 4 d。也可肌内注射酚磺乙胺(止血敏),剂量为 50～100 mg/只。饲料中添加维生素 C 可提高疗效。为防止继发感染,可应用抗生素。

三、食盐中毒

食盐中毒是指家禽摄取食盐过多或连续摄取食盐而饮水不足,导致中枢神经机能障碍的疾病。其实质是钠中毒,有急性中毒与慢性中毒之分。

【病因】

饲料中添加食盐量过大,或大量饲喂含盐量高的鱼粉,同时饮水不足,即可造成家禽中毒。家禽中食盐中毒以鸡、火鸡和鸭最常见。正常情况下,饲料中食盐添加量为 0.25%～0.5%。当雏鸡饮服 0.54%的食盐水时,即可造成死亡;饮水中食盐浓度达 0.9%时,5 d 内死亡率 100%。如果饲料中添加 5%～10%食盐,即可引起中毒。饮水充足与否,是食盐中毒的重要原因。饲料中其他营养物质,如维生素 E、钙、镁及含硫氨基酸缺乏时,可增加食盐中毒的敏感性。

【症状】

精神沉郁,不食,饮欲异常增强,饮水量剧增。口、鼻流黏液,嗉囊胀大,水泻。肌肉震颤,两腿无力,运动失调,行走困难或瘫痪。呼吸困难,最后衰竭死亡。雏鸭还表现为不断鸣叫,盲目冲撞,头向后仰或仰卧,两后肢划水状,头颈弯曲,不断挣扎,很快死亡。

【病理变化】

可见皮下组织水肿,食道、嗉囊、胃肠黏膜充血、出血,黏膜脱落。心包积水,心脏出血,腹水增多,肺水肿,脑血管扩张充血,并有针尖状出血。

【诊断】

根据家禽有摄入大量食盐或其他钠盐,同时饮水不足的病史,结合临床症状和病理组织学检查,可做出初步诊断。确认可通过实验室检验,检测嗉囊或肌胃内容物或血清氯化物含量。

【防治】

严格控制饲料中食盐添加量,添加盐粒要细,并且在饲料中搅拌要均匀,平时饲喂干鱼和鱼粉要测定其含盐量,保证给予充足饮水。

若发现可疑食盐中毒时,应立即停止饲喂含盐量多的饲料,改换其他饲料,供给充足新鲜饮水或 5%葡萄糖溶液,也可在饮水中适当添加维生素 C。对严重病例可采用手术治疗法。

四、一氧化碳中毒

一氧化碳中毒是家禽吸入一氧化碳气体所引起的以血液中形成多量碳氧血红蛋白所造成的全身组织缺氧为主要特征的中毒疾病。

【病因】

禽舍往往有烧煤保温的病史,因为暖炕裂缝、烟囱堵塞、倒烟、门窗紧闭、通风不良等原因,

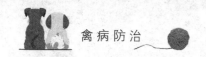

都能使一氧化碳不能及时排出,引起中毒。只要舍内含有0.1%～0.2%一氧化碳时,就会引起中毒。一氧化碳含量超过3%时,可使禽窒息死亡。对长期饲养在低浓度一氧化碳环境中的家禽,可造成生长迟缓、免疫功能下降等慢性中毒,也应注意。

【症状】

轻度中毒的家禽主要表现为精神委顿、羽毛松乱、食欲减退,生长发育不良;严重中毒的家禽会出现呼吸困难,不安,不久即转入呆立、运动失调或瘫痪,昏睡,死前发生痉挛和惊厥。

【病理变化】

剖检可见心、肺呈樱桃红色,肝、脾、心、肺、气管等器官表面有小出血点,血管和各脏器内的血液呈鲜红色;慢性中毒时,心、肝、脾等器官体积增大,有时可发现心肌纤维和大脑有组织学改变。

【诊断】

根据发病禽舍有燃煤取暖的情况,结合本病的临床症状和病理变化做出初诊,检测病禽血液内的碳氧血红蛋白有助于本病的确诊。

(1)氢氧化钠法 取血液3滴,加3 mL蒸馏水稀释,再加入10%氢氧化钠液1滴。如有碳氧血红蛋白存在,则呈淡红色而不变,而对照的正常血液则变为棕绿色。

(2)片山氏法 取蒸馏水10 mL,加血液5滴,摇匀,再加硫酸铁溶液5滴使呈酸性。病鸡血液呈玫瑰色,而对照的正常血液呈柠檬色。

(3)鞣酸法 取血液1份溶于4份蒸馏水中,加3倍量的1%鞣酸溶液充分振摇。病鸡血液呈深红色,而正常鸡血液经数小时后呈灰色,24 h后最显著。也可取血液用水稀释3倍,再用3%鞣酸溶液稀释3倍,剧烈振摇混合。病鸡血液可产生深红色沉淀,正常鸡血液则产生绿褐色沉淀。

注意在以上的方法中皆不宜用草酸盐抗凝剂的血样。检验时最好使用两种以上方法。

【防治】

鸡舍和育雏室采用煤火取暖装置应注意通风条件,以保持通风良好,温度适宜。一旦出现中毒现象,应迅速开窗通风,换进新鲜空气。可对未死亡的病禽皮下注射少量的生理盐水或5%葡萄糖溶液及强心剂。

子任务三　家禽常见其他病

一、鸡脂肪肝综合征

鸡脂肪肝综合征又称脂肝病,是脂肪代谢障碍引起的一种代谢障碍病。该病多见于笼养的高产鸡群或产蛋高峰期。其特征是鸡体肥胖,产蛋量减少,大量脂肪沉积在肝脏,造成肝脏的脂肪变性,甚至肝破裂出血,急性死亡。

【病因】

(1)长期饲喂高能量、低蛋白饲料。如饲料中玉米或其他谷物等碳水化合物过多,而动物性蛋白质饲料以及胆碱、维生素B和维生素E含量不足,可造成脂肪在肝脏中蓄积,引起脂肪肝综合征。

(2)饲料中蛋白质含量过高。过剩的蛋白质可转化为脂肪,引起本病。

(3)饲养因素。如环境高温、光照、饮水不足等应激因素,缺乏运动等都能促进本病的发生。

(4)鸡发生黄曲霉毒素中毒时,也会引起肝脏脂肪变性。

【症状】

本病多发生于体况良好、产蛋量高的鸡群,病鸡大多过度肥胖,鸡冠和肉髯发育正常,但颜色苍白,腹部下垂。多数病鸡可由于惊吓、捕捉等应激因素而突然死亡。

【病理变化】

剖检病鸡,特征性病变为肝脏肿大,呈黄褐色,有油脂样光泽,质地极脆而易碎,表面有小出血点或豆大的血肿。有的鸡由于肝破裂而发生内出血,肝脏表面和腹腔内有凝血块,产蛋鸡还可见腹腔和肠表面有大量脂肪沉积。

【诊断】

根据本病的症状和病理变化特征,结合饲料成分分析,可做出诊断。

【防治】

1.预防

(1)合理搭配饲料,特别是饲料中的能量水平应保持在营养标准推荐水平。

(2)保证饲料中蛋氨酸、胆碱、维生素 B_{12}、生物素等的含量,可预防本病。

(3)禁止饲喂发霉的饲料(玉米、花生饼等)。霉变所产生的黄曲霉素可损伤肝脏,引起脂肪代谢障碍。

(4)育成鸡要注意限制饲料的喂量,勿使体重超标。一般原则是产蛋高峰前限量要小,高峰后限量要大。小型鸡种可在 120 日龄后开始限饲。一般比平时投料量减少 8%～12% 为宜。

2.治疗

采取对症治疗。对已发病鸡群,在每千克日粮中补加胆碱 22～110 mg,治疗 1 周后会收到明显效果。每吨日粮中补加氯化胆碱 1 000 g、维生素 E 10 000 IU、维生素 B_{12} 12 mg、肌醇 1 000 g,连用 2～4 周。

二、肉鸡猝死综合征

肉鸡猝死综合征又称暴死症、急性死亡综合征,是肉鸡在营养、环境、遗传及个体发育等因素作用下快速生长,引起机体某些方面的代谢障碍的一种营养代谢病。临床特征是翅膀扑动、尖叫、突然死亡。本病以肌肉丰满、外观健康的肉鸡为多见,全年均可发生,无挤压致死和传染流行规律。

【病因】

本病的确切病因尚不清楚,可能有以下几方面的诱因:

(1)营养过剩。本病多发生于生长发育良好而肥胖的肉仔鸡,因体脂蓄积多,心脏负荷过重。

(2)饲料组成不当。饲料中含糖量高、含脂肪量高的禽群易发病。

(3)应激因素。饲养密度大、持续强光照射、噪声等都可诱发本病。

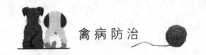

（4）遗传及个体发育因素。肉鸡比其他家禽易发病，肉鸡体重越大发病率越高，公鸡比母鸡发病率高 3 倍。

（5）酸碱平衡失调及低血钾。

【症状】

发病前无明显征兆，病鸡经常在采食、饮水或活动过程中突然失去平衡，翅膀扑动，肌肉痉挛，发出尖叫，持续 1～2 min 后死亡。死后出现明显的仰卧姿势，两脚朝天，腹部向上；少数鸡侧卧或伏卧状态，腿颈伸展。

【病理变化】

死鸡体壮，嗉囊和肌胃内充满刚采食的食物。心脏扩张，心房尤其显著，扩张淤血，内有血凝块；心室紧缩呈长条状，质地硬实，内无血液。肺淤血，水肿。病鸡血中钾、磷浓度显著低于正常鸡。

【诊断】

本病根据特征性的临床症状和病理变化，如死鸡体况良好，鸡死前突然发病、尖叫、蹦跳、扑动翅膀，主要剖检变化集中在心脏和肺脏，排除传染病、中毒病等的可能性后，可做出诊断。

【防治】

1. 预防

（1）早期限饲。在 8～14 日龄时，每天给料时间控制在 16 h 以内，15 日龄后恢复 24 h 给料，可减少本病的发生。

（2）加强管理，减少应激因素，防止密度过大，避免受惊吓、互相挤压。

（3）合理调整饲料及饲养方式。提高饲料中肉粉的比例而降低豆饼比例，添加葵花籽油代替动物脂肪，添加牛磺酸、维生素 A、维生素 D、维生素 B 和吡哆醇等。

2. 治疗

本病目前尚无有效治疗方法，低血钾的病鸡可用碳酸氢钾治疗，每只鸡用量为 0.62 g，混饮，连用 3～5 d；或每千克饲料中加入碳酸氢钾 3.6 g。

三、鸡中暑

鸡中暑又称热射病，是鸡群在气候炎热、鸡舍内温度过高、通风不良、缺氧的情况下，机体产热增加而散热不足所导致的一种全身机能紊乱的疾病。本病多发生于夏季，雏鸡和成年鸡都易发生。

【病因】

鸡缺乏汗腺，在气温过高的情况下，只能依靠张口呼吸散热及翅膀张开来排热。如夏季气温过高、湿度大、鸡舍通风不良、鸡群过分拥挤、饮水供应不足、长途密闭运输等情况，容易引起中暑。一般气温超过 36℃时鸡可发生中暑，环境温度超过 40℃时，可发生大批死亡。

【流行病学】

（1）种鸡，特别是肉种鸡对高温的耐受性较低，当中暑时，看上去体格健壮、身体较肥胖的鸡往往最先死亡。在蛋鸡高产鸡群，鸡群密度过高、鸡体较肥胖时也易发生中暑。

（2）蛋鸡中暑多发于超过 32℃的通风不良、卫生条件较差的鸡舍。中暑的严重程度随舍温的升高而升高，当舍温超过 39℃时，可导致蛋鸡中暑而造成大批死亡。

（3）在降温措施不利的鸡场,傍晚或夜间是鸡中暑死亡的高峰期。

（4）笼养鸡比平养鸡严重,笼养鸡上层死亡较多。

【症状】

多表现为急性经过。病初呼吸急促,张口伸颈呼吸,翅膀张开,发出"嘎嘎"声,鸡冠、肉髯先充血鲜红,后发绀,有的苍白。饮欲减退或废绝,饮水增加,严重者不饮水。随后出现呼吸困难、卧地不起、昏睡,虚脱而死。

【病理变化】

病鸡和死亡不久的鸡的皮温和深部体温很高,触之烫手。剖检可见肌肉苍白、柔软、成熟肉样;血液凝固不良,全身静脉淤血,胸腔和腹腔浆膜充血,有血液渗出;心包膜及胸腔浆膜大面积出血;肺部高度充血、淤血;肝脏肿大,呈土黄色;卵黄膜充血、淤血;肠管松弛无弹性,肠黏膜脱落;大脑和脑膜出血。

【诊断】

根据发病当日温度、鸡舍的环境情况、临床症状、病理变化等进行综合判断,可做出诊断。

【防治】

1.预防

（1）采取措施,降低舍温。可人工喷雾凉水,降低空间温度,或向鸡舍地面泼洒凉水,并打开门窗,加大对流通风。加大换气扇的功率,及时带走鸡体产生的热量。

（2）搞好鸡舍周围绿化。在鸡舍周围种草、植树遮阴,绿化环境,降低热量。

（3）调整饲料配比,改善饲喂方式。在鸡的日粮中添加适当维生素 C、维生素 E、维生素 K、维生素 B_2、生物素及杆菌肽锌等添加剂,也可以在饮水中加入适量小苏打、藿香正气水、十滴水等,可有效防止或减轻高温对鸡的危害。避开中午高温时间饲喂,早晚凉爽时加喂青绿多汁饲料,可提高采食量。要保证鸡舍充足的饮水,并可以在水中添加维生素 C,抑制鸡的体温升高。

（4）降低饲养密度。在盛夏来临之前,可根据饲养方式,结合转群、并群、淘汰等进行疏群,防止密度过大。

2.治疗

发现鸡中暑后,应立即转移到阴凉、通风、安静的场所,或将其在冷水中浸泡一会儿,病情较轻的可逐渐康复;对于病重鸡,饮水中加放藿香正气水,3 倍稀释,每只成年鸡 3 mL,雏鸡酌减用量,每天 2 次。也可给病鸡针刺放血少许。

四、啄癖

啄癖又称恶食癖、异食癖,是鸡体内营养代谢紊乱、饲养管理不当等原因引起的多种疾病的总称,是群养鸡中的一种"恶习"。发生啄癖时,鸡相互间啄食或异食,导致伤残、死亡或影响生产性能。啄癖的表现形式很多,常见的有啄肛癖、啄羽癖、啄趾癖和啄蛋癖等,其中以啄肛癖危害最为严重。啄癖在任何年龄的鸡都可发生,一般雏鸡发生较多,笼养鸡比平养鸡发生率高。本病个别鸡发病后,其他鸡纷纷效仿,难以制止,往往造成创伤,影响生长发育,甚至引起死亡。

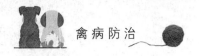
【病因】

啄癖的病因复杂,归纳起来主要有以下几个方面:

(1)饲料因素　饲料中缺乏含硫氨基酸,容易导致啄羽;缺乏食盐,鸡会找带有咸味的食物,常引起啄肛、啄皮肉;缺乏动物性蛋白、矿物质、微量元素、某些维生素,钙、磷比例不当等,都会引起啄癖。

(2)环境因素　鸡群密度过大、拥挤,容易烦躁好斗,在育成鸡中容易引起啄癖;光线过强,鸡只产蛋后不能很好休息,使泄殖腔难以复原,造成脱肛,引起鸡只啄肛;光线颜色的影响,鸡不喜欢黄色和青色的光,在此灯光下容易引起啄癖;鸡生理换羽过程中,羽毛刚长出时,皮肤会痒,鸡只自啄发痒部位,而其他鸡只见到也会跟随着啄,造成啄羽;通风不良,饲料或饮水不足,限食不当,争食等原因可引起啄癖;温度高,湿度过大或过小,品种和日龄不同的鸡混养也可引起鸡啄癖;中途放进鸡舍新鸡,或鸡因打斗而受伤等,都可以造成啄癖。

(3)疾病因素　鸡患体外寄生虫病引起局部发痒,进而使鸡不断叼啄引起啄癖;大肠杆菌引起的输卵管炎、泄殖腔炎、黏膜水肿变性等导致输卵管狭窄,蛋通过受阻,鸡只有通过增加腹压才能产出鸡蛋,时间一长,形成脱肛,造成啄癖;鸡群发生沙门氏菌病、传染性法氏囊病等,容易自啄泄殖腔,引起啄尾;鸡体输卵管、直肠脱垂,肛门外翻等也能导致啄癖。

【症状】

临床上常见的有以下几种类型:

(1)啄肛　初产的母鸡多发,刚开产的母鸡,有时蛋重较大,造成母鸡产蛋后泄殖腔不能及时收回,而鸡对红色敏感,因而造成互相啄肛,肛门被啄伤、出血,严重时直肠被啄出,导致鸡死亡。在鸡群中还能发现有的鸡头部羽毛被血染红。产蛋母鸡发生啄肛后,易引起输卵管脱垂和泄殖腔炎。

(2)啄羽　最易发生的时间是在换羽期,如幼鸡换羽期、成年鸡换羽期。病鸡相互啄翼羽和毛羽,或啄食自身羽毛,严重时鸡的尾羽和翼羽绝大部分被啄去,几乎成为秃鸡,严重影响鸡的产蛋量和健康。

(3)啄趾　鸡是啄食动物,当鸡群密度过大、缺少食物时,极易发生啄癖。而幼鸡喜欢互啄脚趾,引起脚趾出血或跛行。

(4)啄蛋　多见于饲料中缺钙或蛋白质不足的情况。最初蛋被踩破啄食,以后母鸡则产下蛋就争相啄食,或啄食自己产的蛋。

(5)啄头　鸡只相互啄耳、眼周围皮肤,鸡冠和肉髯,因渗血而发暗肿胀,眼周围皮下因出血而变黑变蓝。

【诊断】

发生啄癖的家禽有明显可见的症状,易诊断。

【防治】

1.预防

(1)断喙。断喙是预防啄癖最有效的方法。正常情况下,雏鸡于 10 日龄前进行断喙,60～70 日龄进行第 2 次修喙,可取得较好效果。

(2)供给全价日粮,可减少营养缺乏引起的啄癖。

(3)舍内保持良好通风,尽量排除氨气、硫化氢、二氧化碳等有害气体,定时喂料、饮水,间隔时间不要过长,发现有被啄伤的鸡只应及时挑出,隔离治疗。

(4)预防啄肛癖。防止光线过强,采用适宜光色。夏季避免强烈的太阳光直接射向鸡舍;饲养密度适宜;育雏温度掌握好;饲料保证营养全价;保证足够饮水。

(5)预防啄羽癖。饲料中注意添加蛋氨酸、胱氨酸等含硫氨基酸和 B 族维生素、矿物质,发现鸡群有体外寄生虫时,及时用药物驱除。

(6)预防啄趾癖。注意鸡群饲养密度适宜,及时分群,使之有宽敞的活动场所,以充分活动。

(7)预防啄蛋癖。主要预防措施是及时捡蛋,以免蛋被踩破或抓破,被鸡啄食;注意饲料的合理搭配,保证蛋白质、维生素和矿物质的需要量。

2.治疗

发现鸡群有啄癖现象时,立即查找、分析病因,采取相应的措施进行治疗。被啄伤的鸡及时挑出,隔离饲养,并在啄伤处涂 2% 龙胆紫。对于啄趾癖和啄肛癖,可将饲料中食盐含量提高到 2%～3%,连喂 3～4 d,饲料另外添加啄肛灵。症状严重的鸡予以淘汰。有啄羽癖的,在饲料中加入 2% 石膏粉,连用 3～5 d,同时注意铁、B 族维生素的补充。有啄蛋癖的,立即隔离病鸡,以防群体效仿。如果是因为饲料中的矿物质含量不足,应及时添加维生素及矿物质。

【思与练】

一、填空题

1.家禽痛风又称_____,是家禽体内_____生成过多和_____排泄障碍引起的尿酸盐代谢障碍疾病。

2.家禽痛风多发生于生长期的雏鸡和成年鸡,分为_____痛风和_____痛风。

3.雏鸡维生素 B_2 缺乏症特征性的症状是产生_____,趾爪向内蜷曲成拳状,_____尤为明显。

4.饲料中长期缺_____,会引起维生素 B_{12} 缺乏症。

5.维生素 K 是合成凝血酶原所必需的物质,临床上的表现以_____、_____为特征。

6.维生素 E-硒缺乏症的临床表现有_____、_____、_____、_____。

7.鱼粉中毒是家禽饲喂过量鱼粉或霉变鱼粉引起的以_____与_____为特征的中毒性疾病。

8.一氧化碳中毒是家禽吸入一氧化碳气体所引起的以_____为主要特征的中毒疾病。

9.啄癖的表现形式很多,常见的有_____、_____、_____和_____等,其中以_____危害最为严重。

二、判断题

1.家禽痛风关节型多见而内脏型较少见。(　　)

2.干眼病是维生素 A 缺乏的一个典型病变。(　　)

3.雏鸡维生素 B_2 缺乏症坐骨神经和臂神经两侧对称性显著肿大。(　　)

4.禽钙、磷缺乏时骨骼和喙发生软化,似橡皮样。(　　)

5.禽黄曲霉毒素中毒的特征病变主要在肝。急性中毒时肝肿大,质变硬。(　　)

6.鸡鱼粉中毒时可见病鸡或死亡鸡从口腔或鼻腔流出黄色液体。(　　)

7.鸡一氧化碳中毒时血管和各脏器内的血液呈暗红色。(　　)

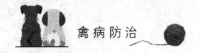
8.断喙是预防啄癖最有效的方法。（　　）

三、简答题

1.内脏型痛风的病理变化有哪些？

2.家禽维生素 A 缺乏的病理变化有哪些？

3.家禽缺乏维生素 B_1 的临床症状有哪些？

4.禽钙、磷缺乏的临床症状有哪些？

5.鸡鱼粉中毒的病理变化有哪些？

项目三
禽病防治技能训练

任务一

禽病预防措施技能训练

【知识目标】

    了解禽病预防措施中各项技能的基本原理。

    掌握禽病预防措施中各项技能的核心方法。

【能力目标】

    能够熟练进行家禽免疫接种技术和免疫监测技术操作。

    能够熟练进行禽场的卫生消毒和杀虫灭鼠技术操作。

    能够熟练进行家禽的采血、剖检、病料采集技术操作。

【素质目标】

    培养严谨的科学态度和良好的职业道德。

    培养爱护动物、注重动物福利的职业素养。

    培养好学敬业和吃苦耐劳的精神。

技能一　家禽免疫接种技术

【技能目标】

    通过疫苗检查、接种剂量计算、接种方法操作训练,使学生掌握常用疫苗稀释、点眼、滴鼻、注射、刺种、气雾等免疫接种的基本操作技术。

【器械与材料】

    试剂:新城疫Ⅱ系苗、Ⅳ系苗、油乳剂苗、灭菌蒸馏水、灭菌生理盐水、脱脂奶粉。

    器械:灭菌注射器、连续注射器、针头、刺种针、滴瓶或滴管(每滴约为 0.04 mL)、塑料饮水盆、气雾枪。

    实验动物:待免疫鸡若干。

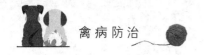

【方法与步骤】

1.疫苗检验

主要检查疫苗是否过期;疫苗的名称和接种对象;疫苗接种的途径和剂量;活的冻干疫苗是否真空(稀释液注入时有明显吸力);油苗是否分层等。

2.疫苗的接种剂量

无论死苗还是活苗,都要按说明达到每羽所需要的量或每瓶接种的羽份。活苗要根据接种途径的不同需要进行适当稀释,在保证每瓶疫苗羽份的前提下考虑接种量的方便和适度,计算稀释用水的量,量太多太少都会带来使用不便。

3.接种方法

(1)点眼、滴鼻法

①将疫苗溶于稀释液或灭菌生理盐水中。有配套的稀释液时按说明稀释,也可根据每瓶的剂量(羽数)乘以每滴的体积(如 0.04 mL),直接用注射器吸取生理盐水稀释疫苗。

②使用标准滴管或配套的滴瓶,将疫苗垂直滴进雏鸡眼睛或一侧鼻孔(用手按住另一侧鼻孔),在滴鼻时一定要观察到有吞咽动作才能将鸡轻轻放回。

(2)肌内注射法 部位常选在胸肌和大腿肌。胸肌内注射时,以 8～9 号针头与胸肌成 45°斜向刺入,避免垂直刺入,且进针不宜过深,雏鸡的刺入深度为 0.5～1 cm,日龄较大的为 1～2 cm,以防误伤肝或心脏。腿部注射时将针头朝身体的方向刺入外侧腿肌,避免刺伤腿部的神经和血管。

(3)皮下注射法 注射部位多选择在颈后皮下,油苗接种多在此部位。

(4)饮水免疫法

①预防接种前的准备 配置足够多的饮水器具,以保证每只鸡都有饮水位置。饮水器具应洁净,无洗涤剂和消毒剂残留,最好用塑料类饮水器具。在免疫前根据天气情况停水 2～4 h,但若气温过高,可不停水。使用清凉的、不含氯和重金属盐的自来水或井水。消毒的自来水含有次氯酸钠,能把细菌、病毒杀死,故应放置半天以上或煮沸后冷却再用。

②疫苗量和用水量计算 饮水免疫所用疫苗的剂量应比注射或滴鼻的量加大 2 倍,稀释用水量按每只 20 日龄左右约 20 mL,40 日龄以上约 40 mL 将疫苗和水充分混匀,按 0.1%加入脱脂奶粉,放入饮水器具中供鸡饮用。

③注意事项 稀释后的疫苗必须在 2 h 内饮完,最佳饮水量是在 30 min 内能全部饮完。夏季应在清早接种疫苗,疫苗溶液不得暴露在阳光下。

(5)气雾免疫法

①预防接种前的准备 关闭门窗和通风设备,减少空气流动,若为地面或网上散养,将鸡只圈于阴暗处,一般在傍晚或清晨进行,此时气压高,雾粒可在空气中悬浮较长时间,并能降低应激和避开阳光直射。喷雾器内应无消毒剂等残留,最好是疫苗接种专用。

②疫苗稀释 疫苗量最好是加倍,疫苗必须用去离子水或蒸馏水稀释,不得用自来水、冷开水、井水或生理盐水稀释。稀释液的用量应根据免疫对象而定,1 月龄雏鸡每 1 000 只用量为 200 mL,平养鸡每 1 000 只为 250～500 mL,笼养鸡每 1 000 只为 250 mL。

③方法 若为散养,需先将鸡只赶至鸡舍较长侧墙边,喷雾器出液口可在鸡头上方 30～50 cm 处喷雾,边喷边走,至少应往返喷雾 2～3 遍后将疫苗均匀喷完。喷雾后 20 min 才可开

启门窗或风扇,因为一般较小的喷雾雾粒大约要 20 min 才会降至地面。

④注意事项 雾化粒子大小要适中,成年鸡用小雾滴,直径在 1～10 μm;雏鸡用大雾滴,直径在 20～40 μm。喷雾前可以用定量的水试喷,调整计算好喷雾的时间、流量和雾滴大小。喷雾时要求温度为 15～20 ℃,相对湿度 70% 以上。有慢性呼吸道病的鸡群应慎用气雾免疫。

(6)刺种 部位在翅膀展开后三角区内,避开血管,用接种针或蘸水笔蘸取疫苗刺种两针。

【注意事项】

(1)疫苗稀释及接种应注意消毒操作;

(2)注射过禽体的针头不能再用于吸取疫苗,以免污染疫苗;

(3)已打开的瓶塞或稀释好的疫苗,必须当天用完,未用完的处理后弃去。

【技能考核】

序号	考核项目	考核内容	考核标准	参考分值	实际得分
1	过程考核	操作态度	精力集中,积极主动,服从安排	10	
2		协作意识	有合作精神,积极与小组成员配合,共同完成任务	10	
3		实训准备	能认真查阅、收集资料,能帮助教师准备实训材料	10	
4		免疫接种操作	动手积极、认真,操作准确,并对任务完成过程中的问题进行分析和解决	50	
5	结果考核	工作记录和总结报告	有完成全部工作任务的工作记录,字迹整齐;总结报告结果正确,体会深刻,上交及时	20	
		合　　计		100	

技能二 家禽血凝性病毒病的免疫监测

【技能目标】

掌握血凝性病毒病免疫监测的基本方法。学会根据血凝性病毒病免疫监测的结果指导鸡群血凝性病毒病免疫接种。

【器械与材料】

试剂:

①抗原原液:购自标准厂家,根据监测抗体的种类而确定抗原的种类。

②阳(阴)性血清:购自标准厂家,根据监测抗体的种类而确定血清的种类。

③被检血清:随机采取被检禽群的血液,取血液自然凝固后析出的血清作为被检血清。

④灭菌 PBS 生理盐水。

设备:25 μL 移液器,96 孔 V 型反应板,普通离心机等。

实验动物:被检鸡若干只、非免疫公鸡 3 只。

【方法与步骤】

1.红细胞悬浮液制备

采取健康公鸡血液 5 mL,抗凝,加灭菌 PBS 生理盐水离心洗涤 3 次(每次离心的速度为

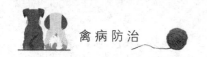

3 000 转/min，时间为 5 min)，将血浆、白细胞等充分洗去，将沉淀的红细胞用灭菌 PBS 生理盐水稀释成 1%悬浮液。该红细胞悬浮液在 4 ℃存放，可用 3～5 d。注意悬浮液颜色变暗应予弃去。

2.红细胞凝集试验(微量法检测 ND 抗原原液 HA 效价及配制 4 个血凝单位 ND 抗原)

(1)分装生理盐水：用移液器在 96 孔 V 型反应板的一排孔上的 1～12 孔，每孔加入 PBS 生理盐水 25 μL，换滴头。

(2)添加抗原：吸取标准 ND 抗原原液 25 μL 加入第 1 孔，换滴头。

(3)稀释抗原：用 25 μL 移液器将第 1 孔中的抗原与 PBS 生理盐水吹打 2～3 次混合均匀，并吸取 25 μL 至第 2 孔；用移液器将第 2 孔中的抗原与 PBS 生理盐水吹打 2～3 次混合均匀，并吸取 25 μL 至第 3 孔……如此，直至第 11 孔，从 11 孔吸取 25 μL 溶液弃去，换滴头。

(4)加入 PBS 生理盐水：向 1～12 孔加入 PBS 生理盐水，每孔 25 μL。

(5)加入红细胞悬浮液：向 1～12 孔加入红细胞悬浮液，每孔 25 μL。

(6)静置感作 30 min，然后判定结果。

(7)判定结果(观察、判定、记录反应结果的相关概念与方法)：

①"凝集"的概念　观察反应孔，当一层红细胞凝集颗粒均匀覆盖于整个孔底，判定为"凝集"(将反应板倾斜，无红细胞流淌现象)，记录为"＋"。

②"不凝集"的概念　观察反应孔，当红细胞完全自然沉降到孔底中央，形成一个边缘光滑无凝集颗粒的红圆点，判定为"不凝集"(将反应板倾斜，有红细胞流淌现象)，记录为"－"。

③ND 抗原的血凝效价的概念　凡能使鸡红细胞完全凝集的抗原最高稀释度称为该 ND 抗原的血凝效价。

3.红细胞凝集抑制试验(微量法检测免疫禽只的 HI 抗体)

(1)分装 PBS 生理盐水：在 96 孔反应板上，取其 12 孔，第 1～11 孔每孔加入 PBS 生理盐水 25 μL。

(2)向第 1 孔加入被检血清。

(3)稀释被检血清：用 25 μL 移液器将第 1 孔中的被检血清与 PBS 生理盐水吹打 2～3 次混合均匀，并吸取 25 μL 至第 2 孔；用移液器将第 2 孔中的抗原与 PBS 生理盐水吹打 2～3 次混合均匀，并吸取 25 μL 至第 3 孔……如此，直至第 10 孔，从 10 孔吸取 25 μL 溶液弃去，换滴头。

(4)加入 4 HAU 抗原：向第 1～11 孔加入 4 HAU ND 抗原溶液，每孔 25 μL。

(5)加入红细胞悬液：向第 1～12 孔加入 1%鸡红细胞悬浮液，每孔 25 μL。

(6)室温中静置 30 min，观察结果并记录。

(7)判定结果：

①"凝集"的概念　观察反应孔，当一层红细胞凝集颗粒均匀覆盖于整个孔底，判定为"凝集"(将反应板倾斜，无红细胞流淌现象)，记录为"＋"，读作凝集。

②"完全抑制"的概念　观察反应孔，当红细胞完全不凝集而自然沉降于试管底部中央，形成一个边缘光滑的红圆点，边缘没有分布红细胞凝集颗粒，判定为完全抑制，记录为"－"，读作完全抑制。

③被检血清 HI 效价的概念　凡能完全抑制红细胞凝集的血清最大稀释倍数称为该被检血清的 HI 效价。

【技能考核】

序号	考核项目	考核内容	考核标准	参考分值	实际得分
1	过程考核	操作态度	精力集中,积极主动,服从安排	10	
2		协作意识	有合作精神,积极与小组成员配合,共同完成任务	10	
3		实训准备	能认真查阅、收集资料,能积极帮助老师准备实训材料	10	
4		HA-HI试验操作	动手积极,认真,操作准确,并对任务完成过程中的问题进行分析和解决	50	
5	结果考核	操作结果综合判断	结果准确	10	
6		工作记录和总结报告	有完成全部工作任务的工作记录,字迹整齐;总结报告结果正确,体会深刻,上交及时	10	
合　　　计				100	

技能三　禽舍消毒技术

【技能目标】

掌握禽舍清洁程序,学会正确进行鸡舍喷洒消毒和熏蒸消毒。本项目在养禽场完成。

【器械与材料】

试剂:火碱、甲醛、高锰酸钾。

器械:清扫工具、高压喷雾器、陶瓷消毒盆等。

【方法与步骤】

1.禽舍清理程序

(1)清除地面和裂缝中的垫料后,将杀虫剂直接喷洒于舍内各处。

(2)彻底清理更衣室、卫生隔离栏栅和其他与禽舍相关的场所;彻底清理饲料输送装置、料槽、饲料贮器和运输器以及称重设备。

(3)将在畜禽舍内无法清洁的设备拆卸至临时场地进行清洗,并确保其清洗后的排放物远离禽舍;将废弃的垫料移至禽场外,如需存放在场内,则应尽快严密地盖好以防被昆虫利用。

(4)取出屋顶电扇以便更好地清理其插座和转轴。在墙上安装的风扇则可直接清理,但应能有效地清除污物,干燥地清理难以触及进气阀门的内外表面及其转轴,特别是积有更多灰尘的外层。对不能用水来清洁的设备,应干拭后加盖塑料防护层。

(5)清除在清理过程中以及干燥后的禽舍中所残留的粪便和其他有机物。

(6)将饮水系统排空、冲洗后,灌满清洁剂并浸泡适当的时间后再清洗。

(7)就水泥地板而言,用清洁剂溶液浸泡3 h以上,再用高压水枪冲洗。应特别注意冲洗不同材料的连接点和墙与屋顶的接缝,使消毒液能有效地深入其内部。饲喂系统和饮水系统也同样用泡沫清洁剂浸泡30 min后再冲洗。在应用高压水枪时,出水量应足以迅速冲掉这些泡沫及污物,但注意不要把污物溅到清洁过的物体表面上。

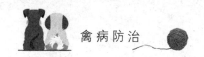

(8)泡沫清洁剂能更好地黏附在天花板、风扇转轴和墙壁的表面,浸泡约 30 min 后,用水冲下。由上往下,用可四周转动的喷头冲洗屋顶和转轴,用平直的喷头冲洗墙壁。

(9)清理供热装置的内部,以免当禽舍再次升温时,蒸干的污物碎片被吹入干净的房舍;注意水管、电线和灯管的清理。

(10)以同样的方式清洁和消毒禽舍的每个房间,包括死禽贮藏室;清除地板上残留的水渍。

(11)检查所有清洁过的房屋和设备,看是否有污物残留。

(12)清洗和消毒错漏的设备。

(13)重新安装好畜禽舍内设备(包括通风设备)。

(14)关闭房舍,给需要处理的物体(如进气口)表面加盖好可移动的防护层。

(15)清洗工作服和靴子。

(16)饮水系统的清洁与消毒:

①对于封闭的乳头饮水系统而言,可通过松开部分的连接点来确认其内部的污物。污物可粗略地分为有机物(如细菌、藻类或霉菌)和无机物(如盐类或钙化物),可用碱性化合物或过氧化氢去除前者,用酸性化合物去除后者,但这些化合物都具有腐蚀性,应确认主管道及其分支管道均被冲洗干净。

②封闭的乳头或杯形饮水系统先高压冲洗,再将清洁液灌满整个系统,并通过嗅闻每个连接点的化学药液气味或测定其 pH 来确认是否被充满。浸泡 24 h 以上,充分发挥化学药液的作用后,排空系统,并用净水彻底冲洗。

③开放的圆形和杯形饮水系统用清洁液浸泡 2~6 h,将钙化物溶解后再冲洗干净。如果钙质过多,则必须刷洗,将带乳头的管道灌满消毒药,浸泡一定时间后冲洗干净,并检查是否残留有消毒药;开放的部分则可在浸泡消毒液后冲洗干净。

2.禽舍的消毒步骤

(1)冲洗 用高压水枪冲洗鸡舍的墙壁、地面、屋顶和不能移出的设备用具,并进行清除,不留一点污垢,有些设备不能冲洗,可以使用抹布擦净上面的污垢。

(2)消毒药喷洒 禽舍冲洗干燥后,用 5%的火碱溶液喷洒地面、墙壁、屋顶、笼具、饲槽等 2~3 次,用清水洗刷饲槽和饮水器,其他不易用水冲洗和火碱消毒的设备可以用其他消毒液涂擦。

(3)移出的设备消毒 禽舍内移出的设备用具放到指定地点,先清洗再消毒。如果能够放入消毒池内浸泡的,最好放在 3%的火碱溶液或 3%的福尔马林溶液中浸泡 3 h;不能放入池内的,可以使用 3%的火碱溶液彻底全面喷洒,消毒 3 h 后用清水清洗,放在阳光下曝晒备用。

(4)熏蒸消毒 能够密闭的禽舍,特别是幼畜舍,将移出的设备和需要的设备用具移入舍内,密闭熏蒸后待用,在室温为 18~20 ℃,相对湿度为 70%~90%时进行。

①先测量禽舍容积,并计算消毒剂用量。一般按福尔马林每立方米 30 mL、高锰酸钾每立方米 15 g 和水每立方米 15 mL 计算用量,高锰酸钾和福尔马林具有腐蚀性,混合后反应剧烈,释放热量,一般可持续 20 min。因此,盛放药品的容器应足够大,并耐腐蚀。

②先将水倒入陶瓷容器内,后加入高锰酸钾,搅拌均匀,再加入福尔马林,人即离开密闭禽舍。用于熏蒸的容器应尽量靠近门,以便操作人员迅速撤离,操作人员要避免甲醛与皮肤接触。

③维持一定消毒时间,熏蒸消毒 24 h 以上,如不急用,可密闭 2 周。

④消毒后要通风换气。消毒后禽舍内甲醛气味较浓,有刺激性,因此要通风换气 2 d 以上。如果急需使用时,可用氨气中和甲醛,按空间用氯化铵每立方米 5 g、生石灰每立方米 10 g、75 ℃ 热水每立方米 10 mL,混合后放入容器内,即可放出氨气。30 min 后打开禽舍门窗,通风 60 min 后即可进入。

【技能考核】

序号	考核项目	考核内容	考核标准	参考分值	实际得分
1	过程考核	操作态度	精力集中,积极主动,服从安排	10	
2		协作意识	有合作精神,积极与小组成员配合,共同完成任务	10	
3		实训准备	能认真查阅、收集资料,能积极帮助老师准备实训材料	10	
4		禽舍消毒操作	动手积极、认真,操作准确,并对任务完成过程中的问题进行分析和解决	60	
5	结果考核	工作记录和总结报告	有完成全部工作任务的工作记录,字迹整齐;总结报告结果正确,体会深刻,上交及时	10	
		合　计		100	

技能四　病禽剖检技术

【技能目标】

掌握家禽尸体剖检的程序和注意事项,学会家禽剖检的方法和操作步骤。

【器械与材料】

试剂:消毒液。

器械:解剖盘、解剖剪、洗手盆、毛巾等。

实验动物:待检家禽。

【方法与步骤】

进行剖检之前,应首先了解发病禽群的流行病学,临床症状情况,家禽的品种,饲养情况,疫苗的接种情况,发病后的经过和处理方法等。剖检时,应注意详细记录各器官的病理变化,如同时剖检多只病死禽,则应注意编号,以免混淆。剖检基本式式如下:

1. 外貌检查

(1)检查天然孔　注意口、鼻、眼(包括眼下方的羽毛是否干燥,若湿润则表明有流泪的可能)有无异常的分泌物,分泌物的量及性状;注意泄殖腔周围羽毛有无异常粪便粘污,泄殖腔黏膜的变化及内容物的性状等。

(2)检查皮肤　注意头、冠、肉髯及身体其他部位的皮肤有无痘疹或结痂,是否发生腐败;检查家禽的趾爪,注意有无赘生物、外伤、化脓、失水及胫骨有无变软等。

(3)检查各关节及龙骨　注意各关节有无肿胀、变形及长骨、龙骨有无变形、弯曲等表现。

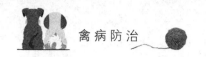

(4)检查病禽的营养状态　触摸感觉病禽胸肌厚薄及龙骨的显突情况,初步判定家禽的营养情况。

2.体腔检查

(1)用消毒水将禽体羽毛浸湿,防止病原扩散及避免羽毛飞扬。

(2)用剪刀将股内侧连接腹侧的皮肤剪开,将两大腿向外和下方翻压,直至髋关节脱臼,使禽体以背卧位平放于瓷盘上。

(3)横向剪开腹部皮肤,使切口与上述股侧皮肤切口相连,握住游离皮肤,向前一直剥离到锁骨部,检查皮下组织和胸肌的状态。横向剪开腹肌、腹膜,并沿胸骨的两侧向前将各肋骨、锁骨剪断,抓住龙骨的后端,用力向前向上翻拉(此时应注意观察体腔内各气囊壁有无混浊、增厚等),暴露整个体腔的器官。注意体腔有无积液,黏附渗出物及其他异常变化。

将腺胃、肌胃、心、肝、脾、肺、肠、肾、卵巢、睾丸、法氏囊等各内脏器官先后从体腔摘出做细致检查,先观察外表形态、大小、色泽、质地等变化,再分别切开检查内部变化,注意有无炎性肿胀、充血、瘀血、出血、溃疡、坏死或结节等。

3.颈部检查

将下颌骨、食道、嗉囊剪开,注意观察口腔和食道黏膜有无出血、溃疡、假膜或脓包等;同时,剥离颈部皮肤检查胸腺(尤其是雏禽)有无出血、萎缩等变化;将小剪刀插入喉头,剪开气管和支气管,检查喉头和气管黏膜有无渗出、充血、出血或溃疡等。

4.头部检查

(1)眼部检查。主要观察眼的角膜有无异常变化及眼结膜有无出血或溃疡等。

(2)鼻窦部检查。沿额面经鼻孔剪开1～3 cm切口,将切口用手分开即可见鼻窦,观察其有无出血或渗出物的特性。

(3)脑部检查。用剪刀将头部皮肤剪开,以尖剪将整个额骨、颅顶骨剪除,暴露大脑和小脑。首先观察脑膜血管的状态,脑膜下有无水肿和积液,然后再以钝器轻轻剥离,将前端嗅脑、脑下垂体及视神经交叉等部逐一剪断,将整个大脑和小脑摘出,观察脑实质的变化。

5.神经检查

主要检查的神经为坐骨神经干。将股内侧的肌肉钝性分开即可见乳白色有横纹的坐骨神经干,观察神经干外膜有无水肿或出血及神经干的粗细是否均匀等。

【注意事项】

(1)剖检的场地应尽量远离行人、水源、禽舍,并选择易于消毒的地方,避免由于剖检造成病原扩散。

(2)剖检前后运载病、死禽只,应采用密封容器,避免沿途遗漏病禽羽毛、分泌物及排泄物等。

(3)剖检完毕,应将尸体深埋或焚化,或进行其他无害化处理。对剖检场地及器械要随手洗刷消毒。

【技能考核】

序号	考核项目	考核内容	考核标准	参考分值	实际得分
1	过程考核	操作态度	精力集中,积极主动,服从安排	10	
2		协作意识	有合作精神,积极与小组成员配合,共同完成任务	10	
3		实训准备	能认真查阅、收集资料,能积极帮助老师准备实训材料	10	
4		家禽剖检操作	动手积极,认真,操作准确,并对任务完成过程中的问题进行分析和解决	60	
5	结果考核	工作记录和总结报告	有完成全部工作任务的工作记录,字迹整齐;总结报告结果正确,体会深刻,上交及时	10	
		合　计		100	

技能五　家禽采血技术

【技能目标】

掌握家禽采血的分类和方法,学会准确操作,采血量达到要求并使采血后鸡只健活。

【器械与材料】

试剂:抗凝剂。

器械:5 mL采血器、10 mL采血器、酒精棉球、采血离心管等。

实验动物:7日龄以下雏鸡、成年鸡。

【方法与步骤】

1.冠髯采血

将鸡于安静的环境中站立保定并固定好头部,术部常规消毒。术者首先左手固定鸡冠,右手持消毒针头刺破鸡冠,挤出血液,然后立即用无菌滴管或一次性微量吸管采集所需要的血液用量,最后用无菌干棉球压迫针眼处。

2.静脉采血(适合于大鸡)

(1)翅静脉进针法　自己握住双翅或由助手握住双翅和双腿,暴露翅静脉,可在静脉的翅根部向离心方向进针或在翅关节处向心方向进针,见血后固定,采血至2 mL,抽出针头,按压止血。注意翅静脉采血易造成血肿。也可直接用采血针或大号针头刺破血管淌出血液后用注射器或滴管吸取。

(2)跖骨内侧静脉进针法　适合于肉用鸡采血。在鸡的肘关节下方跖骨后内侧沟内向心方向进针,采血至1 mL。拔出针头后按压止血。

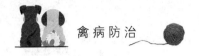

3.心脏采血

(1)胸口进针法　此法是雏鸡母源抗体测定采血的唯一方法,适合于雏鸡。左手由背侧握住鸡体保定,右手持注射器由胸口避开嗉囊向心脏方向进针,注意在针头刺入时要抽动针栓形成负压,继续进针,当进入心腔时见血,固定深度,采血0.5～1 mL,完毕。注意操作不当易损伤肺,造成肺出血死亡。

(2)胸外侧进针法　适合于大鸡。由助手侧卧保定,在禽的胸部左侧分开羽毛找到胸外静脉分叉处,避开血管向心脏方向垂直进针,进针的同时给针栓以负压,当进入心腔时见血,固定深度,采血2～5 mL。

【技能考核】

序号	考核项目	考核内容	考核标准	参考分值	实际得分
1	过程考核	操作态度	精力集中,积极主动,服从安排	10	
2		协作意识	有合作精神,积极与小组成员配合,共同完成任务	10	
3		实训准备	能认真查阅、收集资料,能积极帮助老师准备实训材料	10	
4		采血操作	动手积极,认真,操作准确,并对任务完成过程中的问题进行分析和解决	60	
5	结果考核	工作记录和总结报告	有完成全部工作任务的工作记录,字迹整齐;总结报告结果正确,体会深刻,上交及时	10	
合　　　计				100	

技能六　病料采集技术

【技能目标】

掌握家禽病料采集的主要方法和注意事项,学会准确操作。

【器械与材料】

试剂:标本保存液。

器械:消毒后的解剖剪、手术镊、灭菌玻璃容器、手术线、载玻片、棉签、酒精棉、酒精灯、接种环等。

实验动物:待检家禽。

【方法与步骤】

采取病料前需做尸体检查,采取有病变的组织器官、分泌物及其他需送入实验室检验的样本。按所采取的样本不同,可采取不同的方法。

1.器官等的采取

(1)淋巴结及内脏　在淋巴结、肺、肝、脾、肾等有病变的部位各采取1～2 cm³ 的小方块,分别置于灭菌试管、平皿或小瓶中。

（2）肠　用线绳结扎一段肠道（5～10 cm）的两端，进行双结扎，然后从两端双结扎中间处切断，置于灭菌器皿中。亦可用烧烙采取法采取肠管黏膜或其内容物。

（3）脑、脊髓、管骨　可将脑、脊髓浸入 50%甘油盐水中，或将整个头割下，或将整个管骨包入浸过 0.1%升汞溶液的纱布或油布中，装箱送检。

（4）胚胎和雏禽　将整个胚胎和雏禽尸体包入不透水的塑料薄膜、油布或数层油纸中，装入箱内送检。

2.分泌物等的采取

（1）脓汁及渗出液　用注射器或吸管抽取，置于灭菌试管中。若为开口病灶或鼻腔等，可用无菌棉签浸蘸后放在试管中。

（2）血液　心血通常在右心房采取，先用烧红的铁片或刀片烙烫心肌表面，然后用灭菌的注射器自烙烫处刺入吸出血液，盛于灭菌试管或小瓶中。

（3）血清　以无菌操作采取血液 10 mL，留于采血器中或置于灭菌的试管中，斜放于平面，待血液凝固析出血清后，以移液器吸出血清置于另一灭菌试管内。如供血清学检查时，可于每毫升血清中加入 3%～5%石炭酸溶液 1～2 滴。

（4）全血　在注射器中先吸入 5%抗凝剂 1 mL，再以无菌操作采取全血至 10 mL，注入灭菌好的试管或小瓶中。

（5）胆汁　采取方法同心血烧烙采取法。

3.供镜检制片

（1）先将脓汁、血、黏液等病料置于玻片上，再用一灭菌签均匀涂抹，或用另一玻片抹之。

（2）组织块、致密结节及脓汁等，亦可夹在两张玻片之间，然后沿水平面向两端推移，制成推压片。

（3）用组织块做触片时，持小镊子将组织块的游离面在玻片上轻轻涂抹即可。每份病料制片不少于 2～4 张。

制成后的涂片自然干燥，彼此中间垫以火柴棍或纸片重叠后用线缠住，用纸包好。每片应注明号码，并附说明。

【注意事项】

（1）采取病料的时间　最好死后立即采取，以不超过 6 h 为宜。

（2）采取病料器械的消毒　一套器械与容器，只能采取或容装一种病料，不可用其再采其他病料或容纳其他脏器材料。

（3）各种组织脏器病料的采取　采取病料应无菌操作。采取病料的种类，应根据不同的传染病，相应地采取其脏器和内容物。在无法判断是何种传染病时，应进行全面采取。检查病料应待采取病料完毕后进行。

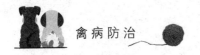

【技能考核】

序号	考核项目	考核内容	考核标准	参考分值	实际得分
1	过程考核	操作态度	精力集中,积极主动,服从安排	10	
2		协作意识	有合作精神,积极与小组成员配合,共同完成任务	10	
3		实训准备	能认真查阅、收集资料,能积极帮助老师准备实训材料	10	
4		病料采集操作	动手积极,认真,操作准确,并对任务完成过程中的问题进行分析和解决	60	
5	结果考核	工作记录和总结报告	有完成全部工作任务的工作记录,字迹整齐;总结报告结果正确,体会深刻,上交及时	10	
合　　计				100	

任务二
常见禽病诊断与治疗的技能训练

【知识目标】

了解常见禽病的主要诊断与治疗方法及基本原理。

掌握常见禽病的主要诊断与治疗方法的核心。

【能力目标】

能够熟练进行家禽常见病毒性疾病的诊断技术操作。

能够熟练进行家禽常见细菌性疾病的诊断与治疗技术操作。

能够熟练进行家禽常见寄生虫病的诊断与治疗技术操作。

【素质目标】

培养严谨的科学态度和良好的职业道德。

培养爱护动物、注重动物福利的职业素养。

培养好学敬业和吃苦耐劳的精神。

技能一　双抗体夹心 Dot-ELISA 诊断传染性法氏囊病

【技能目标】

掌握双抗体夹心 Dot-ELISA 诊断方法,学会使用该方法诊断禽传染性法氏囊病。

【器械与材料】

试剂:包被液 0.05 mol/L、pH 为 9.6 的碳酸盐缓冲液。

洗涤液:含 0.05% 吐温-80 的 0.02 mol/L、pH 为 7.2 的 PBS 液。

封闭液:含 0.2% 明胶的洗涤液。

IBD-IgG 高免血清:琼扩效价 1:(128~256)。

IBD-IgG:采用饱和硫酸铵沉淀法、葡聚糖凝胶和 DEAE 纤维素层析法从 IBD 高免血清中提取 IgG。

酶标抗体:采用改良过碘酸钠法,用过氧化物酶标记免抗鸡 IgG 抗体。

器械:手术剪、研钵、离心机、试管、醋酸纤维素膜等。

实验动物:待检鸡若干只。

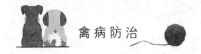

【方法与步骤】

1.待检样品的处理

取待检法氏囊剪碎、研磨,制成5～10倍稀释的悬液,反复冻融3次,低速离心,取上清液作为待检样品。

2.检验步骤

(1)压迹 在醋酸纤维素膜的光滑面,用铅笔分成7 mm×7 mm的小格。

(2)包被 用0.05 mol/L碳酸缓冲液将IBD-IgG进行50倍稀释,用微量吸样器吸取2 μL滴于每个小格中,自然晾干。

(3)封闭 将包被好的膜片浸入封闭液中,37℃下封闭30 min。

(4)洗涤 用洗涤液充分冲洗3次,每次2 min,室温晾干。

(5)感作 将反应膜按压迹剪下,光滑面向上置于20孔反应板孔内,每孔加入待检液100 μL,37℃下感作30 min。

(6)洗涤 用洗涤液充分冲洗3次,每次2 min,室温晾干。

(7)酶标抗体感作 吸取稀释好的酶标抗体100 μL于每个反应孔中,37℃作用30 min。

(8)洗涤 用洗涤液充分冲洗3次,每次2 min,室温晾干。

(9)显色 每孔加入显色液100 μL,室温下避光显色约5 min,蒸馏水冲洗,终止反应。

3.结果判定

用肉眼观察,在阴性对照无可见斑点的条件下判定,并依反应色泽深浅记录试验结果:"＋＋＋"表示斑点为致密深蓝色(强阳性);"＋＋"表示斑点呈蓝色(阳性);"＋"表示斑点呈淡蓝色(弱阳性);"－"表示无可见斑点(阴性)。

【技能考核】

序号	考核项目	考核内容	考核标准	参考分值	实际得分
1	过程考核	操作态度	精力集中,积极主动,服从安排	10	
2		协作意识	有合作精神,积极与小组成员配合,共同完成任务	10	
3		实训准备	能认真查阅、收集资料,能积极帮助老师准备实训材料	10	
4		Dot-ELISA试验操作	动手积极,认真,操作准确,并对任务完成过程中的问题进行分析和解决	50	
5	结果考核	操作结果综合判断	结果准确	10	
6		工作记录和总结报告	有完成全部工作任务的工作记录,字迹整齐;总结报告结果正确,体会深刻,上交及时	10	
		合　　　计		100	

技能二　小鹅瘟琼脂扩散试验

【技能目标】

了解琼脂扩散(AGP)试验的原理,并掌握小鹅瘟琼脂扩散试验的操作方法和临床应用的方法。

【器械与材料】

试剂:小鹅瘟标准抗原、小鹅瘟标准阳性血清、高免血清、被检抗原、被检血清、琼脂粉、氯化钠、蒸馏水等。

器材:打孔器、平皿等。

【方法与步骤】

1.琼脂板凝胶制备与打孔

(1)凝胶配方　琼脂粉 0.7～1.2 g,氯化钠 8 g,苯酚 0.1 mL,蒸馏水 100 mL。

(2)琼脂凝胶板制备　将各种试剂依次加入后,用 5.6%碳酸氢钠溶液调 pH 6.8～7.6,水浴加热使琼脂粉充分溶解。将溶化的琼脂凝胶倾注于平皿内,制成厚度约为 3 mm 的琼脂凝胶板。注意不要产生气泡。

(3)打孔　在制备好的琼脂凝胶板上打孔(打孔图形一般采用七孔梅花图形),操作时,先用一张与凝胶板大小相仿的白纸片,按要求画好打孔图形,然后将图形放在凝胶板底下,用打孔器依样打孔。

2.操作程序

方法一:用 GB 标准抗原检测受检血清 GB 抗体

(1)用移液管吸取标准 GB 抗原加入中心孔内,外周任何两个相对孔加入 GB 标准阳性血清,其余各外周孔加入各被检鹅的血清,容量以平孔面为度。注意不要溢出孔外,不要有气泡,并记录点样顺序。

(2)所有样本加入完毕,放入湿盒 35～37 ℃恒温中过夜,次日(24 h)观察并记录结果。

方法二:用 GB 标准阳性血清检测 GB 抗原

(1)用移液器吸取 GB 标准阳性血清加入中心孔内,外周任何相对的两孔加入标准 GB 抗原,其余外周孔分别加入受检鹅组织处理液,加入量以平孔面为度。注意不要溢出孔外,不要有气泡,并记录点样顺序。

(2)所有样品加完后,放入湿盒置 35～37 ℃恒温箱中过夜,次日观察并记录结果。

3.结果判定

(1)若受检血清有 GB 特异抗体或受检组织含有 GB 病毒抗原,则在抗原与抗体孔之间产生肉眼可见的清晰的白色沉淀线,此为阳性反应。相反,如抗原、抗体之间不出现沉淀线则为阴性。

(2)沉淀线一般出现在抗原与抗体孔中间,但有时由于抗原浓度与抗体浓度不一,沉淀线往往偏近抗原孔或抗体孔,有时可能出现一条以上的沉淀线,这些情况均属阳性反应。

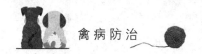

（3）如果被检孔没有出现白色沉淀线，但邻接的阳性对照孔的沉淀线末端向该被检孔内侧偏弯，可认为该被检孔样品为阳性；若邻近的阳性对照孔的沉淀线末端向该被检孔直伸或向其外侧偏弯，或该被检孔虽然有沉淀线，但该沉淀线与阳性对照孔沉淀线交叉（属非特异性沉淀线），则此被检样品为阴性。

【技能考核】

序号	考核项目	考核内容	考核标准	参考分值	实际得分
1	过程考核	操作态度	精力集中，积极主动，服从安排	10	
2		协作意识	有合作精神，积极与小组成员配合，共同完成任务	10	
3		实训准备	能认真查阅、收集资料，能积极帮助老师准备实训材料	10	
4		琼脂扩散试验操作	动手积极，认真，操作准确，并对任务完成过程中的问题进行分析和解决	50	
5	结果考核	操作结果综合判断	结果准确	10	
6		工作记录和总结报告	有完成全部工作任务的工作记录，字迹整齐；总结报告结果正确，体会深刻，上交及时	10	
		合计		100	

技能三　鸡白痢检疫

【技能目标】

掌握平板凝集试验的基本原理与操作方法，学会平板凝集试验在诊断、监测、控制与净化鸡群鸡白痢中的应用。

【器械与材料】

试剂：鸡白痢抗原、鸡白痢标准阳性血清、被检血清或全血。

器材：洁净玻璃板、微量移液器或滴管、采血针头、不锈钢丝环、混合棒。

实验动物：待检鸡若干只。

【方法与步骤】

1.操作程序

取一洁净玻片，用蜡笔划成若干方格，并编号。将抗原充分振荡混匀，用移液器或滴管吸取鸡白痢抗原，垂直滴1滴（约0.05 mL）于平板各格上，在第1格抗原上滴上鸡白痢标准阳性血清1滴，在第2格抗原上滴上阴性血清1滴，其余各格为样品检测格（每只鸡1格）。用针头刺破被检鸡的翅静脉或鸡冠，用不锈钢丝环蘸取血液一环或用移液器吸取血液0.05 mL滴加在抗原滴上，用灭菌牙签迅速将被检鸡全血与抗原混匀并散开至直径约为2 cm的薄层后，轻轻晃动玻板，观测至5 min，判定结果并记录。

2.结果判定标准

在阳性对照出现100%凝集和阴性对照液体均匀混浊无凝集现象的前提下,抗原与血液或血清混合后,于1 min内出现很多大块的凝集颗粒且底液清亮者为强阳性反应,记录为"♯";1～3 min出现很多大小不等的凝集颗粒且底液略有混浊者为中强度阳性反应,记录为"＋＋～＋＋＋";3～4 min出现少量细微颗粒且底液较混浊者为弱阳性反应,记录为"＋";未见凝集现象发生或在4 min以后出现不明显的凝集现象者为阴性反应,记录为"－"。

【技能考核】

序号	考核项目	考核内容	考核标准	参考分值	实际得分
1	过程考核	操作态度	精力集中,积极主动,服从安排	10	
2		协作意识	有合作精神,积极与小组成员配合,共同完成任务	10	
3		实训准备	能认真查阅、收集资料,能积极帮助老师准备实训材料	10	
4		平板凝集试验操作	动手积极,认真,操作准确,并对任务完成过程中的问题进行分析和解决	50	
5	结果考核	操作结果综合判断	结果准确	10	
6		工作记录和总结报告	有完成全部工作任务的工作记录,字迹整齐;总结报告结果正确,体会深刻,上交及时	10	
		合　　计		100	

技能四　药敏试验(纸片法)

【技能目标】

掌握抗菌药物药敏试验的基本原理,学会运用纸片法测定抗菌药物对被检菌的抑菌效果。

【器械与材料】

试剂:普通琼脂平板、药敏纸片、被试细菌。

器材:酒精灯、接种环、尖头镊子、灭菌棉拭子、灭菌生理盐水、试管、吸管、平皿、试管架等。

【方法与步骤】

1.接菌

用无菌接种环挑取待试细菌的纯培养物,以划线接种方式将挑取的细菌涂布到普通琼脂平板或其他特殊培养基平板上(越密越好,且浓度要均匀);或者挑取待试细菌于少量灭菌生理盐水中制成细菌混悬液,用灭菌棉拭子蘸取菌液涂布到培养基平板上,尽可能涂布得致密而均匀。

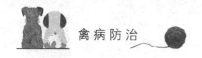

2.贴药敏纸片

用尖头镊子镊取已制备好的各种药敏纸片,分别贴到上述已接种好细菌的培养基表面。为了使药敏纸片与培养基表面密贴,可用镊子轻轻按压纸片。纸片在培养基上的分布一般可为中央贴一种纸片,外周以等距离贴若干种纸片。一个直径 90 mm 的平皿可贴 5～6 个药敏纸片。每个药敏纸片上应有标记,或者每贴一种纸片后,在平皿底背面标记上其药物的种类。

3.培养

将贴好药敏纸片的平皿底部朝下,置于 37 ℃温箱中培养 24 h,取出观察结果。

4.观察结果

(1)经培养后,凡对被试细菌有抑制作用的药物,在其纸片周围出现一个无菌生长区,称为抑菌圈(环)。可用直尺测量抑菌圈的大小。抑菌圈越大,说明该药物对被试菌的抑制杀灭作用越强;反之越弱。若无抑菌圈,则说明该菌对此药具有较强的耐药性。

(2)判定结果时,应将抑菌圈直径大小作为判定敏感度高低的标准。经药敏试验后,应首先选择高敏药物进行治疗;也可选用两种药物协助应用,以提高疗效,减少耐药菌株的产生。

5.判定标准

根据抑菌环直径大小的数值报告被测试菌对测试药物是否敏感、中介、耐药及 SDD(剂量依赖性敏感)。抑菌圈直径 20 mm 以上为极敏;15～20 mm 为高敏;10～14 mm 为中敏;10 mm 以下为低敏;无抑菌圈为不敏感。

【技能考核】

序号	考核项目	考核内容	考核标准	参考分值	实际得分
1		操作态度	精力集中,积极主动,服从安排	10	
2	过程考核	协作意识	有合作精神,积极与小组成员配合,共同完成任务	10	
3		实训准备	能认真查阅、收集资料,能积极帮助老师准备实训材料	10	
4		纸片法药敏试验操作	动手积极,认真,操作准确,并对任务完成过程中的问题进行分析和解决	50	
5	结果考核	操作结果综合判断	结果准确	10	
6		工作记录和总结报告	有完成全部工作任务的工作记录,字迹整齐;总结报告结果正确,体会深刻,上交及时	10	
合　　计				100	

技能五 双抗体夹心 ELISA 法检测大肠杆菌

【技能目标】

掌握酶联免疫吸附试验(ELISA)的原理,学会用双抗体夹心 ELISA 法检测鸡大肠杆菌菌毛抗原。

【器械与材料】

试剂:包被液、洗涤液、底物溶液、终止液、阳性血清、提纯的 IgG、酶标抗体(HRP-IgG)、待检菌液和标准阳/阴性大肠杆菌。

器材:聚苯乙烯塑料微量组织培养板 4×10 孔、酶联免疫吸附试验检测仪。

【方法与步骤】

1. 操作程序

(1)包被抗体 包被抗体为提纯的 IgG 用包被液将其稀释至最佳工作浓度,每孔加 0.1 mL,4℃过夜。

(2)洗涤 取出反应板,用洗涤液洗 3 次,每次 3 min。

(3)加待检菌液和标准阴、阳性菌液 每孔 0.1 mL,37℃孵育 2.5 h。

(4)洗涤 取出反应板,用洗涤液洗 3 次,每次 3 min。

(5)加酶标抗体 加工作浓度的酶标抗体,每孔 0.1 mL,37℃孵育 25 min。

(6)洗涤 取出反应板,用洗涤液洗 3 次,每次 3 min。

(7)加底物溶液 每孔 0.1 mL,置暗盒内室温显色 20 min。

(8)加终止液 每孔 0.05 mL。

2. 结果判定

用检测仪于 492 nm 处测定各孔 OD 值,P/N(即待检标本孔 OD 值/阴性对照孔 OD 值)$\geqslant 3$,判定为阳性。

【技能考核】

序号	考核项目	考核内容	考核标准	参考分值	实际得分
1	过程考核	操作态度	精力集中,积极主动,服从安排	10	
2		协作意识	有合作精神,积极与小组成员配合,共同完成任务	10	
3		实训准备	能认真查阅、收集资料,能积极帮助老师准备实训材料	10	
4		ELISA 试验操作	动手积极,认真,操作准确,并对任务完成过程中的问题进行分析和解决	50	
5	结果考核	操作结果综合判断	结果准确	10	
6		工作记录和总结报告	有完成全部工作任务的工作记录,字迹整齐;总结报告结果正确,体会深刻,上交及时	10	
		合 计		100	

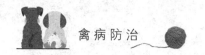

技能六　鸭疫里默氏杆菌病的实验室诊断

【技能目标】

熟悉鸭疫里默氏杆菌的形态特点、培养性状、生化特征和致病性,学会鸭疫里默氏杆菌病的实验诊断程序与方法。

【器械与材料】

试剂:鲜血琼脂平板、肉汤培养基、灭菌小牛血清、微量生化发酵管、革兰氏染色液。

器材:解剖剪、镊子、解剖盘、接种棒、酒精灯、酒精棉球、一次性手套、灭菌棉签、1 mL 注射器、显微镜、生化培养箱等。

实验动物:待检鸭若干。

【方法与步骤】

1.鸭疫里默氏杆菌病的临床症状与病理变化观察

认真观察实验鸭只的临床症状后进行详细系统的解剖,观察病鸭的病理变化。发生鸭疫里默氏杆菌病病鸭表现出该病的特征症状与病变,病鸭主要特征为精神沉郁、湿眼圈,鼻窦部肿胀,跗关节肿胀,中枢神经紊乱,共济失调;剖检可见纤维素性渗出性心包炎、肝周炎和气囊炎,部分病鸭可见鼻窦腔有黄白色干酪样渗出物。

2.鸭疫里默氏杆菌病的病原分离和培养

在急性败血症期,细菌在病鸭各器官组织,如心血、脑、气囊、肝脏、肺、骨髓和病变渗出物中均可分离到,而前三种器官最适合细菌分离。无菌操作剪开病鸭腹腔和头部颅骨,分别从心血、肝脏和脑进行细菌分离,划线接种鲜血琼脂平板,置厌氧培养箱 37 ℃培养 24～36 h,观察细菌生长情况。

3.鸭疫里默氏杆菌培养特性与细菌形态观察

(1)培养特性　鸭疫里默氏杆菌在鲜血琼脂上生长良好,在血液琼脂上经 37 ℃培养 24 h,可形成 1～2.5 mm、圆形、凸起、边缘光滑、闪光或奶油状菌落,不溶血;在血液肉汤中经 37 ℃培养 24 h,可见上下一致浑浊,管底无或仅有少量灰白色沉淀物;在麦康凯琼脂上不生长。

(2)细菌形态　将鸭疫里默氏杆菌分离菌株的 18～24 h 纯固体培养物按常规进行革兰氏与瑞氏染色,普通光学显微镜下(油镜)观察菌体形态。鸭疫里默氏杆菌为革兰氏阴性、不运动、不形成芽孢的杆菌,大小为(1～5) μm×(0.3～0.5) μm,单个或成双存在,液体培养可见丝状长达 11～24 μm。瑞士染色呈两极着色。

4.鸭疫里默氏杆菌的生化特性观察

将接种环拉直并烧灭菌后(稍冷却)挑取血液琼脂平板分离菌的 24 h 培养的单菌落接种细菌微量生化反应管,发酵管开口端用胶布封口,盲端向上 30°～45°放置厌氧 37 ℃培养 24～36 h,观察发酵管内液体的颜色变化。鸭疫里默氏杆菌不发酵葡萄糖、麦芽糖、果糖、乳糖、蔗糖、甘露糖、甘露醇,吲哚和硫化氢试验、硝酸盐还原及枸橼酸盐利用试验均为阴性。

【技能考核】

序号	考核项目	考核内容	考核标准	参考分值	实际得分
1	过程考核	操作态度	精力集中,积极主动,服从安排	10	
2		协作意识	有合作精神,积极与小组成员配合,共同完成任务	10	
3		实训准备	能认真查阅、收集资料,能积极帮助老师准备实训材料	10	
4		各项诊断试验操作	动手积极,认真,操作准确,并对任务完成过程中的问题进行分析和解决	50	
5	结果考核	操作结果综合判断	结果准确	10	
6		工作记录和总结报告	有完成全部工作任务的工作记录,字迹整齐;总结报告结果正确,体会深刻,上交及时	10	
		合　　计		100	

技能七　鸡支原体凝集试验

【技能目标】

掌握凝集试验基本原理,学会用玻片法、玻板法和试管法诊断和监测鸡支原体病。

【器械与材料】

试剂:鸡支原体平板染色抗原,鸡支原体标准阳、阴性血清。

器材:玻板或白瓷反应板、针头、搅拌牙签、试管、吸管、注射器、离心管、离心机等。

实验动物:待检鸡若干。

【方法与步骤】

1. 平板凝集试验

(1)全血平板凝集试验　先在清洁的反应板上滴加染色抗原 1 滴(约 0.05 mL),然后以无菌操作于鸡翅下静脉采血 1 滴,与抗原混合,用牙签充分混匀,涂成直径约 1.5 cm 的涂面,静置 1~2 min,即可判定结果。

(2)血清平板凝集试验　先用塑料管于鸡翅下静脉处引流采血,分离血清,然后取血清滴于反应板上,再滴加支原体染色抗原 1 滴与之混合,用牙签充分搅拌混匀,静置 1~2 min,即可判定结果。

(3)卵黄平板凝集试验　先将鸡蛋消毒、打孔、去净蛋清,用 1 mL 注射器插入卵黄中吸取适量卵黄液于等量生理盐水中,混匀后吸取 1 滴于反应板上,再滴加有色抗原 1 滴,充分混合,静置 1~2 min,即可判定结果。

(4)结果判定

①判定标准　"＋＋＋"表示在 2 min 内呈现絮状的大凝集块;"＋＋"表示凝集块稍小,但清晰可见;"＋"表示有颗粒状凝集,但仅在边缘部分出现;"－"表示无任何凝集,液滴呈紫色

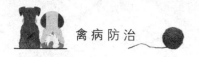

混浊。

②结果判定

a.阳性。全血、血清或卵黄平板凝集试验,均以在1～2 min呈"＋＋"以上反应者为阳性。

b.可疑。2 min后出现凝集或2 min内出现"＋"反应者,均为可疑。呈可疑反应者,应在2周后重检。

2.试管凝集反应

(1)抗原稀释　将平板凝集抗原用含0.25%石炭酸的磷酸缓冲生理盐水(pH为7.0)稀释20倍,作为试管凝集试验用抗原。

(2)待检血清制备　先用塑料管于鸡翅下静脉处引流采血,分离血清。

(3)操作　取4支小试管,吸取已稀释好的抗原1 mL于第1管中,其他3管各0.5 mL。另取被检血清0.08 mL于第1管中,充分混匀后吸取0.5 mL于第2管中,以此倍比稀释,至第4管弃去0.5 mL。各试管于37℃温箱中作用20～24 h,取出观察结果。

(4)结果判定　凝集效价在1∶25或以上时,可判为阳性;1∶25以下时为阴性。

【技能考核】

序号	考核项目	考核内容	考核标准	参考分值	实际得分
1	过程考核	操作态度	精力集中,积极主动,服从安排	10	
2		协作意识	有合作精神,积极与小组成员配合,共同完成任务	10	
3		实训准备	能认真查阅、收集资料,能积极帮助老师准备实训材料	10	
4		平板法和试管法试验操作	动手积极,认真,操作准确,并对任务完成过程中的问题进行分析和解决	50	
5	结果考核	操作结果综合判断	结果准确	10	
6		工作记录和总结报告	有完成全部工作任务的工作记录,字迹整齐;总结报告结果正确,体会深刻,上交及时	10	
			合　　计	100	

技能八　家禽寄生虫虫卵检查技术

【技能目标】

掌握家禽寄生虫虫卵检查方法,学会用涂片法、沉淀法、漂浮法对家禽寄生虫虫卵进行检查。

【器械与材料】

试剂:50%甘油水溶液、饱和盐水、0.4%氢氧化钠溶液。

器材:载玻片、烧杯、试管、显微镜、粪筛、虫卵计数器。

【方法与步骤】

1.直接涂片法

首先于载玻片上滴数滴50%甘油水溶液或常水,再采取病禽的粪便或病变部的肠黏膜及内容物少许,将其混匀,去掉粪渣,涂成薄膜(薄膜厚度以能透视书报上的字迹为度),然后加盖玻片置显微镜下镜检。

2.水洗沉淀法

利用虫卵的比重大于水的特性,将较多粪便中的虫卵相对集中浓聚于小范围内,以提高其检出率。

首先,取粪便5～10 g置于小烧杯内,加入少量清水,将其搅拌成糊状,再加入适量清水继续搅拌,并通过粪筛或双层纱布过滤到另一个容器内;然后,加满水,静置10～20 min,倾去上清液,如此反复水洗沉淀数次,直到上清液透明为止;最后,倒去上清液,用滴管吸取沉渣滴于载玻片上,加盖玻片镜检。此法可用于检查各种虫的虫卵和卵囊。

3.饱和盐水漂浮法

漂浮法是利用比重大于虫卵的溶液与粪便混合,使粪便中的虫卵漂浮于液体表面,从而提高其检出率。在临床上,最常应用的漂浮液为饱和盐水(沸水100 mL中加氯化钠36 g,使其充分搅匀溶化即成)。如禽球虫、蛔虫,均可利用此漂浮液进行浓聚。

试验时,取新鲜粪便5～10 g于小烧杯内,然后加少量饱和盐水混匀,用双层纱布将粪液过滤到另一容器内。滤液静置15～20 min,使虫卵集中于液面,再用直径在5 mm以内的铁丝环平行接触液面,蘸取一层水膜于载玻片上;或者静置前即以载玻片置容器口与液面接触(容器用饱和盐水加满),静置后取下载玻片,加盖玻片镜检。容器要求深而口小,容积不可过大,漂浮液的量约为粪量的10倍。

4.虫卵及卵囊计数

虫卵计数法可以用来粗略推断机体体内某些寄生虫的感染程度,也可用以判断药物驱虫的效果。虫卵计数的结果,常以每克粪便中的虫卵数来表示(简称EPG)。常用的计数方法如下:

(1)斯陶尔氏法　该法适用于吸虫、球虫、线虫等寄生虫卵囊的计数。在56 mL和60 mL处有刻度的小三角烧瓶或大试管内,先加0.4%氢氧化钠溶液至56 mL处,再加入4 g粪便,使液面上升到60 mL处,接着放入若干玻璃珠,塞紧容器口,用力振荡,使粪便完全散开。然后,立即吸取0.15 mL粪便液,滴于2～3张载玻片上,加盖玻片,在显微镜下统计虫卵数。0.15 mL粪液中实际含粪便量为 $0.15 \times 4/60 = 0.01(g)$,因此,数得的虫卵数乘以100,即每克粪便中的虫卵数。

(2)麦克马斯特氏法　此法比较方便,但是仅能用于线虫卵和球虫卵囊的计数。计数时,取粪便2 g置于研钵中,先加入10 mL水,搅匀,再加饱和食盐水溶液50 mL,混匀后立即吸粪液于虫卵计数器(即在一较窄的载玻片上刻长宽各1 cm的方格2个,每一方格内再刻平行线数条,两载玻片间填上1.5 mm厚的玻片条,并以黏合剂黏合上),使粪液充满两个计数室(每个计数室的容积为 $1 \text{ cm} \times 1 \text{ cm} \times 0.15 \text{ cm} = 0.15 \text{ cm}^3 = 0.15 \text{ mL}$),0.15 mL内含粪便量为 $0.15 \times 2/(10 + 50) = 0.005(g)$,两个计数室则为0.01 g,故数得的虫卵数乘以100即每克粪便中的虫卵数。

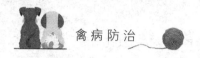
【注意事项】

(1)直接涂片法简便易行,但检出率低。在虫卵数量不多时,每次必须制作3～5张片进行检查,才能收到比较好的效果。

(2)沉淀法或漂浮法均使粪液静置,等其自然下沉或上浮。如欲节省时间,可将上述粪液置离心管内,低速离心,以加强和加速其沉浮的过程。

【技能考核】

序号	考核项目	考核内容	考核标准	参考分值	实际得分
1	过程考核	操作态度	精力集中,积极主动,服从安排	10	
2		协作意识	有合作精神,积极与小组成员配合,共同完成任务	10	
3		实训准备	能认真查阅、收集资料,能积极帮助老师准备实训材料	10	
4		虫卵检查操作	动手积极,认真,操作准确,并对任务完成过程中的问题进行分析和解决	50	
5	结果考核	操作结果综合判断	结果准确	10	
6		工作记录和总结报告	有完成全部工作任务的工作记录,字迹整齐;总结报告结果正确,体会深刻,上交及时	10	
			合　　　计	100	

技能九　家禽寄生虫虫体检查技术

【技能目标】

掌握家禽寄生虫虫体检查的方法,学会通过粪便、肠内容物及血液检查进行虫体检查。

【器械与材料】

试剂:生理盐水、瑞氏染液或吉姆萨氏染液、柠檬酸钠。

器材:平皿、烧杯、小镊子、载玻片、采血器、离心管等。

实验动物:待检鸡若干。

【方法与步骤】

1.黏膜及粪便检查

禽绦虫、蛔虫、异刺线虫等寄生虫病,一般均可从粪便中直接检出虫体。

(1)检查时,取新鲜粪便,轻轻拨开进行检查,看是否有虫体或节片存在。

(2)较小的虫体或节片,可将粪便置于较大的容器内,加入5～10倍清水,彻底搅拌后静置10 min,然后倾去上层粪液,再重新加水搅拌静置。如此反复数次,直至上层液体透明为止。

(3)倾去上层透明液,将少量沉淀物放在衬以黑色背景的平皿内进行检查。必要时,可用放大镜或解剖显微镜检查。发现的虫体用镊子取出,以便进行鉴定。

(4)对于组织滴虫病及隐孢子虫病等,在检查时,应取肠内容物(盲肠)及肠黏膜,用温生理

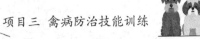

盐水(40℃)进行适当稀释,然后制成悬滴标本或直接涂片,在高倍镜下进行检查。

2.血液检查

对禽来说,血液检查法一般常用于住白细胞虫病的检查。

(1)取血液1滴,滴于载玻片一端,按常规制成血片(血片要尽量薄)、晾干,用瑞氏染液或吉姆萨氏染液进行染色、镜检(高倍镜或油镜)。

(2)离心浓集法。采取血液,置于已加有柠檬酸钠的离心管内,混合后静置 30 min,以1 500 r/min 离心 3～5 min,使血细胞沉淀。弃去上层液,用吸管吸取细胞层作压滴标本或染色镜检。

【技能考核】

序号	考核项目	考核内容	考核标准	参考分值	实际得分
1	过程考核	操作态度	精力集中,积极主动,服从安排	10	
2		协作意识	有合作精神,积极与小组成员配合,共同完成任务	10	
3		实训准备	能认真查阅、收集资料,能积极帮助老师准备实训材料	10	
4		寄生虫虫体检查操作	动手积极,认真,操作准确,并对任务完成过程中的问题进行分析和解决	60	
5	结果考核	工作记录和总结报告	有完成全部工作任务的工作记录,字迹整齐;总结报告结果正确,体会深刻,上交及时	10	
合　　　计				100	

参 考 文 献

[1] 张春杰.家禽疫病防控[M].北京:中国农业出版社,2009.

[2] 王志君,孙继国.鸡场兽医[M].3版.北京:中国农业出版社,2014.

[3] 王英珍.鸡群发病防治技术[M].3版.北京:中国农业出版社,2014.

[4] 武瑞,孙东波.禽病防治技术[M].北京:中国农业出版社,2012.

[5] 李金岭.禽病防治技术[M].北京:中国轻工业出版社,2012.

[6] 邹洪波.禽病防治[M].北京:北京师范大学出版社,2011.

[7] 黄银云,胡新岗.禽病防制[M].北京:中国农业科学技术出版社,2012.

[8] 徐建义.禽病防治[M].2版.北京:中国农业出版社,2012.

[9] 陈溥言.兽医传染病学[M].6版.北京:中国农业出版社,2015.

[10] 单虎.兽医传染病学[M].北京:中国农业大学出版社,2017.

[11] 胡新岗.动物防疫与检疫技术[M].2版.北京:中国农业出版社,2020.

[12] 刘金华,甘孟侯.中国禽病学[M].2版.北京:中国农业出版社,2016.

[13] 葛兆宏,路燕.动物传染病[M].2版.北京:中国农业出版社,2011.

[14] 刘炜,贾松涛.动物疫病监测要点及样品采集技术[M].郑州:河南人民出版社,2016.

[15] 王兰平,李淑云.动物免疫工作实用手册[M].北京:科学普及出版社,2011.

[16] 苗志国,李凌,刘小芳.养殖场实用消毒技术[M].北京:化学工业出版社,2018.

[17] 孙清莲,李桂喜,王章斌,等.养殖场疫病防制与净化指南[M].北京:中国农业出版社,2018.

[18] 蒋林树,熊东艳,刘长清.畜禽环境控制技术与装备[M].北京:中国农业出版社,2020.

[19] 雷运清,肖秀川.重大动物疫病防控技术手册[M].北京:中国农业出版社,2013.

[20] 刁有祥.鸡病诊治彩色图谱[M].2版.北京:化学工业出版社,2018.

[21] 苏敬良,黄瑜,胡薛英.鸭病学[M].北京:中国农业大学出版社,2016.

[22] 陈国宏,王永坤.科学养鹅与疾病防治[M].2版.北京:中国农业出版社,2011.

[23] Y.M.Saif,A.M.Fadly,J.R.Glisson,et al.禽病学[M].12版.苏敬良,高福,索勋,译.北京:中国农业出版社,2012.